ENCYCLOPÉDIE-RORET.

VINAIGRIER

ET

MOUTARDIER

PARIS

LIBRAIRIE ENCYCLOPÉDIQUE DE RORET

RUE HAUTEFEUILLE, 12

ENCYCLOPÉDIE-RORET.

—————

VINAIGRIER

ET

MOUTARDIER

MANUELS-RORET

NOUVEAU MANUEL COMPLET

DU

VINAIGRIER

TRAITANT DE

LA FABRICATION DES VINAIGRES

de

L'ACIDE PYROLIGNEUX ET DES ACÉTATES

CONTENANT

LES FORMULES DES DIVERS VINAIGRES COMPOSÉS
POUR LA TABLE, LA TOILETTE ET LA PHARMACIE

suivi du

MANUEL DU MOUTARDIER

PAR

MM. JULIA DE FONTENELLE ET F. MALEPEYRE

NOUVELLE ÉDITION

Entièrement revue, corrigée et ornée de Figures.

PARIS

LIBRAIRIE ENCYCLOPÉDIQUE DE RORET

RUE HAUTEFEUILLE, 12
1887
Tous droits réservés.

AVIS

Le mérite des ouvrages de l'**Encyclopédie-Roret** leur a valu les honneurs de la traduction, de l'imitation et de la contrefaçon. Pour distinguer ce volume, il porte la signature de l'Editeur, qui se réserve le droit de le faire traduire dans toutes les langues, et de poursuivre, en vertu des lois, décrets et traités internationaux, toutes contrefaçons et toutes traductions faites au mépris de ses droits.

Le dépôt légal de ce Manuel a été fait dans le cours du mois d'Août 1887, et toutes les formalités prescrites par les traités ont été remplies dans les divers Etats avec lesquels la France a conclu des conventions littéraires.

PRÉFACE

Depuis une trentaine d'années, l'Art du Vinaigrier a fait d'importants progrès, et l'industrie s'est enrichie de procédés précieux qui ont donné à ses travaux plus de précision et d'avantages pratiques.

C'est ainsi que la science nous a appris à connaître beaucoup mieux qu'on ne le savait auparavant, la nature et la composition des alcools, les principes qui président à la fermentation acétique et les phénomènes qui l'accompagnent.

D'un autre côté, les chimistes et les industriels ont rivalisé d'efforts pour découvrir des moyens propres à produire l'acide acétique plus sûrement et plus économiquement qu'on ne l'avait fait jusqu'alors ; pour produire avec la betterave, plante qui aujourd'hui joue un rôle si important dans l'économie rurale et industrielle, un vinaigre de bonne qualité, afin de doter l'industrie de procédés sûrs et pratiques, permettant de constater la quantité d'acide acétique réel contenu dans un vinaigre ; pour rechercher si ce vinaigre n'a pas été sophistiqué à l'aide d'autres liquides suspects ou dangereux pour la santé des consommateurs ; enfin, pour fabriquer, par une méthode générale, l'acide acétique pur et les acétates.

Nous avons donc dû, dans cette nouvelle édition, mettre à profit toutes ces découvertes et les classer méthodiquement en leur lieu et place, afin d'offrir au lecteur un tableau aussi complet qu'il est possible de l'état de la science et des progrès de l'industrie du Vinaigrier, au moment de l'impression de cet ouvrage.

Dans la plupart de nos additions, nous ne nous sommes pas bornés à indiquer les travaux scientifiques ou les progrès industriels, nous sommes, en outre, entrés dans des détails qui intéresseront au plus haut point les fabricants de vinaigre et presque toujours nous avons reproduit les développements que leur avaient donnés les chimistes et les inventeurs, afin que notre Manuel puisse être considéré comme étant parfaitement au courant des travaux les plus récents, sans cependant oublier ou omettre beaucoup de ceux de nos prédécesseurs qui ont aussi leur mérite et qu'il est également intéressant de connaître.

De même que les précédentes éditions, qui ont reçu un accueil favorable de la part du public, celle-ci est partagée en huit parties.

Dans la *première* partie, on traite du moût de vin, de la fermentation spiritueuse et de ses produits. On y entre dans des détails étendus sur l'alcool, l'acide acétique et ses mélanges avec l'eau. C'est une sorte d'introduction où le Vinaigrier puise les principes fondamentaux de son Art.

Dans la *seconde* partie, on traite du vinaigre, de ses différentes espèces et des modes de sa préparation. On s'y étend sur ces divers modes, et en particulier sur la fabrication dite accélérée, et l'on donne les procédés de fabrication des vinaigres sans vin, tels que ceux d'alcool, de vin, de sucre, de pomme, de betterave, etc.

La *troisième* partie est consacrée à la fabrication du vinaigre par la distillation du bois et du produit qui en résulte, appelé acide pyroligneux. On y fait connaître les procédés français et anglais destinés à cette fabrication.

Dans la *quatrième* partie, on s'occupe de la concentration des acides acétiques d'origines différentes.

La *cinquième* partie est consacrée aux acétates, c'est-à-dire aux combinaisons de l'acide acétique avec les bases et les oxydes. Elle contient des détails sur la formation de ces combinaisons, détails auxquels succèdent des indications assez étendues sur la conservation des substances alimentaires à l'aide du vinaigre et les applications de ce liquide à l'économie domestique.

La *sixième* partie est destinée à faire connaître les moyens d'améliorer, décolorer, conserver les vinaigres, et de constater leur pureté et leur degré de concentration.

Le vinaigre sert, comme on le sait, à la préparation de plusieurs composés pharmaceutiques, hygiéniques et de toilette, que le Vinaigrier doit connaître pour régler sa production, le placement et l'écoulement de ses produits. C'est à la préparation de ces vinaigres composés qu'est consacrée la *septième* partie.

Nous avons donné dans la *huitième* partie un aperçu des procédés de conservation des substances alimentaires animales et végétales, principalement des fruits et légumes conservés dans le vinaigre, qui forme une branche importante du commerce du Vinaigrier.

Enfin, nous avons ajouté à notre ouvrage un *Manuel du Moutardier*. Cet Art se rattache intimement à celui du Vinaigrier, et nous ne pouvions l'omettre dans un Manuel que nous croyons aussi complet que possible. On lira avec fruit, dans ce petit Manuel, une étude chimique de la moutarde et particulièrement de l'huile volatile qu'elle renferme. Cette analyse a été faite par nous avec tout le soin possible, afin de bien établir les vertus de cette précieuse graine et le parti qu'on peut en tirer, au point de vue de l'industrie et de l'hygiène.

Nous pensons donc avoir renfermé dans le cadre de cet ouvrage toutes les notions utiles qui concernent l'Art dont nous avons voulu présenter la description. Nous avons cherché à grouper les faits dans l'ordre le plus méthodique, en suivant l'enchaînement des découvertes de la science et de l'industrie. Enfin, nous avons apporté, dans cette nouvelle édition, toutes les améliorations que des recherches étendues nous ont suggérées, afin de la rendre de plus en plus digne de l'accueil que le public a fait à celles qui l'ont précédée.

NOUVEAU MANUEL COMPLET

DU

VINAIGRIER

—◦◦◦—

PREMIÈRE PARTIE

FERMENTATIONS ALCOOLIQUE ET ACÉTIQUE

CHAPITRE Iᵉʳ.

Fermentation alcoolique et ses produits.

—

§ 1.   DU MOUT DE RAISIN.

On donne le nom de moût à la liqueur sucrée qu'on extrait du raisin par expression. Ce moût se compose de beaucoup d'eau, d'une quantité de sucre qui est relative à l'espèce de raisin, à la contrée où la vigne est cultivée et à son exposition. Il contient aussi un peu de mucilage, une substance particulière très soluble dans l'eau, de la gelée, du gluten, du tannin, du bitartrate de potasse, du tartrate de chaux, de l'hydrochlorate de soude, du sulfate de potasse.

Les moûts sont, avons-nous dit, plus ou moins riches en principes sucrés; nous devons dire aussi en principes constituants du ferment. Plusieurs chimistes ont pensé que le ferment existait tout formé dans le moût; mais c'est une erreur, le ferment se compose de substances albuminoïdes qu'on rencontre dans la plupart des matières végétales, aucune expérience directe n'a pu l'isoler.

Thénard attribue la fermentation du ferment à une substance particulière du moût qui est très soluble dans l'eau, laquelle en s'unissant à l'oxygène de l'air, se transforme en ferment. Cette opinion, dit-il, est d'autant plus vraisemblable, que le moût laisse déposer du ferment pendant la fermentation même; aussi le moût que l'on mute par le gaz acide sulfureux, l'oxyde rouge de mercure, l'infusion de moutarde, etc., qui ont une action directe sur cette substance, ne fermente plus, si ce n'est par l'addition du nouveau ferment. La quantité de matière sucrée dans les moûts les plus pauvres n'est que de 9 à 11 à l'aréomètre.

Thénard prit, en 1822, dans le canton de Narbonne, le poids spécifique de plus de trois cents espèces de moûts; le terme moyen fut 14.85 degrés, et cette contrée est regardée comme celle qui, après le Roussillon, donne les vins les plus spiritueux de France.

Toutes les espèces de raisins, dans un même terroir, ne sont pas également riches en principe sucré; elles offrent des variations qui vont jusqu'à trois degrés. Il a également reconnu que certaines contiennent de plus grandes proportions de ferment (1); que la fer-

---

(1) Pour éviter les répétitions, nous désignerons par le nom de ferment les principes qui coopèrent à la fermentation.

mentation est d'autant plus prompte, que ce dernier principe est plus abondant, et d'autant plus longue à s'établir et à être terminée, que la substance sucrée s'y trouve en plus grande quantité. L'expérience prouve que, dans le premier cas, les vins ont fermenté en deux ou trois jours, tandis qu'il en est, dans le Roussillon, en Espagne, etc , qui ne sont convertis en vin qu'au bout de quelques mois, encore même ces vins sont doux ou liquoreux pendant plus d'un an; on dirait que le sucre leur sert de condiment; mais en revanche, lorsque la fermentation est terminée, ils sont très riches en alcool.

Principes constituants du moût.

Matière sucrée de 12 à 26 pour 100;
   — gommeuse;
   — muqueuse;
   — colorante;
   — extractive;
   — azotée albuminoïde, soit ferment;
Albumine végétale;
Acide malique;
Acide citrique, quand le raisin n'est pas mûr;
Bitartrate de potasse (crème de tartre);
Tartrate de chaux;
Chlorure de sodium (sel marin) en très petite quantité;
Sulfate de potasse, en très petite quantité;
Eau en quantité d'autant plus grande que le moût est peu riche en matière sucrée.

Telles sont les substances que plusieurs chimistes y ont indiquées; mais il est évident que le nombre en est bien plus grand, puisque Braconnot a constaté dans 100 parties de lie de vin séchées, qui ne sont autre chose qu'un précipité que cette liqueur dépose à la longue, les matières suivantes :

Albumine végétale	20.70
Chlorophylle	1.50
Matière cireuse	0.50
Phosphate de chaux	6.00
Tartrate de chaux	3.25
Bitartrate de potasse	60.75
Tartrate de magnésie	0.40
Sulfate et phosphate de potasse	2.80
Matière colorante, gomme, silice et tannin	quant. indét.

John a trouvé dans le tartre rouge :

Tartre	90
Résine molle, rougeâtre, soluble dans l'éther, ayant l'odeur de la vanille	1
Matière résineuse, rouge ponceau (extractif oxygéné)	2
Gomme	2
Matière sucrée	1
Fibre ligneuse rouge cerise, avec un peu de tartrate acide de chaux	4

Analyse du moût des raisins mûrs, par PROUST.

Sucre cristallisable et incristallisable;
Matière extractive;
Matière glutineuse;
Gomme;
Acide malique;

Acide sulfurique (selon Braconnot ce serait de l'a-
    cide citrique);

Tartre.

Analyse du moût des raisins mûrs, par Bérard.

Principe odorant;

Sucre;

Gomme;

Matière glutineuse;

Acide malique;

Malate de chaux;

Tartrate acide de chaux et de potasse.

Tous ces détails paraîtront, à bien des gens, étrangers à l'art du vinaigrier; mais, ainsi que les suivants, ils s'y rattachent d'une manière plus intime
qu'on ne le croit : ce sont, à proprement parler, les
éléments théoriques de cet art; et c'est au moyen de
la connaissance de ces principes, que l'artiste, repous-
sant les entraves de la routine, peut espérer de marcher d'une manière assurée dans la voie de perfectionnement. La fabrication du vinaigre a trop de
rapports avec celle du vin pour ne pas exposer ici
la théorie de la fermentation vineuse, et, par suite,
celle de la formation du vin et de la connaissance de
l'alcool.

§ 2. DE LA FERMENTATION VINEUSE OU ALCOOLIQUE.

Les anciens philosophes, les chimistes du moyen
âge, etc., avaient reconnu que les matières végétales
privées de la vie éprouvaient des altérations sponta-
nées qui changeaient leur nature, et que les nouveaux

produits étaient différents suivant la nature même de ces végétaux ; ils donnèrent à ces altérations le nom de *fermentation*, et publièrent des hypothèses plus ou moins erronées sur leur théorie. Boerhaave fut le premier qui débrouilla ce chaos ; ce médecin-chimiste établit trois sortes de fermentations : 1º la *fermentation spiritueuse* ; 2º la *fermentation acéteuse* ; 3º la *fermentation putride*. D'après sa théorie, la seconde de ces fermentations ne pouvait avoir lieu sans que la première ne se fût déjà manifestée ; c'était, suivant lui, une série de mouvements intestins, enchaînés l'un à l'autre par une même cause, et se succédant toutes les trois dans l'ordre ci-dessus établi. M. Fourcroy admit cinq fermentations : la *saccharine*, la *vineuse*, l'*acide*, la *colorante*, la *putride*, lesquelles se suivaient suivant le rang que nous venons de leur assigner.

La *fermentation saccharine* a lieu toutes les fois qu'il se développe une matière sucrée dans une substance abandonnée à elle-même, comme lors de la maturité de certains fruits ; la *vineuse*, quand les liqueurs sucrées se décomposent spontanément et se convertissent en alcool ; l'*acide*, quand les liqueurs alcooliques passent à l'état d'acide acétique ; la *colorante*, quand il se produit une substance colorante ; et la *putride*, lorsque la putréfaction s'établit. Nous ne nous occuperons dans cet ouvrage que des fermentations vineuse et acide ou acétique.

Il est un fait bien démontré, c'est que les substances sucrées, dissoutes dans l'eau, unies au ferment, se convertissent bientôt en alcool lorsqu'elles sont exposées à une douce température, qui doit être de 15 à 30 degrés. Dès le moment où la fermentation commence à s'établir, la matière sucrée se décompose peu à peu, la liqueur se trouble ; il se produit du gaz acide carbonique, qui entraîne avec lui des parties de ferment, qui viennent nager à la surface sous forme d'une écume qui retombe au fond de la liqueur, et est de nouveau entraînée par le gaz acide carbonique, etc. Ce mouvement tumultueux diminue dans un temps plus ou moins long ; la liqueur s'éclaircit peu à peu, prend une odeur et une saveur vineuses ; et, lorsque le dégagement des bulles de gaz acide carbonique cesse, et que le liquide est devenu clair et d'un poids spécifique moindre que celui de l'eau, on reconnaît que la plus grande partie du sucre est convertie en alcool.

Après cette première fermentation, il existe encore dans le vin, ou, si l'on aime mieux, dans la liqueur vineuse, une quantité plus ou moins grande de sucre qui a échappé à cette décomposition, et qui ne l'éprouve que dans un temps plus ou moins long, suivant qu'elle est plus ou moins abondante : c'est ce que l'on appelle la fermentation secondaire. L'expérience a démontré qu'il est des vins dans lesquels elle ne se termine qu'au bout de plusieurs années; aussi ces vins sont-ils très généreux ou alcooliques.

La quantité d'acide carbonique qui se produit n'est pas en raison directe de la quantité de principe sucré, mais bien des proportions relatives de sucre et de ferment qui existent dans les diverses espèces de moût ; ainsi, il en est qui produisent des quantités doubles de cet acide. Dans un Mémoire sur la fermentation vineuse, lu à l'Académie des Sciences, en 1823, il fut démontré que :

litres de moût.	marquant.	donnaient acide carbonique.
12 de piquepoul. . . .	13°.	28 litres.
12 de blanquette. . . .	13°.	39.7
12 de piquepoul noir..	10°.	30
12 de caragnane. . . .	14°.	15
12 de grenache.	15°.	28.5

En général, les raisins blancs en produisent beaucoup plus que les noirs.

La fermentation vineuse a été de temps immémorial livrée à des mains inexpérimentées ; ce n'est que vers la fin du xviii° siècle que la chimie commença à l'éclairer de son flambeau, et c'est aux travaux des Fabroni, des Legentil, des Chaptal, des Dandolo, et de nos jours à ceux de M. Pasteur, qu'elle doit les améliorations qu'elle a reçues.

L'expérience a montré que, dans l'acte de la fermentation alcoolique, tout le ferment n'est pas décomposé; en effet, il ne faut qu'une partie et demie de ferment sec pour l'alcoolisation de cent parties de sucre. L'acide carbonique qui se dégage entraîne avec lui de l'alcool aqueux, qu'on a trouvé marquant 14 à l'aréomètre. On a une preuve de cette vérité en plaçant sur une cuve hermétiquement couverte, le chapiteau d'alambic conseillé par Mlle Gervais. Il suffit d'en ouvrir le robinet pour en obtenir cette liqueur alcoolique. C'est pour éviter cette déperdition et l'action de l'air sur le marc de raisin, qui en opère l'acidification, qu'il est fort avantageux de couvrir les cuves en laissant au couvercle une ouverture, avec une soupape, que le gaz tient ouverte tant qu'il se dégage, et que la pression extérieure de l'air fait refermer dès que ce dégagement vient à cesser.

Lavoisier prouva, par une expérience directe, que l'alcool était dû à la décomposition du sucre au moyen d'un ferment. Voici la manière dont opéra cet illustre chimiste; il prit :

Sucre.	50 kilog.
Eau.	200 —
Levure de bière en pâte composée de l'eau.	3km.020
Et de levure sèche.	1km.375

Quand la fermentation fut établie, les nouveaux produits furent :

Eau.	200km.200
Alcool.	28 . 250
Acide carbonique.	17 . 300
Acide acétique.	1 . 225
Sucre non décomposé.	2 . 003
Levure sèche.	0 . 674

Si tout le sucre eût été décomposé, il y eût eu environ 30 kilogrammes d'alcool.

Gay-Lussac a donné, pour 50 kilogrammes de sucre :

Alcool.	51.34
Acide carbonique.	48.66
	100.00

Lavoisier pense que, dans la fermentation vineuse, une portion de sucre est oxygénée aux dépens de l'autre; et celle-ci, plus hydrogénée, forme de l'alcool, tandis que l'autre se convertit en acide carbonique ; ce qu'on explique de la manière suivante : le sucre, comme les substances en général, est composé de carbone, d'oxygène et d'hydrogène ; or, dans sa décomposition, l'oxygène forme, avec une partie du carbone, de l'acide carbonique ; et l'hydrogène, avec le restant du carbone, produit de l'alcool.

Gay-Lussac, dans sa théorie (1), suppose que le sucre est composé de 40 de carbone et de 60 d'eau ou de ses éléments ; si l'on change ces poids en volume de chacun des principes constituants de ce corps, on obtient :

Vapeur de carbone.	3 volumes.
Hydrogène.	3 —
Oxygène.	3 ¹/₂ —

Et l'on sait que l'analyse a démontré que l'alcool est composé de :

1 vol. d'hydrogène	Vapeur de carbone.	2 volumes.
bicarboné. . .	Hydrogène.	2 —
1 vol. de vapeur	Hydrogène.	1 —
d'eau	Oxygène.	¹/₂ —

D'après ces éléments de composition, et en laissant de côté les faibles produits du ferment, pour ne considérer que l'alcool et l'acide carbonique, l'on trouve, en examinant la composition du sucre et celle de l'alcool, que, pour produire cette liqueur, il faut enlever au sucre un volume de vapeur de carbone et un volume d'oxygène, qui, en se combinant, produisent un volume de gaz acide carbonique, tandis que la combinaison de l'hydrogène et des autres parties des constituants du sucre produit de l'alcool. D'après cette théorie et ce calcul, si l'on réduit les volumes en poids, 107 parties de sucre, décomposées par la fermentation, se changent en :

---

(1) Lettre à M. Clément : *Annales de Chimie*, tome XCV.

Alcool. 51.34
Acide carbonique.. . . . . 48.66

Quelque séduisante et quelque probable que soit cette théorie, il reste encore à déterminer ce que devient l'azote du ferment, qu'on ne trouve pas mêlé à l'acide carbonique, qui n'est principe constituant ni de la substance blanche qui se précipite et qui provient de la décomposition du ferment, ni de la petite quantité de cette substance très soluble que l'on trouve dans le produit alcoolique ; au reste, ce qu'il y a de bien certain, c'est que l'acide carbonique et l'alcool sont tous deux formés aux dépens du sucre.

Il se présente maintenant une grande question à résoudre. L'air est-il nécessaire à la fermentation ? En faveur de cette opinion, nous trouvons un savant dont le nom se rattache aux principales découvertes modernes. Gay-Lussac a écrasé des grains de raisin dans un tube plein de mercure et bien privé d'air ; la fermentation n'a pu s'y établir qu'en y faisant passer une bulle de gaz oxygène. Un Mémoire sur la fermentation vineuse, lu à l'Académie des Sciences, semble prouver le contraire : cinq bouteilles, de quinze litres chacune, ayant été remplies d'huile, afin de priver les parois d'air, furent vidées et remplies de suite de moût que l'on recouvrit d'une couche d'huile de 16 centimètres. Bien que le contact de l'air eût ainsi été intercepté, la fermentation ne s'est pas moins établie deux jours après.

Ce fait nous porte à croire que la présence de l'air, pour que la fermentation ait lieu, pourrait ne pas être d'une nécessité absolue, ou bien qu'il suffit d'une faible quantité pour opérer cet effet. Dans tous les

cas, et d'après les calculs et la théorie même de Gay-
Lussac, aucun des éléments de ce fluide élastique
n'entre pour rien dans la formation de l'alcool et de
l'acide carbonique, qui sont entièrement dus au sucre; de plus, il a reconnu lui-même (1) que le sucre
et l'orge fermentaient très bien sans le contact de
l'air; d'où il est aisé de conclure que la quantité de
ce produit doit être en raison directe de celle de la
matière sucrée.

De même que le moût de raisin, les diverses substances végétales sucrées sont susceptibles de passer
à la fermentation vineuse, avec ou sans addition de
ferment pourvu qu'elles renferment en elles les matières azotées susceptibles de remplir les fonctions de
ferment. Ainsi, le suc de pomme donne le *cidre*; celui de poire, le *poiré*; la matière sucrée développée
dans l'orge fermentée et grillée, la *bière*; le miel et
la mélasse, étendus d'eau tiède avec suffisante quantité de ferment, une liqueur alcoolique plus ou moins
forte, connue sous le nom d'*hydromel*; etc.

Avant de terminer ce chapitre, nous ajouterons que
l'on connaît maintenant plusieurs substances ayant
la plus grande analogie avec l'alcool de vin, et que
pour rappeler leurs propriétés communes, on a aussi
désignées sous le nom d'alcool. C'est ainsi qu'on a

L'alcool vinique　　ou alcool ordinaire;
L'alcool méthylique ou esprit de bois;
L'alcool amylique　 ou huile de pomme de terre.

Toutes ces matières sont caractérisées de la manière suivante :

Traités par un corps oxydant, ces alcools perdent
2 équivalents d'hydrogène, gagnent 2 équivalents

(1) *Annales de Chimie*, tome LXXVI.

d'oxygène et se transforment en acide. C'est ainsi que l'alcool ordinaire donne naissance à l'acide acétique suivant l'équivalent

$$C^4 H^6 O^2 + O^4 = C^4 H^4 O^4 + 2 H O$$

Alcool vinique.   Acide acétique.

Mais avant d'arriver à ce point d'oxydation, ils passent par un état intermédiaire, celui d'aldéhyde, qui est un alcool qui a perdu 2 équivalents d'hydrogène sans avoir gagné d'oxygène.

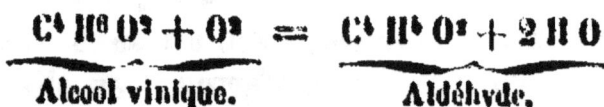

$$C^4 H^6 O^2 + O^2 = C^4 H^4 O^2 + 2 H O$$

Alcool vinique.   Aldéhyde.

Les alcools traités par les corps déshydratants perdent un équivalent d'eau et se transforment en éther, par exemple :

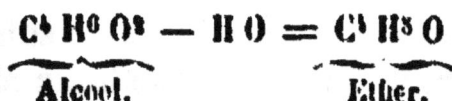

$$C^4 H^6 O^2 - H O = C^4 H^5 O$$

Alcool.   Éther.

Lorsque cette action déshydratante acquiert une plus grande énergie, l'éther lui-même perd un nouvel équivalent d'eau, et l'alcool est transformé en un carbure d'hydrogène dont il diffère par deux équivalents d'eau.

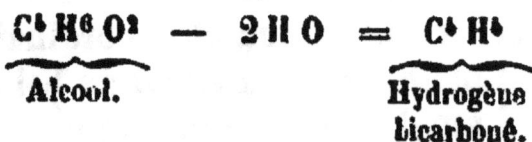

$$C^4 H^6 O^2 - 2 H O = C^4 H^4$$

Alcool.   Hydrogène bicarboné.

Enfin, les alcools forment avec les acides énergiques des combinaisons désignées sous le nom d'*acides viniques* qu'on peut employer comme des sels dans lesquels l'éther de l'alcool considéré jouerait le rôle d'une base.

On a poussé plus loin l'examen de la composition de l'alcool et supposé que l'hydrogène bicarboné $C^4 H^4$ était un radical complexe qui produisait le composé $C^4 H^5$ auquel on a donné le nom d'*éthyle*, composé qu'on peut isoler et qui a fait donner à l'alcool ordinaire la dénomination d'*alcool éthylique*.

L'éthyle est un gaz incolore, d'une odeur éthérée, d'une densité de 2,00394, qui se liquéfie sous une pression de 2 1/4 atmosphériques à 3° C., brûle avec une flamme très lumineuse et est insoluble dans l'eau. L'alcool absolu en absorbe plus de 18 fois son volume à la température de 14°2 et sous la pression de $0^m.7448$. Nous croyons inutile de nous étendre sur les autres propriétés et les diverses réactions de ce corps qui est la base de l'alcool et de tous ses dérivés.

Aldéhyde.

L'aldéhyde est un liquide incolore d'une odeur particulière, suffocante, d'une densité de 0,79 à 18° C. Il entre en ébullition à 221°8 ; la densité de sa vapeur est 1,532. Sa composition, représentée par la formule $C^4 H^4 O^2$, correspond à deux volumes de vapeur.

L'aldéhyde est extrêmement mobile ; il s'enflamme facilement et brûle avec une flamme faible et non fuligineuse ; il se dissout dans l'eau avec production de chaleur, et en toute proportion dans l'alcool et l'éther. Mêlé avec l'eau, il absorbe aisément l'oxygène de l'air, et finit par se transformer en acide acétique.

Les autres réactions de ce corps ayant peu d'intérêt pour l'industrie, nous renverrons aux traités de chimie ceux qui voudraient approfondir ce sujet.

CHAPITRE II.

Fermentation acétique.

—

Rigoureusement parlant, on pourrait regarder la fermentation acide comme une transformation des liqueurs vineuses en acide acétique. Dans la fermentation vineuse, si l'air joue quelque rôle, il est d'une bien faible importance; il n'en est pas de même dans la fermentation acide qui ne saurait s'établir et continuer sans la présence de ce fluide élastique. Les circonstances sans lesquelles cette fermentation ne saurait avoir lieu et celles qui la favorisent sont les suivantes :

1° Le contact de l'air avec la liqueur; cette circonstance est d'une rigueur absolue, quoique Becken, Stahl et Lepechin aient annoncé (1) qu'ils avaient converti du vin en vinaigre en le scellant hermétiquement dans une bouteille, et le tenant exposé à une douce chaleur, mais en avertissant que cette conversion fut longue et le vinaigre très fort; il est facile de se rendre compte de cette acétification : l'air du goulot de la bouteille, et sans doute la porosité du bouchon, qui permit l'entrée de l'air extérieur, durent la déterminer. Struve et Bertrand, dans les notes qu'ils ont ajoutées à l'*Art du Vinaigrier*, de Demachy, ont avancé que la chaleur seule suffisait, sans l'accès de l'air, pour changer le vin en

(1) Becken, *Physiq. souterraine*, liv. Ier, section 5; Demachy, *Art du Vinaigrier*, note de la page 6 ; *Specimen de acetificatione*, par Lepechin.

vinaigre. De pareilles assertions, si contraires à l'expérience, auraient besoin, pour obtenir quelque crédit, d'être appuyées sur des preuves incontestables, et ces auteurs n'en fournissent aucune. Quoique l'observation journalière et la théorie de l'acétification, si bien étudiée par les chimistes modernes, fussent plus que suffisantes pour réfuter une telle erreur, on peut cependant la combattre par une expérience directe, en tenant, pendant plus d'un an, du vin dans le vide, sous le récipient de la machine pneumatique : on n'apercevra pas les moindres traces d'acidification. Pendant ce temps, il se passe un fait remarquable : ce vin se décolore en partie, et dépose sur les parois du vase du sur-tartrate de potasse et de chaux uni à la partie colorante.

Quelle que soit l'utilité de l'air dans l'acte de la fermentation acétique, il ne faut pas cependant exposer la liqueur vineuse à un courant de ce fluide, parce qu'il volatiliserait un peu l'alcool. Mais il est une règle générale, c'est que plus le vin présente de surface à l'air, plus l'acétification est prompte. On doit donc l'accélérer en agitant de temps en temps la liqueur fermentante avec l'air du vase (1). Nous ferons connaître plus bas le rôle que joue l'air dans cette opération.

2° Pour que la fermentation acétique s'établisse, il faut que le vin soit exposé à une douce température, dont les deux extrêmes sont de 10 à 30 degrés. Demachy croit que la liqueur vineuse doit éprouver

(1) Homberg et Boerhaave ayant exposé une bouteille de vin au mouvement de rotation d'une des ailes d'un moulin à vent, ce vin se convertit en vinaigre au bout de quelque temps. Vid. *Hist. de l'Acad. des Sciences* pour 1700.

une chaleur de 20 à 22° Réaumur, pour être susceptible d'acétification, et que cette chaleur ne doit point dépasser 25. Demachy se trompe; cette élévation de température favorise, il est vrai, la fermentation, mais elle est également susceptible de s'établir bien au-dessous de ce degré, puisque, dans tout le midi de la France, les lies des vins et les vins mal bouchés se convertissent en vinaigres dans les caves dont la température constante est de 10 degrés. Au reste, cette erreur de Demachy a été également partagée par Fourcroy. Lepechin dit que la chaleur la plus convenable est celle de 23° Réaumur, et qu'au-dessus de 26 elle est nuisible, puisqu'à celle de 39 Réaumur il avait obtenu un vinaigre qui, par le peu de goût qu'il avait, ne méritait pas ce nom. Nous attribuons cet effet à la volatilisation d'une partie de l'alcool du vin, et, d'après ce que l'expérience nous a démontré, nous croyons que la température la plus favorable à l'acétification du vin est celle de 20 à 30 degrés centigrades. Cette élévation de température est d'autant plus convenable à l'acétification, qu'il suffit d'exposer à l'ardeur du soleil un baril contenant un tiers de vin mêlé à un peu de bon vinaigre, pour le convertir, en quelques jours, en un vinaigre très fort et très aromatique.

3° La présence du ferment est aussi d'une nécessité absolue; car de l'alcool étendu d'eau, et se trouvant dans les circonstances précédentes, ne fermente jamais; si l'on y ajoute de la levure de bière, ou tout autre ferment, il se convertit en vinaigre. Dès que la fermentation acétique commence à s'établir, la liqueur se trouble, et sa température s'élève le premier jour et se porte de 34 à 40 degrés centigrades; elle diminue journellement, et prend le niveau de celle où s'opère la fermentation. En même temps il se forme des substances filamenteuses qui se meuvent en tous les sens, et se déposent au fond du vase, et sur les parois, en une masse glaireuse qui entraîne une partie de la matière colorante unie à du sur-tartrate de potasse et de chaux. Tant que dure l'opération, il y a production et dégagement de gaz acide carbonique. La liqueur s'éclaircit peu à peu, perd son odeur vineuse et sa saveur, pour acquérir le goût acide et l'odeur qui est particulière à l'acide acétique ou vinaigre ; c'est alors qu'on regarde le vinaigre comme fait. Mais c'est une erreur ; il existe encore dans ce produit une partie de l'alcool et du ferment qui ont échappé à la décomposition ; comme dans la fermentation vineuse, il s'opère une fermentation secondaire acide, qui est d'autant plus longue que le vin était spiritueux. Dans cette fermentation nouvelle, la décomposition de l'alcool continue, et, en même temps qu'il se dégage du gaz acide carbonique, il se forme dans le vinaigre une substance membraneuse d'un blanc sale, ferme, translucide, élastique, et souvent assez volumineuse pour occuper une partie de la capacité du vase. Cette substance est connue sous le nom de *mère du vinaigre*, et peut servir de ferment pour déterminer la fermentation acétique des liqueurs vineuses ou alcooliques. De même que la présence du sucre est indispensable pour produire de l'alcool, de même celle de cette liqueur est d'une nécessité absolue pour obtenir du vinaigre par la fermentation (1).

(1) Boerhaave fut le premier à annoncer ce fait, qui se trouve maintenant combattu par quelques chimistes, qui s'appuient : 1º sur ce que les el~ur s'aigrissent dans l'eau ; 2º sur ce que l'amidon passe

Stahl, l'un des chimistes du moyen-âge qui a le mieux observé, et dont les brillantes erreurs ont été la source de plusieurs découvertes, fut un des premiers qui attribuèrent la formation de l'acide acétique à la décomposition de l'esprit-de-vin; Venel, Spielman, etc., se sont prononcés presque aussi affirmativement, et cette opinion a été même celle de Boerhaave. Mais Venel et Spielman croyaient que le tartre ou le tartrate acidule de potasse y avait aussi quelque part. L'acidification des liqueurs vineuses, provenant de la fermentation du sucre, démontre le contraire. Quelques-uns ont prétendu que l'acide carbonique pouvait être aussi converti en acide acétique. Ils ont cité, à l'appui de leur opinion, l'expérience de Chaptal, qui, ayant fait dissoudre un volume de gaz acide carbonique, dégagé de la bière en fermentation, dans un volume d'eau, et ayant tenu cette solution à la cuve à l'air libre, au bout de quelque temps le tout se trouva converti en vinaigre. Il est facile de répondre à cette objection : le gaz acide carbonique, qui se dégage des cuves en fermentation, entraine avec lui une eau alcoolique qui marque 14 degrés à l'aréomètre, comme on peut s'en convaincre au moyen de l'appareil de Mlle Gervais; et c'est à cet alcool, et non à l'acide carbonique, que doit être attribué l'acide acétique qui est produit. Lavoisier, qui a connu ce fait, pense que l'alcool et cet acide ont également

à l'aigre dans les eaux sures des amidonniers; mais on n'a pas encore rapporté des expériences assez concluantes pour démontrer que la matière productrice du vinaigre de ces produits végétaux n'a pas subi une fermentation alcoolique très rapide. Nous croyons donc plus prudent de suivre cet axiome de cet habile chimiste : Jouissons des travaux d'autrui, et, instruits par les erreurs des autres, prenons garde de ne nous en point laisser imposer par la fausse apparence du vrai.

concouru à la production du vinaigre. L'alcool, dit-il, fournit l'hydrogène et une portion du carbone ; l'acide carbonique fournit du carbone et de l'oxygène ; enfin, l'air de l'atmosphère doit fournir ce qui manque d'oxygène pour porter le mélange à l'état d'acide acéteux. Quoiqu'il y ait de la témérité à ne pas adopter l'opinion d'un aussi grand chimiste, nous croyons cependant ne pas devoir admettre cette théorie, parce qu'elle n'est pas conforme aux observations qui ont été recueillies depuis, ainsi que nous le démontrerons bientôt.

Glaser, Boerhaave, Stahl, Venel, Spielman, Carthaeuser, et presque tous les anciens chimistes, pensaient que le vin en se transformant en vinaigre, absorbait de l'air. Lavoisier annonça, au contraire, qu'un seul principe de l'air, l'oxygène, était absorbé, et que, par conséquent, la fermentation acéteuse n'était autre chose que l'acidification du vin, opérée par l'absorption de l'oxygène atmosphérique (1), et qu'il ne fallait qu'ajouter de l'hydrogène à l'acide carbonique pour le constituer acide acétique. Cet illustre chimiste reconnaissait cependant qu'on n'avait pas encore d'expériences exactes pour se prononcer entièrement. Son opinion sur l'absorption de l'oxygène par le vin, était partagée par presque tous les chimistes jusqu'à ce qu'enfin Saussure eût reconnu qu'en faisant acétifier du vin dans une quantité d'air connue, cet air contenait ensuite des proportions d'acide carbonique égales à celles de l'oxygène dont il se trouvait dépouillé. D'après ces faits, si contraires à la théorie de Lavoisier, il n'y aurait point d'oxygène absorbé dans la formation du vinaigre, mais bien du carbone

---

(1) *Traité élémentaire de Chimie*, tome I, pages 159 et 160.

enlevé à l'alcool. Or, s'il suffit d'enlever du carbone à l'alcool pour le convertir en vinaigre, dans l'expérience rapportée par Chaptal, l'alcool n'a nullement besoin du carbone de l'acide carbonique pour être transformé en vinaigre. Il est bon de faire observer que, d'après l'expérience faite par Saussure, la liqueur vineuse n'absorberait pas un atome de l'oxygène de l'air, puisqu'il se forme et se dégage un volume de gaz acide carbonique égal à celui de l'oxygène dont l'air est dépouillé, et que, d'après les analyses les plus exactes, un volume d'acide carbonique est composé d'un volume de gaz oxygène et d'un volume de vapeur de carbone condensés en un volume. Nous avons déjà dit que le vinaigre contenait une quantité d'alcool plus ou moins forte, qui avait échappé à l'acétification ; nous ajouterons que les vinaigres vieux et très forts en donnent moins, il est vrai, mais en contiennent encore. L'expérience prouve que 20 litres de vinaigre provenant d'un vin très spiritueux donneront pour premier produit près de 1 litre d'une liqueur inflammable, qui ne sera presque point acide, plus légère que l'eau, se dissolvant dans 18 parties de ce liquide, d'une odeur et d'un goût d'éther très prononcés. Si cette liqueur est distillée sur la potasse, le produit que l'on en retirera sera de l'éther acétique. Si l'on distille du vinaigre très fort, mais un peu plus vieux, on en obtiendra moins d'éther. Il ne faut pas croire que cet éther est dû à de l'alcool que contenait le vinaigre, et que cet acide et cette liqueur ont réagi l'un sur l'autre à l'aide de la chaleur ; car dès que l'éther cesse de passer à la distillation, et fait place au vinaigre, si l'on y ajoute 2 litres de bon vin, l'on n'obtiendra que de l'alcool à

20 degrés. Si, pour pousser plus loin l'expérience, on substitue 1 litre d'eau-de-vie au vin, on ne recueillera également que de l'alcool à 20 degrés. Enfin, si l'on distille 16 parties de vin avec 5 parties d'acide sulfurique, on obtiendra de l'eau-de-vie au lieu d'éther.

Nous pouvons conclure de ces faits que le vinaigre ne contient point de l'alcool, mais de l'éther acétique, qui se forme pendant la fermentation acide, lequel éther peut aussi se convertir en vinaigre. Ce qui démontre que cet éther n'est pas le produit de l'action du calorique, c'est que l'on peut le trouver dans le marc de raisin qui, recouvrant la cuve en fermentation, se trouve acétifié.

Nous avons vu que l'alcool peut éprouver divers modes de décomposition, soit par son oxydation, soit par sa déshydrogénation, par la séparation d'un simple équivalent d'eau, par la substitution des corps halogènes à tout ou partie de son hydrogène, avec ou sans élimination de son oxygène, enfin par la substitution d'un métal à l'hydrogène.

Les corps qui résultent de ces décompositions sont connus sous les noms d'acétal, d'aldéhyde, de métaldéhyde, de paraldéhyde, d'élaldéhyde, etc., et enfin d'acide acétique qui est le seul produit de ce genre qui nous intéresse.

M. Blondeau a donné une nouvelle théorie de la fermentation acétique, dont voici le résumé :

L'acide acétique est l'un des corps que l'on rencontre le plus fréquemment dans la nature où il se forme sous les influences les plus variées, et qui toutes servent à établir que les éléments des substances organiques ont la tendance la plus prononcée à se réunir pour constituer cet acide. Ainsi, si l'on soumet une matière organique à la distillation, il est bien rare qu'il ne se produise pas d'acide acétique. Si on abandonne un corps organisé à la fermentation, on voit cet acide apparaître. On le retrouve encore dans les graines qui germent, dans la sueur et dans une foule d'autres sécrétions ; enfin il résulte de l'oxydation de certaines substances et en particulier de l'alcool sous l'influence de la mousse de platine. D'après cela, on doit être naturellement porté à penser qu'un acide qu'on rencontre dans des circonstances si diverses, peut devoir son origine à des causes qui ne sont pas toujours les mêmes. Cependant on n'a généralement admis, ou du moins étudié qu'une seule des causes qui président à la formation de l'acide acétique, celle qui produit l'oxydation de l'alcool.

M. Blondeau a combattu cette manière de voir qui lui paraît trop exclusive, en cherchant à déterminer quelques-unes des circonstances dans lesquelles l'acide acétique se produit et a constaté que lorsqu'on met en rapport de l'eau sucrée avec une matière albuminoïde, telle que du caséum, il se développe des mycodermes qui trouvent dans la matière azotée les éléments nécessaires à leur développement, tandis qu'ils transforment en acide acétique le sucre contenu dans la liqueur.

C'est à la même cause qu'il faut attribuer la production de l'acide acétique qu'on rencontre en si grande quantité dans la cuve des amidonniers, lequel a pris naissance par suite d'une transformation isomérique qui s'e . opérée dans l'amidon.

Le changement du sucre et de l'amidon qui deviennent sous l'influence des microphytes de l'acide acétique, paraît constituer un phénomène spécial auquel M. Blondeau propose de donner par analogie le nom de *fermentation acétique*, car, dans l'état actuel, ces deux substances ne font que passer de l'état neutre à l'état acide sans changer de composition.

Il n'en est plus de même lorsque l'acide résulte de la combustion d'une partie des éléments des matières organiques qui se trouvent brûlées par l'oxygène de l'air sous une influence qui n'a pas été suffisamment précisée. A la vérité, M. Pasteur a dit qu'il existait certaines espèces mycodermiques, et en particulier le *mycoderma aceti*, qui possédaient la propriété de s'emparer de l'oxygène de l'air et de se fixer sur les matières organiques telles que l'alcool qui se trouve ainsi brûlé en partie et transformé en acide acétique, mais les expériences de M. Blondeau démontrent que ce n'est que lorsque le mycoderme s'est constitué à l'état membraneux qu'il jouit de la propriété de s'emparer de l'oxygène et de transformer l'alcool en acide acétique. C'est donc une propriété inhérente à l'état membraneux et non une action physiologique qui détermine le changement.

M. Pasteur a, dans ces derniers temps, jeté une vive lumière sur les phénomènes de la fermentation acétique. Nous exposerons ici en peu de mots les recherches de ce savant chimiste.

M. Pasteur qui a exposé devant la Société chimique de Paris les premiers résultats de ses recherches sur la fermentation appelée *acétique*, a découvert dans les plantes cryptogamiques du genre *mycoderma*, dont il figure trois des espèces les plus intéressantes, une propriété remarquable qui explique complètement l'acétification des liquides alcooliques.

Voici quelques-unes de ses expériences :

A la surface d'un liquide organique quelconque, renfermant essentiellement des phosphates et des matières albuminoïdes, on fait développer une espèce quelconque du genre *mycoderma*, jusqu'à ce que toute la surface du liquide en soit couverte. Alors avec un syphon on enlève le liquide générateur de la plante, en s'arrangeant de manière que le voile de la mucorée ne soit pas déchiré et ne tombe pas en lambeaux au fond du vase, condition très facile à remplir. Ensuite on remplace le liquide par de l'alcool pur étendu d'eau, marquant, par exemple, 10° à l'alcoomètre centésimal. Le mycoderme, difficilement mouillé par des liquides à cause de ses principes gras, se soulève et recouvre la surface du nouveau liquide. La petite plante est alors placée dans des conditions exceptionnelles. Sa vie est très gênée, si elle n'est pas rendue tout à fait impossible, parce qu'elle n'a plus pour aliments que les principes qu'elle peut trouver dans sa propre substance, surtout si on a la précaution de la laver en dessous avec de l'eau avant de la mettre à la surface du liquide alcoolique. Or, l'expérience démontre que la plante, dans ces circonstances anormales de maladie ou de mort, met immédiatement en réaction l'oxygène de l'air et l'alcool du liquide. L'acétification commence sur le champ, et se poursuit avec une grande activité. Après quelques jours, l'action de la plante se ralentit, mais elle est loin d'être épuisée. Elle est gênée par l'acidité de plus en plus grande de la liqueur. Enlève-t-on celle-ci pour la remplacer par une nouvelle portion d'alcool pour étendre l'eau, l'acétification continue pour le deuxième liquide, et cette suite d'opérations peut se prolonger pendant des mois

Vinaigrier. 2

entiers. D'autre part, lorsque l'acétification s'arrête pour une liqueur déjà acétique, elle peut continuer si cette liqueur venait à être introduite dans une mucorée qui n'a pas encore agi.

Pendant tout ce travail, la plante éprouve des modifications assez profondes, sans toutefois augmenter de poids. Tout au contraire, elle subit une sorte de combustion qui dissout ses matériaux, de telle sorte que le liquide devient peu à peu apte à nourrir la plante ou l'une des espèces qui l'avoisinent dans le même genre *mycoderma*. A ce moment, des phénomènes entièrement différents, au moins en apparence, s'accomplissent. L'acide acétique et l'alcool disparaissent complètement avec la plus grande rapidité. Quelques jours suffisent pour enlever au liquide toute son acidité. Il arrive à une neutralité parfaite et devient propre, en conséquence, à donner naissance à des infusoires divers et, par suite, à une altération putride.

Toute cette seconde partie des phénomènes annoncés par M. Pasteur, peut se produire lorsque l'on fait développer des mycodermes sur des liquides alcooliques qui renferment les aliments propres à la nourriture de la plante, tels que le vin, la bière, les liquides fermentés en général, à moins que, par des circonstances fortuites ou déterminées par l'opérateur, la plante ne soit placée dans des conditions analogues à celles où elle se trouve dans la première partie de l'expérience.

En résumé, l'acétification est produite par des espèces du genre *mycoderma*. Lorsque la plante est en pleine vie et santé, elle ne donne pas lieu à une fermentation effective d'acide acétique. Bien plus, si cet accident existe dans la liqueur, elle le détruit ainsi que l'alcool. Au contraire, si la plante est malade, si on lui refuse ses aliments, ou si, tout en les possédant, elle est gênée par une autre cause quelconque, elle transforme l'alcool en aldéhyde et en acide acétique.

Tout ce qui a été dit sur l'influence des corps poreux organisés *ordinaires* dans l'acétification, est entièrement erroné. Voici les expériences qui le mettent en évidence.

M. Pasteur fait écouler le long d'une corde de l'alcool étendu d'eau. Les gouttes qui tombent à l'extérieur de la corde ne renferment pas la plus petite quantité d'acide acétique. L'expérience a duré plus d'un mois avec une vitesse d'écoulement extrêmement faible, une goutte par deux à trois minutes. Mais si l'on répète cet essai en ayant la précaution de tremper la corde, au début de l'expérience, dans un liquide à la surface duquel se trouve une pellicule de mycoderme qui reste en partie sur la corde lorsqu'on retire celle-ci, l'alcool qui s'écoule lentement le long de cette corde au contact de l'air se charge d'acide acétique. L'acétification peut se prolonger pendant plusieurs semaines.

Il est évident, par cette double expérience, que dans le procédé d'acétification dit allemand, les copeaux de hêtre sont sans action, et qu'ils n'ont d'autre rôle que de servir de support à la plante.

Dans la fabrication, telle qu'elle se pratique à Orléans, l'acétification, d'après M. Pasteur, est due uniquement à une pellicule presque insensible, d'une minceur excessive, qui recouvre le liquide des tonneaux, et qui est formée par la plus petite espèce des *mycoderma*. La *mère* du vinaigre, c'est-à-dire le dépôt qui est au fond des tonneaux, et sur lequel on verse, tous les 8 jours, 10 litres de vin après avoir retiré 10 litres de vinaigre, n'a aucune influence sur le phénomène. Tout le travail se fait à la surface, dans la pellicule d'une ténuité excessive qui recouvre le liquide. Mais, si pour un motif quelconque, cette pellicule vient à épaissir, à se développer, l'opération passe aussitôt à la phase de disparition de l'alcool et de l'acide acétique. Le vinaigre laissé dans le tonneau, a précisément pour effet de modérer le développement de la plante, de la rendre maladive, mais il n'intervient pas autrement dans l'acétification.

Les rapports des mycodermes avec l'oxygène ne se bornent pas aux phénomènes dont il vient d'être question.

M. Pasteur a reconnu que, mis en présence du sucre, hors de tout contact avec le gaz oxygène, ils avaient la propriété de se développer. Leur respiration s'effectue alors, sans nul doute, à l'aide de l'oxygène enlevé au sucre. Or, il est fort remarquable que dans ces conditions le sucre fermente. Ces faits, comme on le verra lorsque l'ensemble des observations sera publié, ajoutent un nouvel appui à la théorie de la fermentation proposée récemment par M. Pasteur. En même temps, ils rendent compte de tous les prétendus changements de forme de la levure de bière ou des spores des mucédinées qui ont souvent appelé l'attention des micrographes. En effet, dans ces nouvelles conditions de vie et de développement, les mycodermes éprouvent des modifications dans la grosseur de leurs articles, dans leur mode de propagation qui, au premier abord, peuvent faire croire à des transformations en des espèces nouvelles. C'est quelque chose d'analogue aux métamorphoses des insectes et des vers intestinaux.

CHAPITRE III.

De l'Acide acétique, de sa nature, de sa préparation et de sa composition.

L'acide acétique est celui de tous les acides qui est d'un plus grand intérêt, tant pour l'usage domestique que pour les arts. Il existe tout formé dans quelques substances végétales et est le produit des réactions ou des traitements qu'on fait subir à diverses substances organiques.

L'acide acétique anhydre (ne contenant pas d'eau) est un liquide incolore, très mobile, très réfringent ; son odeur est fort vive et ressemble à celle de l'acide acétique hydraté, et à celle de l'aubépine. Sa densité est de 1,073 ; il bout à + 137°,5 C. ; sa vapeur cause une irritation vive aux yeux ; la densité de la vapeur est 3,47 correspondant à 4 volumes et à la formule $C^8 H^6 O^6$.

Il s'hydrate peu à peu au contact de l'air humide, mais ne se mélange pas toutefois facilement avec l'eau, si ce n'est en le chauffant.

On prépare l'acide acétique anhydre en introduisant de l'oxychlorure de phosphore, goutte à goutte, sur de l'acétate de potasse fondu, placé dans une cornue tubulée et par des rectifications.

Cet acide offre une propriété bien remarquable, c'est d'augmenter de densité en y ajoutant de l'eau jusqu'à une certaine limite, passé laquelle son poids spécifique diminue ; à son maximum de concentration, ce même poids spécifique est de 1,063 ; il contient alors 14,78 c. d'eau, et a son maximum de poids spécifique de 1,079 ; nous y reviendrons ailleurs. L'acide acétique passe à la distillation sans éprouver aucune altération ; à une chaleur rouge, il ne se décompose que partiellement, mais sa décomposition s'opère aisément si on le fait passer en vapeur à travers un tube plein de charbon rouge. Le produit de cette décomposition est :

1° de l'acide carbonique,
2° de l'eau,
3° du gaz oxyde de carbone,
4° du gaz hydrogène carboné.

L'acide acétique froid n'est pas susceptible de s'enflammer, mais quand on le fait bouillir, sa vapeur peut être allumée ; alors elle brûle au contact de l'air avec une flamme bleue. Les acides oxygénants ne l'attaquent qu'avec peine et à l'aide même de la chaleur, 4 parties d'alcool à 40 degrés et 1 d'acide acétique aussi concentré que possible, ne rougit pas la teinture de tournesol, ne décompose pas les solutions saturées de carbonate neutre de potasse.

L'acide acétique cristallisable ne décompose point le carbonate de chaux ; mais si l'on y ajoute de l'eau, il se produit alors une vive effervescence et il se forme de l'acétate calcaire. M. Pelouze explique ce phénomène en disant que l'acide acétique ne décompose point la craie, parce que l'acétate de chaux ne trouve pas d'eau pour se dissoudre, puisqu'il y en a un atome dans chaque atome d'acide acétique. L'acide acétique cristallisable, placé dans un flacon rempli de chlore, à l'abri de la lumière solaire directe, et à une température un peu basse, ne rougit pas sensiblement sur ce gaz; mais si on l'expose aux rayons du soleil, il se produit bientôt une réaction très marquée, surtout en été; l'acide s'échauffe peu à peu, répand ses vapeurs, et il en résulte des produits variables, suivant les proportions.

S'il y a un léger excès d'acide acétique, il se forme :

1° du gaz hydrochlorique en abondance,

2° de l'acide chlorocarbonique,

3° de l'acide carbonique,

4° de l'acide oxalique,

5° une substance particulière dont les cristaux rhomboïdaux tapissent, avec ceux de l'acide oxalique, les parois du flacon. M. Derosne dit que cette substance se rapproche du chlore hydraté.

L'acide acétique peut être décomposé par les métaux rangés dans la première section, dont plusieurs ont pu être réduits par la chimie moderne; ce sont les métaux extraits des terres (le *silicium*, le *zirconium*, l'*aluminium*, le *thorinium*, l'*ittryum*, le *glucinium*, le *magnésium*). Si cet acide est étendu d'eau, il forme des acétates avec les métaux de la troisième section (le *plomb*, le *manganèse*, le *zinc*, le *fer*, l'*étain* et le *cadmium*); l'eau est alors décomposée et son hydrogène se dégage. Le concours de l'air ou de l'hydrogène est indispensable pour déterminer l'oxydation des métaux des sections inférieures, sur lesquels on veut faire agir l'acide acétique. Quelques métaux de la quatrième section passent facilement à l'état d'acétate quand ils sont placés sous cette double influence. Les sels neutres que cet acide forme sont très bien déterminés ; l'acide de ces sels contient trois fois plus d'oxygène que la base ; il ne produit pas d'acide formique par son mélange avec l'acide sulfurique et le peroxyde de manganèse ; il dissout le camphre, les résines, les gommes-résines, la fibrine, l'albumine, les huiles volatiles, etc.

L'acide acétique le plus pur se prend en une masse cristalline, formant des tables rhomboïdales allongées, à 13° centigr.; une forte pression peut opérer le même effet. M. Perkins ayant soumis du vinaigre de Mollerat, contenant 0,90 d'acide réel, et 0,10 d'eau, à une pression de 11 atmosphères, obtint les 7/8 supérieurs en cristaux d'acide acétique pur et très fort ; la partie inférieure était de l'eau acidulée. L'acide acétique qui provient de la distillation du vinaigre, ne contient que 0,15 d'acide ; aussi plusieurs de ses propriétés sont modifiées comme nous le dirons en parlant du vinaigre. Nous avons déjà dit que lorsqu'on unit cet acide avec diverses proportions d'eau, les poids spécifiques de ces mélanges ne s'accordent pas avec les proportions de chacun de ces corps ; en effet, unis à l'eau dans le rapport de 100 d'acide acétique le plus concentré sur 112,2 d'eau, le poids spécifique reste le même ; seulement l'acide ne se congèle point, même à plusieurs degrés au-dessous de 0 (1).

(1) Il est bon de faire observer ici que, dans le commerce, on court les plus grands risques d'être trompé, en mesurant le degré de force d'un vinaigre concentré par l'acétomètre, puisque celui qui est le plus concentré donne le même poids spécifique que celui qui contient 112 parties d'eau, et que, lorsqu'il contient moins de ce liquide, le poids spécifique augmente. Le meilleur moyen pour reconnaître la force des vinaigres, c'est la quantité de soude cristallisée qu'ils neutralisent, ainsi que nous le dirons ailleurs.

Si cette quantité d'eau est moindre, la densité de
cet acide augmente; à son maximum, elle est de
1,080; alors il contient un peu plus du tiers d'eau
en poids. M. Mollerat, auquel on doit les connaissances les plus précieuses sur la fabrication du vinaigre
de bois, s'est livré à ce sujet à un travail fort intéressant, duquel il résulte que :

100 parties d'acide acétique et	14.78 d'eau, pèsent	1.0630
100 ——	25.21 —	1.0742
100 ——	52.54 —	1.0800
100 ——	59.38 —	1.0763
100 ——	71.00 —	1.0742
100 ——	112.00 —	1.0630
100 ——	116.25 —	1.0658
100 ——	166.34 —	1.0630

Composition de l'acide acétique tel qu'il existe dans les acétates desséchés.

1° D'après Gay-Lussac et Thénard :

Carbone. 50.224
Oxygène. 44.147
Hydrogène. 5.629
                                    _____
                                    100.000

Ou de :

Carbone.. . . . . 50.224
Oxygène et hydrogène, dans les pro-
    portions nécessaires pour faire
    de l'eau.. . . . . 46.911
Oxygène. 2.865
                                    _____
                                    100.000

En volume :

Gaz oxygène. . . . . 3 volumes.
Gaz hydrogène.. . . . . 6　—
Vapeur de carbone . . . . 4　—

2° D'après Berzélius :

Carbone. 46.83
Oxygène. 46.82
Hydrogène.. . . . . 6.30
　　　　　　　　　　　　　　———
　　　　　　　　　　　　　　100.00

3° M. Dumas exprime sa composition de la manière suivante :

8 at. carbone. . . . . = 306.08 ou bien 47.54)
6 at. hydrogène. . . . . . = 37.44　—　5.82)100.00
3 at. oxygène. . . . . . . = 300.00　—　46.64)
1 at. acide acétique anhydre = 643.52　—　85.11)
2 at. eau. . . . . = 112.48　—　14.89)100.00
　　　　　　　　　　　　　　———
Acide acétique concentré.. = 756.00

L'acide acétique dont la densité est 1.08, est formé de :

1 at. acide acétique anhydre = 643.52 ou bien 65.59
6 at. eau. . . . . = 337.44　—　34.41
　　　　　　　　　　　　　———　———
　　　　　　　　　　　　　980.96　100.00

Dans plusieurs expériences relatives à la densité de la vapeur de l'acide acétique cristallisable et bouillant à 120 degrés, M. Dumas a toujours trouvé qu'elle était égale à 2.7 ou 2.8, ce qui ne peut s'expliquer qu'en la considérant de la manière suivante en général : 1 atome d'un acide hydraté produit 4 volumes de vapeur, et, si chaque volume se combine lui-même avec un volume de vapeur aqueuse, on retrouve le chiffre indiqué plus haut.

En effet, on a :

8 vol. carbone = 3.3728
8 vol. hydrog. = 0.5504
4 vol. oxygène = 4.4104
                ───────
                8.3336
$$\frac{8.3336}{4} = 2.08 \text{ vapeur de l'acide hydraté.}$$

1 vol. eau 0.62
                          ─────
                          2.70 vap. de l'ac. sur-hydraté.

Ainsi, il paraît qu'en bouillant, l'acide acétique reprend l'état correspondant à son maximum de densité.

La composition de l'acide acétique concentré peut être représentée par des *volumes égaux d'hydrogène et d'oxyde de carbone*, cela explique la grande stabilité de l'acide acétique : l'hydrogène et l'oxyde de carbone ne peuvent réagir l'un sur l'autre, puisqu'aucune action ne s'exerce entre ces gaz en état de liberté.

Avant de faire connaître les combinaisons salines ou acétates que forme cet acide, et les divers moyens par lesquels on parvient à l'obtenir plus ou moins concentré et cristallisable, nous croyons devoir faire connaître l'acide acétique faible ou vinaigre, parce que c'est au moyen de celui-ci qu'on prépare les autres, et qu'il faut toujours, pour plus de clarté, passer du connu à l'inconnu.

M. Oudemans, professeur de chimie au polytechnicum de Delft, a entrepris, sur le poids spécifique de l'acide acétique et de ses mélanges avec l'eau, des recherches étendues, dont il a consigné les détails dans un ouvrage publié à Bonn, en 1866, et dont nous allons faire connaître les principaux résultats que nous empruntons au *Technologiste*.

L'acide acétique hydraté pur a été obtenu avec le vinaigre radical du commerce rectifié sur du peroxyde de manganèse et de l'acétate de soude (pour se débarrasser de l'acide sulfurique et de l'acide sulfureux) par des cristallisations fractionnées répétées, et enfin au moyen de cristallisations successives poursuivies jusqu'à ce que le poids spécifique restât constant. On a trouvé que le point de fusion de l'acide hydraté pur était 16°45 C., et son poids spécifique à 15° C. = 1,05533. Le point d'ébullition n'a jamais pu être obtenu parfaitement constant. L'ébullition commence sous la pression barométrique de 763 milimètres à 117° C., et après une évaporation du quart, ce point d'ébullition = 117°6, et après une évaporation de un huitième, il est de 118°2.

Pour déterminer le poids spécifique, M. Oudemans s'est servi d'un pycnomètre dont le volume entre 0° et 40° C. (température des expériences) a été vérifié avec le plus grand soin. La composition des mélanges d'acide a été constatée par des pesées d'une part de l'acide acétique hydraté, et de l'autre, de l'eau qu'on y a ajoutée. Toutes ces pesées ont été, par le calcul, ramenées au vide.

Au total, les expériences ont porté sur 25 liquides de différentes richesses en acide acétique, et chacun de ces liquides a été étudié aux plus basses températures possibles entre 0° et 40°. Les nombres obtenus par M. Oudemans diffèrent sensiblement de ceux donnés par M. Mohr, dans le t. 30 des *Annalen der Chemie und Pharmacie*, mais ils s'accordent assez bien avec les anciennes déterminations qu'on doit à

M. Van der Toon, et qu'il a publiées, en 1824, dans son Mémoire sur les densités de l'acide acétique. Les différences avec les déterminations de M. Mohr seraient dues, suivant l'auteur, à ce que ce chimiste a pris pour point de départ de ses recherches un acide acétique qui renfermait encore 5 pour 100 d'eau au lieu d'acide acétique hydraté pur.

Comme résultat général de ces expériences, on remarque que le maximum, dans la densité des mélanges d'acide acétique et d'eau, ne paraît en aucune façon dépendre du rapport équivalent entre $C^4 H^4 O^4$ et l'eau. Ce maximum change en particulier avec la température, au point, par exemple, que la plus grande densité à 0° C. correspond à 81 pour 100 d'acide acétique, à 5° C. à une richesse de 80 pour 100, à 20° C. à celle de 78 pour 100 en acide acétique.

En outre, l'influence qu'exerce le phénomène anormal de l'eau à 40° C. sur le poids spécifique de l'acide acétique, est fort remarquable. Elle se manifeste dans la représentation graphique des rapports des densités, en ce que la courbe à 0° a un point d'inflexion avec richesse d'environ 4 pour 100 en acide acétique, et à celle de 5° avec richesse à 5 1/2 pour 100, et, de plus, que ces deux courbes pour 2,1 pour 100 d'acide acétique se coupent, de façon que l'acide à 2,1 pour 100 n'éprouve entre 0° et 5° aucune dilatation.

Parmi les tableaux calculés par M. Oudemans des proportions centésimales d'acide d'après les résultats obtenus, qu'il a étendues par interpolation à tous les degrés de température, nous présenterons ici ceux qu'il a donnés pour les températures 0°, 15° et 40°.

Proportion centésimale d'acide acétique.	DENSITÉ			Proportion centésimale d'acide acétique.	DENSITÉ		
	à 0°.	à 15°.	à 40°.		à 0°.	à 15°.	à 40°.
0	0.9990	0.9992	0.9924	31	1.0507	1.0424	1.0264
1	1.0016	1.0007	0.9936	32	1.0520	1.0436	1.0274
2	1.0033	1.0022	0.9948	33	1.0534	1.0447	1.0283
3	1.0051	1.0037	0.9960	34	1.0547	1.0459	1.0291
4	1.0069	1.0052	0.9972	35	1.0560	1.0470	1.0300
5	1.0088	1.0067	0.9984	36	1.0573	1.0481	1.0308
6	1.0106	1.0083	0.9996	37	1.0585	1.0492	1.0316
7	1.0124	1.0098	1.0008	38	1.0598	1.0502	1.0324
8	1.0142	1.0113	1.0020	39	1.0610	1.0513	1.0332
9	1.0159	1.0127	1.0032	40	1.0622	1.0523	1.0340
10	1.0176	1.0142	1.0044	41	1.0634	1.0533	1.0348
11	1.0194	1.0157	1.0056	42	1.0646	1.0543	1.0355
12	1.0211	1.0171	1.0067	43	1.0657	1.0552	1.0363
13	1.0228	1.0185	1.0079	44	1.0668	1.0562	1.0370
14	1.0245	1.0200	1.0090	45	1.0679	1.0571	1.0377
15	1.0262	1.0214	1.0101	46	1.0690	1.0580	1.0384
16	1.0279	1.0228	1.0112	47	1.0700	1.0589	1.0391
17	1.0295	1.0242	1.0123	48	1.0710	1.0598	1.0397
18	1.0311	1.0256	1.0134	49	1.0720	1.0607	1.0404
19	1.0327	1.0270	1.0144	50	1.0730	1.0615	1.0410
20	1.0343	1.0284	1.0155	51	1.0740	1.0623	1.0416
21	1.0359	1.0298	1.0166	52	1.0749	1.0631	1.0423
22	1.0374	1.0311	1.0176	53	1.0758	1.0638	1.0429
23	1.0390	1.0324	1.0187	54	1.0767	1.0646	1.0434
24	1.0405	1.0337	1.0197	55	1.0775	1.0653	1.0440
25	1.0420	1.0350	1.0207	56	1.0783	1.0660	1.0445
26	1.0435	1.0363	1.0217	57	1.0791	1.0666	1.0450
27	1.0450	1.0375	1.0227	58	1.0798	1.0673	1.0455
28	1.0465	1.0388	1.0236	59	1.0806	1.0679	1.0460
29	1.0479	1.0400	1.0246	60	1.0813	1.0685	1.0464
30	1.0493	1.0412	1.0255	61	1.0820	1.0691	1.0468

Proportion centésimale d'acide acétique.	DENSITÉ			Proportion centésimale d'acide acétique.	DENSITÉ		
	à 0°.	à 15°.	à 40°.		à 0°.	à 15°.	à 40°.
62	1.0820	1.0697	1.0472	82	1.0897	1.0746	1.0492
63	1.0832	1.0702	1.0475	83	1.0896	1.0744	1.0489
64	1.0838	1.0707	1.0479	84	1.0894	1.0742	1.0485
65	1.0845	1.0712	1.0482	85	1.0892	1.0739	1.0481
66	1.0851	1.0717	1.0485	86	1.0889	1.0736	1.0475
67	1.0856	1.0721	1.0488	87	1.0885	1.0731	1.0469
68	1.0861	1.0725	1.0491	88	1.0881	1.0726	1.0462
69	1.0866	1.0729	1.0493	89	1.0876	1.0720	1.0455
70	1.0871	1.0733	1.0495	90	1.0871	1.0713	1.0447
71	1.0875	1.0737	1.0497	91	(a)	1.0705	1.0438
72	1.0879	1.0740	1.0498	92		1.0696	1.0428
73	1.0883	1.0742	1.0499	93		1.0686	1.0416
74	1.0886	1.0744	1.0500	94		1.0674	1.0403
75	1.0888	1.0746	1.0501	95		1.0660	1.0388
76	1.0891	1.0747	1.0501	96		1.0644	1.0370
77	1.0893	1.0748	1.0501	97		1.0625	1.0350
78	1.0894	1.0748	1.0500	98		1.0604	1.0327
79	1.0896	1.0748	1.0499	99		1.0580	1.0301
80	1.0897	1.0748	1.0497	100		1.0553	1.0273
81	1.0897	1.0747	1.0495				

(a) La densité de l'acide supérieur à 90 pour 100 ne peut pas être déterminée à 0°, parce qu'il se solidifie à cette température.

Aldéhyde.

Nous avons dit que l'alcool de vin, avant de se transformer en acide acétique, devait passer par un état intermédiaire et former un corps auquel on a donné le nom d'aldéhyde, et qui est un alcool qui a perdu 2 équivalents d'hydrogène sans avoir gagné d'oxygène d'après la formule :

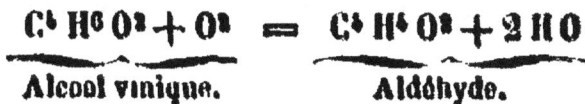

$$\underbrace{C^4 H^6 O^2 + O^2}_{\text{Alcool vinique.}} = \underbrace{C^4 H^4 O^2 + 2 H O}_{\text{Aldéhyde.}}$$

Nous allons décrire maintenant quelques-uns des caractères de l'aldéhyde.

L'aldéhyde est un liquide incolore d'une odeur particulière suffocante ; sa densité est de 0,79 à $+$ 18° C. Il entre en ébullition à $+$ 221°8 ; la densité de sa vapeur est de 1,532. Son équivalent chimique $C^4 H^4 O^2$ correspond à 2 volumes de vapeur.

Ce liquide est excessivement mobile, il s'enflamme facilement et brûle avec une flamme faible et non fuligineuse ; il se dissout dans l'eau avec production de chaleur et en toutes proportions dans l'alcool et dans l'éther.

L'aldéhyde mélangé avec de l'eau absorbe facilement l'oxygène de l'air et finit par se changer en acide acétique. Au contact du noir de platine, cette absorption est très rapide. En présence de l'ammoniaque, cette modification de l'aldéhyde est plus prompte, mais moins complète.

L'aldéhyde se modifie aussi spontanément sous des influences qui sont encore inconnues et produit trois isomères : le métaldéhyde, le paraldéhyde et l'élaldéhyde sur les propriétés desquels nous ne croyons pas nécessaire de nous étendre.

DEUXIÈME PARTIE

CHAPITRE Ier.

Du Vinaigre, de ses éléments, et de leurs divers modes de préparation.

La découverte du vinaigre dut nécessairement accompagner celle du vin ; la nature fit tous les frais de sa fabrication ; un vase contenant du vin, qui fut mal bouché ou qu'on laissa ouvert ou à moitié rempli, présenta une nouvelle liqueur odorante et d'une saveur nouvelle qu'on ne tarda pas à appliquer à l'économie domestique : telle est l'origine du vinaigre.

Mais lorsque la civilisation plus avancée donna une nouvelle impulsion aux arts, la préparation du vinaigre devint un art particulier, ainsi que nous l'avons démontré dans l'introduction de cet ouvrage. Cependant, tous les vinaigres n'étaient pas égaux en bonté, ce que l'on attribuait à de prétendus secrets qu'avait chaque fabricant, et qu'on appelait *Secrets des vinaigriers*. Rien de plus simple cependant que la fabrication du vinaigre, ainsi que nous l'avons démontré dans le chapitre où nous avons traité de l'acide acétique. Tout le *secret* consiste à employer de bons vins, c'est-à-dire des vins très spiritueux, car le vinaigre est d'autant plus fort, que le vin d'où il provient est plus riche en alcool. De là vient que les vinaigres fabriqués dans divers lieux ne sont pas d'une égale

bonté. Ainsi, ceux qui proviendront des vins de Roussillon seront plus forts que ceux de Narbonne ; ceux-ci
plus que ceux de Montpellier ; ceux de Montpellier,
plus que ceux d'Orléans ; ceux d'Orléans, beaucoup
plus que ceux de Bordeaux, Suresne, etc. Nous avons
déjà exposé la théorie de la fermentation acétique :
nous n'y reviendrons donc point ; mais, nous ferons
ici quelques applications des principes que nous avons
posés.

On doit se rappeler d'abord que nous avons dit
que les moûts les plus riches en matière sucrée étaient
les plus longs à se vinifier complètement, mais aussi,
qu'ils étaient les plus spiritueux, tandis que ceux qui
étaient peu riches en sucre, mais chargés de ferment,
se changeaient plus vite en vin, et étaient moins alcooliques. Il est aisé d'établir ainsi la différence d'a-
cidité du vinaigre que les vins produiront. En effet,
les uns seront convertis promptement en un vinaigre
faible, et les autres seront plus ou moins longs à l'être.
Il est des vins du Roussillon et d'Espagne qui restent
plusieurs mois débouchés sans s'acidifier. Berthollet raconte qu'il a bu, à Perpignan, d'une bouteille
à moitié pleine et débouchée depuis plus de trois
mois, qui était délicieux. Pour convertir ces vins en
vinaigres, il faut y ajouter plus ou moins d'eau chaude
dans laquelle on a délayé de la levure de bière. Dans
les vins, au contraire, pauvres en matière sucrée, on
peut y ajouter de la mélasse, ou bien du sirop de raisin, ou de l'alcool pour en obtenir un vinaigre qui
sera d'autant plus fort qu'on y aura ajouté beaucoup
plus de matière sucrée ou de l'eau-de-vie. Stahl fut
un des premiers à attribuer la formation du vinaigre
à la décomposition de l'alcool ; et Venel, Carthaeuser,

Spielman, etc., mirent à profit cette connaissance en conseillant d'ajouter de l'alcool au vin que l'on voulait acétifier, afin de le rendre plus fort. Depuis, plusieurs chimistes modernes, assez connus pour n'avoir pas besoin d'être cités, se sont approprié cette idée.

Vers la fin du dix-huitième siècle, la culture de la vigne n'était pas aussi étendue qu'elle l'est de nos jours, et la distillation du vin était encore dans son enfance. Aussi on distillait-on fort peu : c'était presque toujours des lies de vin ou des vins gâtés que l'on convertissait en eau-de-vie ou en vinaigre. On était imbu de cette fausse idée qu'il fallait des vins gâtés pour obtenir de bons vinaigres. Si les fabriques d'Orléans l'emportaient sur celles de Paris, c'est que ceux qui se trouvaient placés à leur tête n'ignoraient point combien cette opinion était erronée; ajoutons à cela qu'ils étaient favorisés naturellement par la bonté de leurs vins. A Paris, et dans divers autres lieux, on achetait des vins qu'on choisissait d'autant plus détériorés qu'on les obtenait à plus bas prix. Il existait encore un autre préjugé généralement répandu : c'est qu'on croyait que les vins nouveaux donnaient beaucoup plus de vinaigre que les vins vieux. Cette erreur est d'autant plus grande que nous avons vu que les vins éprouvaient une fermentation secondaire plus ou moins longue. Nous avons vu à Perpignan des fabricants de vinaigre recueillir soigneusement le résidu de la distillation des vins nouveaux, et en préparer du vinaigre, comme nous le ferons connaître bientôt. Un autre fait, que nous avons déjà annoncé, c'est que le vinaigre subit aussi une fermentation secondaire, et qu'il donne d'autant moins d'éther acétique et d'autant plus d'acide, qu'il est plus

vieux, pourvu qu'on ait le soin de le tenir bien bouché.

Il est un fait bien reconnu, c'est que le vinaigre est
la transformation de l'alcool en un acide, par la perte
d'une partie de son carbone ; lequel vinaigre est de
l'acide acétique étendu plus ou moins d'eau, et contenant une matière colorante, un mucilage, du bitartrate de potasse, du sulfate de potasse, plus ou moins
d'éther acétique, etc.

En dépouillant le vinaigre de ces corps étrangers,
on le convertit eu acide acétique très fort. La bonne
fabrication du vinaigre repose donc sur quatre points
principaux :

1° Une température de 20 à 30° C.;

2° Une liqueur bien alcoolique;

3° Une quantité de ferment suffisante (1) ;

4° Une liqueur présentant une grande surface au
contact de l'air, voilà tout le secret des vinaigriers.

Avant de passer aux divers moyens employés pour
la fabrication du vinaigre, tant rationnel qu'empyri-
que, nous croyons devoir entrer dans quelques détails
sur les conditions propres à obtenir de bons vinaigres.

Des vins doux.

Nous avons déjà fait connaître que les vins doux
ou liquoreux devaient cette saveur à une plus ou

---

(1) On peut employer comme ferments les *lies des vins acides* que
déposent les vinaigres, la *mère des vinaigriers*, la *levure de bière*,
le *levain aigri des boulangers*, le *marc* et les *râfles de raisin*, les
jeunes pousses de vigne, les *débris des végétaux et animaux*, les *excréments*. Nous faisons observer que ceux qui appartiennent aux substances animales, en se putréfiant, peuvent rendre le vinaigre de
mauvaise qualité.

moins grande quantité de sucre qu'ils retiennent et qui ne subit la fermentation alcoolique qu'au bout d'un temps plus ou moins long (1) (même plusieurs années) ; il est donc évident qu'un pareil vin ne pourrait guère convenir aux vinaigriers. Cependant, d'après l'analyse du moût que nous avons fait connaître, et le principe que nous avons émis sur l'influence des plus ou moins grandes quantités de ferment sur l'alcoolisation du vin et sur son acétification, il est aisé d'obvier à cet inconvénient. Lorsqu'on se propose donc d'acétifier un vin doux, on doit ajouter, dans une barrique à moitié pleine de vin, depuis un sixième jusqu'à un cinquième d'eau à 50 degrés, dans laquelle on a préalablement délayé une suffisante quantité de levure de bière. On la bouche ensuite et on la roule sur elle-même jusqu'à dix fois par jour, tant que dure l'opération ; on n'y ajoute enfin de nouvelles portions de vin que lorsque l'acétification de celui de la barrique mère est avancée, encore même doit-on continuer à ajouter, au vin d'addition, la quantité précitée d'eau tiède et un peu de ferment. Quand le tonneau est aux trois quarts plein, on doit se dispenser de le rouler, mais on doit continuer à y injecter de l'air avec un bon soufflet, ainsi que nous l'avons déjà recommandé.

Des vins faibles.

Par un effet contraire à celui que produisent les vins doux, les vins faibles étant peu chargés d'alcool

_____

(1) La matière sucrée qui existe dans les vins doux n'est pas détruite par la distillation de ces vins : nous en avons examiné le résidu et nous en avons extrait du sucre de raisin. Nous avons vu des vinaigriers recueillir cette *repasse* pour en fabriquer du vinaigre.

et de beaucoup de ferment et d'eau, la fermentation acétique est promptement terminée ; mais le vinaigre obtenu est plus ou moins faible et peu susceptible d'être livré au commerce. On remédie à ce défaut en ajoutant à ce vin de la mélasse, du sucre, du sirop de raisin ou de l'eau-de-vie, dans des proportions convenables (1).

Du ferment.

Nous avons déjà exposé la théorie de la fermentation acétique, et nous avons fait connaître l'influence qu'exerçaient les ferments sur sa marche ; ainsi, point d'acétification sans ferment. Les meilleurs que l'on peut employer sont : 1° cette matière qui se forme dans les vinaigres et qui est connue sous le nom de *mère ;* 2° la levure de bière ; 3° le levain ; 4° les jeunes pousses des vignes, ses feuilles, les grappes et le marc de raisin aigri, etc. (2).

Préparation du ferment.

Comme le ferment joue le principal rôle pour établir la fermentation, il est bon d'en faire connaître

---

(1) L'expérience a démontré que si l'on expose à une température basse un sirop faible et sans addition de levure, il n'y aura qu'une fermentation acétique. Pour que la vineuse ait lieu, il faut que les proportions de matière sucrée, d'eau et de levure, soient convenables, ainsi que la température du local.

(2) Demachy, dans son *Art du Vinaigrier*, page 21, parle d'une méthode secrète pour faire le vinaigre, laquelle consiste à mêler des excréments au vin. Voici comment il décrit cette dégoûtante fabrication : « Il y a longtemps que les ordonnances de la marine prescrivent aux capitaines de vaisseaux de ne se mettre en mer qu'avec une provision considérable de vinaigre, afin de laver avec cet acide les

la préparation, lorsqu'on ne peut se procurer celui qui provient de l'écume qui s'élève de la bière ou des liqueurs faites avec le malt.

On prend de la farine qu'on mêle avec deux litres d'eau jusqu'à consistance sirupeuse. On fait bouillir pendant une demi-heure, et lorsque la matière est presque refroidie, on y ajoute 250 grammes de sucre et quatre cuillerées de bon ferment. On expose le tout

ponts, entre-ponts et les chambres, au moins deux fois par semaine : et il est certain que, si cette ordonnance prouve que de tout temps on a regardé le vinaigre comme le plus grand antiputride, la négligence dans son exécution démontre bien que la cupidité ne connaît point de barrière, puisqu'on s'expose de gaîté de cœur au scorbut, aux maladies putrides, enfin à des épidémies dont Brest, entre autres, se souviendra longtemps. Cette ordonnance, supposant une consommation considérable de vinaigre, surtout pour la provision d'une flotte qu'on équipait dans la guerre de 1756, dans ce port de mer, les entrepreneurs imaginèrent de convertir les pièces de vin à vinaigre en autant de lieux d'aisance où les ouvriers eurent ordre d'aller se soulager. En cinq à six jours le vin fut converti en un vinaigre exquis, et dont la pénétration était singulière. On peut évaluer à peu près à 6 kilog. la matière excrémentielle par barrique de 300 litres, ce qui donne 23 grammes par litre. J'ai goûté de ce vinaigre : il ne se ressentait en aucune manière de la substance qui avait contribué à la fermentation. J'en ai moi-même fait 2 litres, et je l'ai trouvé d'une force peu commune. Je ne rougis plus d'avouer qu'ayant entendu, pour la première fois, rapporter ce procédé dans un cours public, je fus un des premiers à le trouver ridicule, etc. »

Quoi qu'en dise Demachy, on ne voit pas ce que les excréments peuvent céder au vin pour en faire un *vinaigre exquis.* Si les excréments sont un très bon ferment, ce que l'on peut admettre, puisque l'expérience l'a confirmé, ils n'en ont pas moins l'inconvénient de céder au vinaigre quelques-uns de leurs principes constituants, qui, malgré l'opinion de Demachy, ne peuvent qu'en altérer la bonté et le rendre même nuisible. Nous n'avons donc exposé ce dégoûtant procédé qu'afin d'en proscrire l'emploi, et nous ne pensons pas qu'aucun fabricant s'empresse de l'adopter. Il suffirait qu'une telle pratique fût connue pour voir son établissement discrédité.

à une douce chaleur, dans un vase de terre à ouverture étroite. Quand la fermentation est terminée, l'on a pour produit un ferment propre à en préparer de plus grandes quantités, ou bien à être employé pour établir la fermentation.

Autre moyen.

Détrempez dans six litres d'eau deux poignées de farine de froment et d'orge, faites évaporer au tiers ; après le refroidissement, ajoutez-y un mélange de 8 grammes de sel de tartre et 4 grammes de crême de tartre en poudre. Il suffit d'abandonner la liqueur à elle-même pour obtenir un très bon ferment, qu'on doit cependant laver pour lui enlever sa saveur alcaline.

Gâteaux de ferment.

En Amérique, on prépare pour toute l'année des gâteaux de ferment. Voici le procédé qu'en a publié M. Colbert : Après avoir broyé 90 grammes de houblon, on le fait bouillir pendant une demi-heure dans 8 litres d'eau ; on y coule et on y détrempe 1 k. 750 de farine de riz. Lorsque ce mélange est refroidi à 25 degrés, on y ajoute un litre de bon ferment ; le lendemain, la fermentation se trouvant établie, on y incorpore 3 k. 500 de farine de blé d'Inde. On bat cette pâte et on en fait des gâteaux de 3 centimètres d'épaisseur, que l'on fait sécher au soleil avec soin, et on les conserve dans un endroit bien sec. Ces gâteaux servent à déterminer la fermentation. Quand on les destine à la confection du pain, on emploie deux de ces gâteaux, ayant environ 8 centimètres de diamètre et l'épaisseur ci-dessus indiquée.

M. Colin a publié un mémoire fort intéressant sur la fermentation du sucre (1), d'après lequel il paraîtrait que la présence de l'azote serait nécessaire et suffisante pour produire la fermentation spiritueuse. M. Colin est parvenu à la faire naître avec le gluten frais et bien lavé, avec le levain de pâte de farine, avec de la viande de bœuf fraîche, avec le blanc d'œuf, le fromage *à la pie* bien égoutté, l'urine humaine, la colle de poisson, la fibrine pure, le serum, le caillot et la matière colorante du sang, ainsi qu'avec l'osmazome. Ce chimiste a également examiné les levures de bière et de raisin ; il les a trouvées composées de parties solubles et de parties insolubles. Ce sont les premières dans lesquelles réside principalement la vertu fermentescible ; au lieu que la matière insoluble convertit l'oxygène de l'air en acide carbonique. Les levains, dit-il, n'exigent pas le concours de l'oxygène pour faire entrer le sucre en fermentation alcoolique ; mais si leur partie soluble est séparée de celle qui est insoluble, aucune de ces parties isolées ne peut plus exciter à la fermentation sans la présence de l'oxygène ; la partie soluble agit alors avec vivacité et au bout de quelques heures, l'autre avec lenteur et tardivement. Dans un Mémoire lu en l'année 1822, à l'Académie des Sciences, sur la fermentation vineuse, et qui se trouve inséré dans les *Annales de l'Industrie* pour 1823, il fut démontré également, par plusieurs expériences, que la présence de l'air n'était pas nécessaire pour développer la fermentation alcoolique.

(1) *Annales de Chimie et de Physique*, tomes XXVIII et XXX.

Des mères du vinaigre.

Les vinaigriers sont surpris d'avoir souvent des
mères qu'ils appellent paresseuses, parce qu'elles
suspendent tout à coup leurs fonctions. On a fait
remarquer que cela n'est pas très étonnant d'après
la facilité avec laquelle cette stagnation peut être
provoquée par un courant d'air froid dirigé sur un
tonneau par des portes entr'ouvertes ou mal jointes ;
ou bien encore, si la fermentation se trouve trop
avancée, que le mouvement soit presque achevé, et
que l'on mette du vin dont la température soit beaucoup moins élevée que celle de la mère. Il n'en faudra pas davantage pour ralentir et même anéantir la
fermentation. Afin de prévenir ce désagrément, il
faut continuellement observer la marche de l'acétification, éviter l'impression froide de l'air ambiant,
avoir du vin de quelques jours dans la vinaigrerie,
lorsqu'on veut tirer du vinaigre, pour ne pas mettre
dans la mère un liquide à une température moins
élevée que celui qu'elle contient ; il faut encore veil-
ler continuellement à ce que l'acétification ne se ralen-
tisse pas.

La mère du vinaigre, qu'on regarde vulgairement
comme susceptible de favoriser et de développer l'acétification, ne sert donc à cet usage que par le vinaigre
dont elle est pénétrée, ainsi que l'a fait remarquer
Berzélius ; et, comme il l'indique aussi, quand cette
substance a été bien lavée, elle n'a plus d'action
sur le vin pour développer l'acétification ; il est donc
utile de déterminer la quantité de vinaigre que renferme la mère dont on fait usage.

La théorie de l'acétification laisse encore beaucoup à désirer, et, sans doute, lorsqu'elle sera mieux exposée, la fabrication du vinaigre sera plus rationnelle ; nous ajouterons aux détails qui précèdent, la plupart extraits d'un concours à la Société de pharmacie de Paris, l'opinion suivante des commissaires, qui, d'ailleurs, n'ont pas trouvé la question résolue.

« Ce n'est pas le ferment qui détermine l'acétification de l'alcool, c'est le ferment agissant sur des corps sucrés et produisant la fermentation alcoolique ; mais pour que cette action ait lieu avec avantage, il faut, ainsi que l'a entrevu l'auteur du mémoire n° 5, que la fermentation alcoolique, devenue insensible par l'épuisement de la plus grande partie des matières qui lui servaient d'aliment, soit ranimée par l'élévation de la température et par les autres circonstances favorables dont on l'entoure. »

Berzélius admet que l'alcool ne s'acidifie pas seul, quelque étendu qu'il soit ; qu'il a besoin, pour éprouver cette transformation, de la présence d'un ferment ; que l'acide acétique lui-même peut servir de ferment ou de moteur à cette transformation ; que la substance mucilagineuse, nommée *mère du vinaigre*, est impropre par elle-même à l'acétification de l'alcool, et n'agit que par l'acide acétique qu'elle contient.

Enfin, quoique l'alcool soit le corps qui serve principalement d'aliment à la fermentation acide, Berzélius reconnaît que plusieurs autres matières sont susceptibles de subir l'acétification sans fermentation alcoolique préalable ; telle est la gomme et tel est même le sucre qui, sous l'influence de certains principes, peut se convertir directement en acide acétique.

Berzélius établit, ainsi qu'il suit, la théorie du résultat final de l'acétification. Une liqueur alcoolique dans laquelle la fermentation vineuse est terminée, peut subir la fermentation acide en absorbant l'oxygène de l'air qui, se combinant avec l'alcool, donne l'acide acétique. — Voici la théorie de cette opération : l'alcool = O^2, C^4, H^6; l'acide acétique = O^3, C^4, H^6; il en résulte que lorsqu'un atome d'alcool a cédé tout son hydrogène à l'air pour former de l'eau, et qu'on joint ce qui reste à 1 atome d'alcool non décomposé, on a O^2, C^4, H^6 auquel il ne manque qu'un atome d'oxygène pour former de l'acide acétique. Cet atome d'oxygène est absorbé en même temps, et l'on a de l'acide acétique. Dans cette opération, on obtient donc 1 atome d'acide acétique et 3 d'eau, avec 2 atomes d'alcool et 4 atomes d'oxygène.

De l'air.

La présence de l'air est indispensable pour l'acétification ; plus la liqueur se trouve en contact avec lui, plus tôt elle sera terminée. Il est aisé de reconnaître en ceci combien il est utile de chasser le gaz acide carbonique qui se produit et qui, à cause de sa pesanteur plus forte que celle de l'air, forme une couche épaisse au-dessus de la liqueur qui intercepte son contact avec lui. D'après cela, l'insufflation de l'air dans les barriques et l'agitation du liquide, pour en soumettre toutes les parties à son action, est fort utile ; il vaut mieux aussi ne remplir les barriques qu'aux deux tiers, afin que la surface de la liqueur soit plus grande. Quant à l'insufflation d'air, elle doit s'opérer au moyen d'un fort soufflet de boucher, mais non par la bonde, parce qu'on ne saurait chasser ainsi qu'une partie de l'acide carbonique, à raison de sa pesanteur. Il vaut beaucoup mieux pratiquer des ouvertures latérales à la barrique, un peu au-dessus du niveau de la liqueur et y introduire le canon du soufflet. L'air exerçant ainsi une pression de bas en haut sur l'acide carbonique, le refoule et le force de s'échapper par la bonde et les autres ouvertures latérales.

Température.

Une température de 20 à 30° C. paraît être la plus convenable pour la transformation de l'alcool en acide acétique. Il ne faut pas cependant conclure avec Demachy, Fourcroy, etc., qu'au-dessous elle ne s'établit pas : ici, l'expérience l'emporte sur la théorie ; car, ainsi que nous l'avons déjà dit, on obtient de très bon vinaigre dans toutes les caves du midi de la France, de l'Espagne, de l'Italie, etc., où la température est constamment de $+$ 10 degrés.

CHAPITRE II.

Divers modes de fabrication du Vinaigre.

—

Méthode BOERHAAVE.

Ce médecin-chimiste conseille de mettre, dans un local convenablement disposé, deux cuves en bois de chêne, placées verticalement sur deux supports qui aient environ 33 centimètres d'élévation au-dessus du sol ; à la distance de 33 centimètres du fond de chacune on pose une grille en bois, sur laquelle on étend un lit

de jeunes branches de vignes avec leurs feuilles, nouvellement coupées et peu pressées entre elles. On finit
de les remplir avec des râfles, en ayant soin de laisser 33 centimètres de vide à la partie supérieure. Ces
dispositions faites, on remplit de vin l'une de ces
cuves en entier, et l'autre à moitié. Vers le deuxième
ou le troisième jour, suivant la température du lieu
et la qualité du moût, la fermentation commence à
s'établir dans la 2º cuve moitié pleine ; quand elle est
bien en train, ce qui a lieu dans environ vingt-quatre
heures, on la remplit avec du vin de la cuve pleine,
et chaque jour on remplit tour à tour celle qui est
demeurée, par cette soustraction, à moitié pleine,
avec une partie de vin de celle qui l'est entièrement.
Par ce moyen, on transvase journellement la moitié
du contenu d'une cuve dans l'autre, et l'on met ainsi
la liqueur vineuse en plus grand contact avec l'air
jusqu'à ce que l'acétification ait eu lieu.

Pendant les chaleurs de l'été, en France, en Italie,
en Espagne et dans les contrées vinicoles bordées par
la mer Méditerranée, la fermentation acétique première dure environ quinze jours. Quand il fait très
chaud et que cette fermentation est bien établie, pour
éviter la déperdition d'une partie de l'alcool, on couvre
la cuve à moitié pleine avec un couvercle mobile
de bois de chêne. Quand la température n'est pas
bien élevée, ou que le vin est très riche en alcool,
sa conversion en vinaigre est plus ou moins longue.
Glauber avait déjà recommandé le transvasement
du vin d'une cuve dans l'autre ; mais, il voulait qu'il
n'eût lieu que lorsque l'on sentait que le marc s'était
suffisamment échauffé dans la cuve à moitié pleine.

Méthode flamande.

Cette méthode est, à proprement parler, celle que Glauber (1) a proposée : elle diffère bien peu de celle de Boerhaave, ainsi que l'on en va juger. On dispose, sur des supports de 48 centimètres au-dessus du sol, des barriques d'environ un muid de contenance chacune, dans lesquelles on place un double fond volant, au tiers de la hauteur des barriques. Sur ce double fond, qui est percé d'un grand nombre de trous, on met du marc et des lies de raisin, des plantes âcres, telles que le raifort, la moutarde, la roquette, etc.; on remplit ensuite ces tonneaux de vin. Le lendemain, on le soutire, au moyen d'un robinet placé à la partie inférieure du tonneau, dans une futaille vide, et on le verse de nouveau dans celle qui est destinée à l'acétification; on répète cette opération deux fois par jour, jusqu'à ce que le vin soit louche et bien acidifié; on le transvase alors dans un autre tonneau pour le laisser déposer. Pour hâter sa clarification, on y introduit des *râpés* (c'est ainsi qu'on nomme les larges copeaux de hêtre) qui accélèrent la fermentation et favorisent la séparation des lies. Les vinaigriers donnent la préférence aux copeaux qui ont déjà été employés à clarifier le vin (2), et surtout à ceux dont on a fait ce même emploi pour le vinaigre. Cette préférence n'est pas indifférente :

(1) *Opera chimica*, tome I.
(2) Les marchands de cidre et de vin, ainsi que ceux d'eau-de-vie en détail, clarifient ces liqueurs avec les copeaux de bois de hêtre ; nous nous bornerons à dire qu'en suivant cette méthode, ces boissons acquièrent un goût de fût.

ces *râpés* se trouvent imprégnés de vin ou d'alcool, unis au tartre ou à d'autres substances fermentescibles; ils contribuent donc à favoriser l'acidification du vin, et, par suite, à la clarification du vinaigre : c'est, pour ainsi dire, un nouveau ferment qu'on y ajoute.

Méthode orléanaise.

Personne n'ignore que le vinaigre d'Orléans jouit, dans tout le nord de la France, d'une réputation méritée. Il était naturel de penser que les fabricants possédaient un moyen de préparation supérieur à ceux des autres provinces de la France, et que ce moyen était un secret local. La théorie que nous avons exposée des fermentations vineuse et acétique, ainsi que la connaissance des principes constituants des moûts, des vins et du vinaigre, nous dispensent d'y croire. En effet, la bonté des vinaigres d'Orléans repose sur le bon choix des vins.

Nous avons déjà dit qu'ordinairement les fabricants de vinaigre achetaient, pour cette fabrication, les vins gâtés, parce qu'ils les obtenaient à plus bas prix. Ceux d'Orléans donnent la préférence aux bons vins ; ils rejettent les vins mutés ou soufrés, choisissent les plus clairs, et lorsqu'ils ne le sont point suffisamment, ils en opèrent la clarification au moyen des râpés. Leur atelier est aussi des plus simples; il se borne : 1º à un vaste cellier, dans lequel on dispose deux rangs de tonneaux dits à vinaigre, lesquels doivent être très solides, bien cerclés en fer, et avoir au lieu de bondon, une ouverture de 4 centimètres de diamètre sur celui des fonds qui doit être placé en haut; 2º à quelques brocs très légers, contenant environ 10 litres chacun. Lorsqu'on se propose d'établir une fabrique de vinaigre à Orléans, on commence par s'en procurer de très bon ; on en remplit à moitié ces futailles, ou y ajoute un broc de bon vin à chacune. Au bout de huit jours on rafraîchit le vinaigre, c'est-à-dire qu'on y ajoute 10 autres litres de vin, et l'on continue de même, tous les huit jours, jusqu'à ce que le tonneau soit presque entièrement plein. Il est bon de faire observer que, si l'on opère pendant les grandes chaleurs d'été, on peut ajouter chaque fois deux brocs de vin, et que l'ouverture pratiquée au fond supérieur doit rester toujours ouverte, afin que l'accès de l'air y soit constant. Dès que tout le vin est ainsi acétifié, on soutire la moitié du vinaigre des barriques au moyen d'une trompe, et l'on recommence l'opération avec d'autre vin. Il est aisé de voir que cette méthode est extrêmement simple. Nous pensons qu'elle serait susceptible de quelques améliorations qui accéléreraient la conversion du vin en vinaigre. La première consiste à agrandir l'ouverture du fond et à la rendre deux fois plus grande ; la seconde, à pousser de l'air dans les tonneaux, au moyen d'un bon soufflet et par cette ouverture. L'on n'ignore point, ainsi du reste que Saussure l'a démontré, qu'il se forme pendant l'acétification une quantité d'acide carbonique égale à celle de l'oxygène de l'air absorbé : or, comme ce gaz acide est beaucoup plus pesant que l'air, il forme une atmosphère plus dense à la surface de la liqueur qui intercepte le contact de l'air et retarde par conséquent l'opération. Il est aisé de voir qu'en injectant de l'air dans le tonneau et l'y comprimant, on doit opérer le dégagement de ce même acide carbo-

nique. Comme cette pratique n'offre rien de difficile
ni de dispendieux, nous la recommandons à MM. les
vinaigriers.

Vinaigre de ménage.

Nous avons déjà dit que la nature avait fait tous
les premiers frais de la fabrication du vinaigre; car,
outre que le vin mal bouché ou peu soigneusement
conservé se convertit en vinaigre, l'on voit le marc
de raisin, qui est à la partie supérieure des cuves en
fermentation non couvertes, totalement acidifié. Le
vinaigre qu'on en extrait par la presse sert aux besoins domestiques. Outre cela, les agriculteurs, les
propriétaires des vignes, ainsi que tous ceux qui ont
des caves, ont plusieurs barils d'environ 80 à 100 litres, dans lesquels ils déposent les vins des lies qu'ils
ont bien laissé déposer; ils y ajoutent les restes des
vins des bouteilles, celles qui ont tourné à l'aigre, en
un mot tous les vins impropres à la boisson. Ils n'observent sur ce point aucune règle; ils soutirent du
vinaigre toutes les fois qu'ils en ont besoin, et, quoique leurs caves soient constamment à + 10 degrés,
le vinaigre ainsi obtenu est très fort; c'est le seul,
avec celui du marc de raisin aigri, dont nous avons
déjà parlé, dont on se serve en Espagne et dans tout
le midi de la France, où il n'existe aucune fabrique
de vinaigre. La raison en est simple; on obtient
ainsi du vinaigre plus qu'il n'en faut pour la consommation locale, puisqu'on en exporte dans les départements voisins, surtout celui de Narbonne et du
Roussillon. D'ailleurs, on trouve beaucoup plus de
profit à distiller les mauvais vins pour en extraire

l'alcool qu'à les convertir en vinaigre, attendu que
le prix en est bien inférieur à celui du vin, et par
conséquent à celui de l'eau-de-vie. Dans certains ménages, on trouve des barils de vinaigre qui sont ainsi
rafraîchis annuellement par un peu de vin, et qui
ont vu plusieurs générations. Ces vinaigres ont perdu
une grande partie de leur principe colorant, et sont
devenus très odorants et très forts.

Méthode du Nord.

Le procédé suivi dans plusieurs villes du Nord est
très simple ; il consiste à faire construire des tonneaux longs dont la circonférence décroît jusqu'à
chacune des extrémités, lesquelles forment une espèce de cône tronqué (1). Ces tonneaux ont une capacité qui est depuis 60 jusqu'à 100 litres. On les
place sur deux poutres parallèles, qui sont unies ensemble par de fortes traverses, et sont creusées de
manière à décrire un quart de cercle (2). On place
une de ces barriques sur chacun de ces appareils ; on
la remplit aux trois quarts avec deux parties de vin
et une de vinaigre (3) ; on bouche la barrique, on la
tire devers soi de manière à la porter à l'une des
extrémités de l'appareil, on la lâche en la poussant,
et soudain elle roule d'une extrémité à l'autre, et
finit par se fixer à l'endroit le plus bas ; on la reprend
ainsi plusieurs fois de suite, et l'on répète cette opération trois ou quatre fois chaque vingt-quatre heures, pendant cinq à six jours. Au bout de ce temps,

(1) On donne à ces tonneaux le nom de flûtes.
(2) Cette espèce d'appareil a de 2 à 2m.60 de longueur.
(3) Bien des gens y ajoutent des substances stimulantes, etc.

on laisse les flûtes en repos pendant autant de temps, et l'on en extrait les deux tiers de vinaigre, que l'on conserve dans de petits barils.

Non seulement nous ne partageons point l'opinion de Demachy (1), qui pense que le mouvement seul suffit pour convertir le vin en vinaigre, mais nous croyons qu'il serait très avantageux, avant de rouler les tonneaux, de chasser l'acide carbonique qui recouvre la liqueur, en y injectant de l'air, ainsi que nous l'avons déjà recommandé. Personne n'ignore qu'en agitant fortement un vase aux trois quarts plein d'un liquide, on favorise le dégagement du gaz que peut contenir ce liquide et celui de l'air contenu dans le gaz, ainsi qu'on en a une preuve en débouchant ce vase, et quelquefois par l'énergie avec laquelle sa force expansive chasse le bouchon; c'est précisément ce qui arrive lorsqu'on roule la barrique aux trois quarts pleine : aussitôt qu'on enlève le bouchon, une partie de l'acide carbonique sort avec force et est soudain remplacée par une égale quantité d'air.

Méthode espagnole.

En Espagne, comme dans le midi de la France, on extrait le vinaigre du marc de raisin acidifié, ou bien on réunit, dans les barils contenant du vinaigre, les restes des vins détériorés. Dans les ménages, on soutire le vinaigre des barils au fur et à mesure qu'on en a besoin, et l'on verse dans le baril une égale quantité d'eau chaude avec des poivrons, du poivre et autres ingrédients stimulants qui donnent du pi-

(1) *Art du Vinaigrier*, page 15.

quant à ce vinaigre, quoiqu'il soit d'ailleurs très affaibli.

Méthode parisienne.

La manière de fabriquer le vinaigre à Paris était une des plus défectueuses, attendu que les vinaigriers, au lieu d'employer de bons vins pour cette fabrication, n'achetaient que des vins détériorés ou les plus inférieurs, à cause du bas prix auquel ils les obtenaient. On employait des barriques à double fond, telles que nous les avons indiquées pour la méthode flamande ; sur ce double fond on mettait des substances âcres, et l'on y versait principalement du vin des lies. Aussitôt que le vin devenait trouble, les vinaigriers y ajoutaient une quantité de *pain des vinaigriers* (1) relative à la saveur plus ou moins forte du vinaigre. Quand la liqueur était bien éclaircie, ils soutiraient le vinaigre.

Depuis que la culture de la vigne s'est beaucoup propagée en France, et que l'on s'est attaché à fabriquer du vinaigre de bois, la préparation du vinaigre à Paris a considérablement diminué ; on n'y débite guère que celui qu'on y importe d'Orléans ou du Midi, ainsi que celui qui provient des fabriques d'acide pyroligneux.

Nous devons faire observer que le vinaigre produit par le vin des lies, quand il n'est pas concentré, est

_____

(1) Le pain des vinaigriers est formé par le piment, le poivre long, le poivre blanc, le cubèbe, le gingembre ; la dose était depuis 15 jusqu'à 30 grammes par litre. Comme le vinaigre était très sujet à s'altérer, on le débitait promptement. Il est aisé de voir que cet acide, ainsi préparé, doit nécessairement être très irritant, échauffant, etc. En Allemagne, on emploie aussi le pain des vinaigriers.

Vinaigrier. 4

très sujet à s'altérer; cela est si vrai, que le dépôt qu'il forme dans les tonneaux qui servent à sa fabrication acquiert bientôt une si mauvaise odeur, que la police avait prescrit aux vinaigriers de ne les nettoyer que la nuit, et en employant une grande quantité d'eau.

Le procédé pour extraire le vin des lies consiste à les mettre dans des sacs, à les laisser égoutter, et à les exposer à la compression graduée d'un pressoir; on met ensuite ce vin dans un vase, et on le décante lorsqu'il s'est éclairci.

Méthode française perfectionnée.

Nous venons d'exposer les principaux procédés suivis pour la fabrication du vinaigre; nous allons maintenant faire connaitre les perfectionnements dont nous les croyons susceptibles, en proposant une nouvelle méthode qui offre ce que chacune des autres peut avoir d'avantageux.

On doit choisir d'abord un vaste local, bien abrité, où l'on puisse loger commodément un grand nombre de barriques, lesquelles doivent être grandes et munies d'une bonde d'environ 4 centimètres de diamètre; elles doivent être placées sur des poutres disposées comme dans la méthode du Nord; il n'est pas besoin cependant que ces barriques soient plus longues que celles que l'on construit ordinairement(1). On les arrange séparément sur chacun des appareils, et on y introduit le quart de leur contenance de bon vinai-

(1) Il faut autant que possible employer des futailles qui aient servi à contenir du vin ou de l'eau-de-vie.

gre (1) et autant de vin; on bouche la bonde, au moyen de son bondon, et on roule plusieurs fois par jour la barrique, en la poussant vers l'une des extrémités de l'appareil, que nous appellerons de repos, et on la laisse retomber. Il faut avoir soin, chaque fois qu'on fait cette opération, d'injecter auparavant de l'air dans les barriques, par des ouvertures latérales, comme nous l'avons déjà recommandé. Deux jours après qu'elle est commencée, on y ajoute un broc de vin, et l'on continue journellement cette addition jusqu'à ce que les barriques soient aux quatre cinquièmes pleines, ce qui a lieu vers le huitième jour. On laisse alors éclaircir la liqueur, et l'on soutire les deux tiers du vinaigre, que l'on conserve dans de petits barils. On ajoute alors d'autres petites parties de vin dans les barriques, que nous désignerons par le nom de *mères*, et l'on continue cette opération de la même manière que nous l'avons exposé ci-dessus. En général, il vaut mieux ne soutirer le vinaigre que quelques jours plus tard, parce qu'il est alors plus dépouillé de matières étrangères et beaucoup plus fort.

Nouveau procédé industriel de fabrication du vinaigre, par M. L. PASTEUR.

M. Pasteur a fait connaître (*voyez* p. 25) la faculté que possèdent les mycodermes, notamment la fleur

---

(1) Si l'on veut acidifier du vin, et qu'on soit dépourvu de vinaigre, pour commencer l'opération, on ne doit remplir la barrique de vin qu'à demi, et y ajouter un peu de levure de bière ou tout autre ferment; on n'y doit verser de nouveau vin qu'à dater du quatrième jour.

de vin et la fleur du vinaigre, de servir de moyen de transport de l'oxygène de l'air sur une foule de substances organiques et de déterminer leur combustion avec une rapidité parfois surprenante. L'étude de cette propriété des mycodermes l'a conduit à un procédé nouveau de fabrication de vinaigre qui paraît destiné à prendre place dans l'industrie.

« Je sème, dit M. Pasteur, le *mycoderma aceti*, ou fleur du vinaigre, à la surface d'un liquide formé d'eau ordinaire, contenant 2 pour 100 de son volume d'alcool et 1 pour 100 d'acide acétique provenant d'une opération précédente, et en outre quelques dix-millièmes de phosphates alcalins et terreux, comme je le dirai tout à l'heure. La petite plante se développe et recouvre bientôt la surface du liquide sans qu'il y ait la moindre place vide. En même temps l'alcool s'acétifie. Dès que l'opération est bien en train, que la moitié, par exemple, de la quantité totale d'alcool employée à l'origine est transformée en acide acétique, on ajoute chaque jour de l'alcool par petites portions, ou du vin, ou de la bière alcoolisés, jusqu'à ce que le liquide ait reçu assez d'alcool pour que le vinaigre marque le titre commercial désiré. Tant que la plante peut provoquer l'acétification, on ajoute de l'alcool. Lorsque son action commence à s'user, on laisse s'achever l'acétification de l'alcool qui reste encore dans le liquide. On soutire alors ce dernier. puis on met à part la plante qui, par le lavage, peut donner un liquide un peu acide et azoté, capable de servir ultérieurement.

« La cuve est alors mise de nouveau en travail. Il est indispensable de ne pas laisser la plante manquer d'alcool, parce que sa faculté de transport de l'oxygène s'appliquerait alors d'une part à l'acide acétique qui se transformerait en eau et en acide carbonique, de l'autre à des principes volatils mal déterminés, dont la soustraction rend le vinaigre fade et privé d'arome. En outre, la plante détournée de son habitude d'acétification n'y revient qu'avec une énergie beaucoup diminuée. Une autre précaution non moins nécessaire, consiste à ne pas provoquer un trop grand développement de la plante; car son activité s'exalterait outre mesure, et l'acide acétique serait transformé partiellement en eau et en acide carbonique, lors même qu'il y aurait encore de l'alcool en dissolution dans le liquide. Une cuve de 1 mètre carré de surface, renfermant 50 à 100 litres de liquide, fournit par jour l'équivalent de 5 à 6 litres de vinaigre. Un thermomètre donnant les dixièmes de degré, dont le réservoir plonge dans le liquide et dont la tige sort de la cuve par un trou pratiqué au couvercle, permet de suivre avec facilité la marche de l'opération.

« Les meilleurs vases à employer sont des cuves de bois rondes ou carrées, peu profondes, analogues à celles qui servent dans les brasseries à refroidir la bière, et munies de couvercles. Aux extrémités sont deux ouvertures de petites dimensions pour l'arrivée de l'air. Deux tubes de gutta-percha fixés sur le fond de la cuve et percés latéralement de petits trous, servent à l'addition des liquides alcooliques, sans qu'il soit nécessaire de soulever les planches du couvercle ou de déranger le voile de la surface.

« Les plus grandes cuves que la place dont je disposais m'ait permis d'utiliser, avaient 1 mètre carré de surface et 20 centimètres de profondeur. J'ajoute

que les avantages du procédé ont été d'autant plus
sensibles que j'ai employé des vases de plus grandes
dimensions, et que j'ai opéré à une plus basse température.

« J'ai dit que le liquide à la surface duquel je sème
le mycoderme, devait tenir des phosphates en dissolution. Ils sont indispensables. Ce sont les éléments
minéraux de la plante. Bien plus, si au nombre de
ces phosphates se trouve celui d'ammoniaque, la
plante emprunte à la base de ce sel tout l'azote dont
elle a besoin ; de telle sorte que l'on peut provoquer
l'acétification complète du liquide alcoolique renfermant environ un dix-millième de chacun des sels
suivants : phosphates d'ammoniaque, de potasse, de
magnésie, ces derniers étant dissous à la faveur
d'une petite quantité d'acide acétique, lequel fournit
en même temps que l'alcool tout le carbone nécessaire à la plante.

« Quels sont les avantages de ce nouveau procédé
d'acétification ? Avant de les indiquer, je rappellerai
qu'il existe aujourd'hui deux procédés industriels de
fabrication du vinaigre. L'un, connu sous le nom de
procédé d'Orléans, est surtout en usage dans le Loi-
ret et dans la Meurthe. On ne peut l'appliquer qu'au
vin. Dans les tonneaux de 200 litres environ de capacité, disposés par rangées horizontales, on place du
vinaigre de bonne qualité, environ 100 litres par tonneau, et un dixième du volume en vin ordinaire de
qualité inférieure. Après six semaines ou deux mois
d'attente, plus ou mois, on retire tous les huit ou dix
jours 10 litres de vinaigre et l'on ajoute 10 litres de
vin. Une fois en travail, chaque tonneau fournit donc
environ 10 litres de vinaigre tous les huit jours. On

ne touche d'ailleurs aux tonneaux que lorsqu'ils ont besoin de réparations.

« Un autre procédé est connu sous le nom de procédé de copeaux de hêtre, ou procédé allemand. Le liquide que l'on veut acétifier tombe goutte à goutte par les extrémités de tuyaux de paille ou de ficelle sur des copeaux de bois de hêtre entassés dans de grands tonneaux. Les copeaux reposent sur un double fond placé vers la partie inférieure, où se rassemble le liquide, que l'on repasse a plusieurs reprises sur les copeaux. Des trous pratiqués dans les douves du tonneau permettent l'arrivée de l'air qui s'échappe par le haut après avoir passé dans les interstices des copeaux où il est en contact avec le liquide alcoolique descendant. Ce procédé est très expéditif, mais il ne peut s'appliquer au vin ni à la bière en nature, et ses produits sont de qualité inférieure, surtout quand on les retire d'alcools de mauvais goût. Le prix des vinaigres de vin est environ deux fois plus élevé que celui des vinaigres d'alcool, dénomination par laquelle on désigne ordinairement les vinaigres fabriqués par le procédé des copeaux. Ce procédé donne lieu, en outre, à des pertes considérables de matière première, parce que le liquide alcoolique très divisé est toujours soumis à un courant d'air échauffé par suite de l'acétification elle-même.

« Je ferai remarquer d'ailleurs que la supériorité des vinaigres d'Orléans ne tient pas uniquement, comme on serait porté à le croire, à ce qu'ils sont fabriqués avec du vin, mais surtout à leur mode même de fabrication qui conserve au vinaigre ses principes volatils indéterminés, l'odeur agréable, principes qu'enlèvent à peu près entièrement le courant d'air et l'élévation de la température dans la fabrication des vinaigres d'alcool. Grâce à ces principes, le vinaigre d'Orléans paraît plus fort à l'odorat et au goût que les vinaigres d'alcool, lors même que la proportion d'acide n'y est pas supérieure et quelquefois moindre.

« Mais il est utile que j'entre dans quelques détails sur un inconvénient très singulier du procédé d'Orléans qui a été tout à fait inaperçu jusqu'à présent. Cet inconvénient est dû, comme je vais l'expliquer, à la présence bien connue, dans les tonneaux de fabrication, des anguillules du vinaigre.

« Tous les tonneaux, sans exception, dans le système de fabrication d'Orléans, en sont remplis, et comme on ne les enlève jamais que partiellement, puisque de 100 litres de vinaigre on ne retire que 10 litres tous les huit jours, en rajoutant 10 litres de vin, leur nombre est quelquefois prodigieux. Or, ces animaux ont besoin d'air pour vivre ; d'autre part, mes expériences établissent que l'acétification ne se produit qu'à la surface du liquide, dans un voile mince de *mycoderma aceti,* qui se renouvelle sans cesse. Supposons ce voile bien formé en travail d'acétification active, tout l'oxygène qui arrive à la surface du liquide, est mis en œuvre par la plante qui n'en laisse pas du tout aux anguillules. Ceux-ci alors se sentent privés de la possibilité de respirer, et guidés par un de ces instincts merveilleux dont tous les animaux nous offrent à des degrés divers de si curieux exemples, se réfugient sur les parois du tonneau, où ils viennent former une couche humide, blanche, épaisse de plus d'un millimètre, haute de plusieurs centimètres, tout animée et grouillante. Là seulemont, ces petits êtres peuvent respirer. Mais on comprend bien que ces anguillules ne cèdent pas facilement la place au mycoderme. J'ai maintes fois assisté à la lutte qui s'établit entre eux et la plante. A mesure que celle-ci, suivant les lois de son développement, s'étale peu à peu à la surface, les anguillules réunies au-dessous d'elle, et souvent par paquet, s'efforcent de la faire tomber dans le liquide sous la forme de lambeaux chiffonnés. Dans cet état elle ne peut plus leur nuire, car j'ai montré qu'une fois que la plante est submergée, son action est nulle ou insensible. Je ne doute pas que presque toutes les maladies des tonneaux dans le procédé d'Orléans soient causées par les anguillules, et que ce soit elles qui ralentissent et souvent arrêtent l'acétification.

« Tout ceci posé, les avantages du procédé que j'ai eu l'honneur de communiquer à l'Académie, peuvent être pressentis. J'opère dans des cuves munies de couvercles à une basse température. Ce sont les conditions générales du procédé d'Orléans, mais je dirige à mon gré la fabrication. Il n'y a qu'une chose qui acétifie dans le procédé d'Orléans, c'est le voile de la surface. Or, je le fais développer dans des conditions que je détermine, et dont je suis maître. Je n'ai pas d'anguillules, parce que s'ils prenaient naissance, ils n'auraient pas le temps de se multiplier, puisque chaque cuve est renouvelée après que la plante a agi autant qu'elle peut le faire. Aussi l'acétification est-elle au moins trois ou quatre fois plus rapide qu'à Orléans, toutes choses égales d'ailleurs.

« Relativement aux procédés des copeaux, les avantages sont, d'une part, dans la conservation des principes qui donnent du *montant* au vinaigre, parce que l'acétification a lieu à une température basse, et, d'autre part, dans une grande diminution de la perte en alcool, parce que l'évaporation est très-faible pour un liquide placé dans une cuve couverte. Enfin le nouveau procédé peut être appliqué à tous les liquides alcooliques. »

M. Pasteur a annoncé récemment à l'Académie des Sciences que son procédé de fabrication du vinaigre est aujourd'hui pratiqué sur une grande échelle à Orléans. On fabrique par jour 15 hectolitres, et on va cinq fois plus vite que par l'ancienne méthode, en même temps que la main-d'œuvre est aussi beaucoup moins chère.

Procédé pour préparer en grand, d'une manière économique, du fort vinaigre en quarante-huit heures, par M. DINGLER.

On prend de l'eau-de-vie à 18 ou 19 degrés de Cartier (preuve de Hollande); on a un atelier garni de tonneaux placés sur un fond, d'une contenance de 5 à 6 hectolitres, que l'on remplit de copeaux de bois de hêtre préparé au vinaigre. Le matin, de bonne heure, on chauffe l'atelier jusqu'à 30 ou 32° R., ou de 37 à 40° C.; on verse alors dans chaque tonneau, au moyen d'un arrosoir garni de son pommeau, un mélange d'un litre de ferment, autant d'eau-de-vie, et 18 litres d'eau à environ 25° C. On ferme aussitôt le tonneau avec son couvercle, et quand la température de l'atelier est tombée à 26° R., on doit la reporter à 30° R., et l'y maintenir.

Le soir, c'est-à-dire douze heures après, on soutire le liquide qui s'est rassemblé au fond des tonneaux ; on l'y verse de nouveau au moyen de l'arrosoir précité et l'on couvre les tonneaux. Le lendemain matin, après avoir porté la température de l'atelier de 30 à 32 R., on arrose les copeaux d'un nouveau mélange d'un litre et demi d'eau-de-vie et d'autant de ferment ; on soutire le liquide qui s'est réuni au fond, et on le verse sur les copeaux au moyen de l'arrosoir. Le soir, on renouvelle le soutirage et l'arrosage, et le lendemain matin le vinaigre est tout formé ; on le soutire et l'on recommence ainsi successivement de nouvelles acétifications. L'admission de l'air dans le tonneau a lieu au moyen d'une petite ouverture pratiquée dans la bonde du tonneau, qui se trouve par conséquent au milieu de sa hauteur.

Cet atelier doit être voûté ou au moins bien crépi, afin d'éviter les pertes du calorique. On peut le chauffer au moyen d'un poêle placé dans son intérieur. Les copeaux de hêtre doivent être pris d'un arbre sain, et de préférence du hêtre rouge, réduit en bûches d'environ 65 centimètres qu'on fait bouillir pendant deux heures dans l'eau, et infuser ensuite vingt-quatre heures dans ce liquide, afin de lessiver ce bois et de le rendre plus facile à être réduit en copeaux minces au moyen du rabot. Pour acétifier les copeaux, on les tasse fortement, sans les fouler, dans les tonneaux ; on les arrose ensuite (chaque tonneau) avec 12 litres de bon vinaigre, au moyen de l'arrosoir muni de son pommeau ; on met les couvercles et l'on chauffe l'atelier à 30 ou 34° R. Quand la température est tombée à 26, on la reporte au degré précédent ; au bout de douze heures, on soutire le liquide, on en arrose les copeaux, et on répète ce travail quatre fois en quarante-huit heures ; au bout de ce temps, les copeaux ont absorbé presque tout le vinaigre et se trouvent au point désiré. Si le vinaigre employé n'est pas assez fort, il arrive qu'au bout de vingt-quatre heures le liquide qu'on soutire n'est presque pas acide ; il faut alors le remplacer par de nouveau vinaigre. Pour abréger l'opération, on peut, avant de les y soumettre, faire bouillir les copeaux dans du bon vinaigre.

Les copeaux ainsi préparés peuvent servir pendant trois ans à fabriquer du vinaigre sans qu'il soit besoin de les sortir des tonneaux.

Il n'est besoin d'aucune addition de levure de bière pour exciter la fermentation ; cette levure peut bien, à la vérité, la rendre plus active la première fois qu'on l'emploie, mais ensuite elle deviendrait nuisible.

Perfectionnement dans la fabrication accélérée du vinaigre, par M. C.-F. ANTHON.

La fabrication accélérée du vinaigre est une des applications de la chimie à la technologie, qui depuis quelques années a pris le développement le plus remarquable. Toutefois, malgré les progrès qu'ont pu faire les moyens de fabrication, il m'a semblé que l'art n'était point encore arrivé à sa perfection. On peut, du reste, se convaincre aisément de l'exactitude de cette remarque par un examen sérieux des appareils qui sont actuellement en usage dans la fabrication accélérée du vinaigre. Par exemple, il est évident que dans beaucoup de fabriques, on considère comme vinaigre des liquides qui n'ont

pas encore parcouru toutes les périodes de la fermentation acétique, et que la plupart du temps l'accès de l'air sur les matières est établi d'une manière
très-défectueuse, ce qui contraint souvent de passer
les liquides deux, trois, et même jusqu'à quatre fois
à travers le tonneau à acétification pour obtenir enfin
du vinaigre de vente.

M. Anthon, pour remédier aux deux inconvénients
qui viennent d'être signalés, a dirigé ses efforts sur
le perfectionnement du mode de fabrication accélérée
du vinaigre ; dans ce but, il a imaginé l'appareil dont
nous allons donner la description, et qui parait très
propre à atteindre ce perfectionnement. Nous n'avons
pas eu l'occasion de le mettre à l'épreuve, et par
conséquent, nous ne pouvons en parler par expérience ; néanmoins, nous le recommandons à ceux
qui sont en mesure de l'éprouver, certain qu'il fournira des résultats avantageux.

L'appareil en question consiste en une caisse dont
les dimensions se règlent d'après la quantité de
vinaigre qu'on veut produire, mais qui, dans la pratique, serait assez commode si elle avait, par exemple,
une longueur et une largeur de 2 à 3 mètres sur une
profondeur de 1 mètre à 1m.50. Dans l'intérieur de
cette caisse, on tend suivant la longueur une toile
disposée dans son intérieur d'après les mêmes principes que ceux qu'on suit pour les toiles peintes dans
les séchoirs à l'air chaud, c'est-à-dire que la toile est
renvoyée successivement, au moyen de rouleaux,
d'un bout de la caisse à l'autre, avec cette différence,
toutefois, qu'en plaçant la toile, il faut donner à
chaque lé une inclinaison en sens contraire, de
façon que le liquide destiné à faire du vinaigre

coule d'abord, que le lé supérieur le parcoure avec lenteur, puis vienne infiltrer le second lé incliné en sens contraire, sur lequel il s'avance aussi lentement, pour suinter sur un troisième lé, et ainsi de suite, jusqu'à ce qu'il ait parcouru tous les lés de la toile.

Pour établir le plus commodément possible cette disposition à l'intérieur de la caisse, et en même temps pour rendre les réparations plus faciles, on munit la partie antérieure de cette caisse d'une porte qui ferme très hermétiquement. Sur la partie supérieure se trouve placé un vase qui renferme la liqueur qui doit être soumise à l'acétification, et que, pour plus de commodité, on y fait monter au moyen d'une petite pompe foulante en étain.

Le vase porte sur son fond un grand nombre de trous dans lesquels sont mastiqués de petits tubes en verre qui pénètrent dans l'intérieur de la caisse par une ouverture percée dans sa paroi supérieure. Ces tubes sont fabriqués en verre épais, afin qu'ils ne cassent pas pendant les manipulations, et leur diamètre est tel que la liqueur ne coule qu'en filets liquides très déliés.

Dans la caisse elle-même, près de son fond et dans le point où vient toucher l'extrémité du dernier lé de la toile en zigzag qui la parcourt, et où aboutit enfin la liqueur qui s'écoule, est placé un récipient ou vase oblong de 25 à 30 centimètres de hauteur, dans lequel plonge un tube en verre recourbé en siphon, qui perce à travers l'une des parois de la caisse, et par laquelle le vinaigre s'écoule quand il atteint un certain niveau dans le vase. Du même côté de la caisse où se trouve le récipient pour le vinaigre, on perce dans la paroi de celle-là, à 30 centimètres en-

viron de son fond, une série de trous de 25 millimètres de diamètre en forme d'entonnoirs ou coniques, comme dans les tonneaux à acétification
accélérée. A la partie supérieure de cette même
caisse, mais du côté opposé au récipient, se trouve
une cheminée d'appel au milieu de laquelle passe le
tuyau d'un poêle établi dans la fabrique. Cette disposition sert à établir un courant d'air dans l'appareil et la section de cette cheminée présente une aire
un peu moindre que celle totale des trous percés à la
partie inférieure de l'appareil. Cette cheminée est
ouverte à la partie supérieure, ou mieux, elle est
prolongée par un tuyau qui va se rendre au dehors
de la fabrique, et qui, dans cet endroit, est pourvu
d'un appareil de condensation qu'on peut aisément
disposer, de telle manière que le vinaigre qui est
entraîné et les vapeurs alcooliques qui se lèvent par
le tirage et qu'on condense ainsi, rentrent dans l'appareil et soient de nouveau versés sur la toile. Les
avantages que procure cette disposition sont mani-
festes; tandis que dans un tonneau chargé comme à
l'ordinaire avec des copeaux, la liqueur qu'il faut
acidifier parcourt à peine 2m.50 à 3 mètres, celle qui
coule dans l'appareil en question parcourt, en supposant que la caisse ait 3 mètres de hauteur sur autant de longueur, une étendue qui a depuis 25 jusqu'à 36 mètres de développement, suivant qu'on
donne une pente plus ou moins considérable à la
toile ; en outre, la liqueur, ainsi qu'il est facile de le
concevoir, se trouve dans des conditions bien plus
favorables pour s'acidifier promptement en coulant
sur la toile, que cela ne peut avoir lieu sur les copeaux, attendu que lorsque ceux-ci sont trop menus,

ils ne peuvent être traversés aussi aisément par la liqueur que doit l'être la toile inclinée. Enfin le nettoyage, puisque cette opération doit se faire après plus ou moins de temps, est infiniment plus facile, plus prompt et exécuté à bien moins de frais que le renouvellement des copeaux dans les tonneaux actuellement en usage.

De plus, on voit qu'avec cette disposition de l'appareil d'acétification, l'air est contraint d'être constamment en contact avec la liqueur qui parcourt l'intérieur de la caisse; ce qui n'a pas lieu dans les tonneaux où les copeaux se placent au hasard, et à travers lesquels l'air ne parvient qu'imparfaitement, et dans certains points seulement, à se frayer un passage.

Du reste, toutes les règles qu'on observe dans la fabrication accélérée du vinaigre, tel qu'on le fabrique aujourd'hui, sont applicables à cette méthode et doivent être observées.

Fabrication accélérée du vinaigre, des pertes qu'on y éprouve et de leurs causes, par M. Fr. Knapp, professeur de technologie à Giessen.

La méthode de Schutzenbach pour fabriquer le vinaigre avec l'alcool, dite *méthode* ou *fabrication accélérée,* est, parmi tous les procédés rationnels des arts industriels, l'un des plus élégants qu'on connaisse. On compte bien peu de cas où l'on ait aussi bien réussi que dans celui-là à établir la théorie d'un art chimique et à la mettre en harmonie avec les procédés techniques. Quoique l'action de l'oxygène de l'air atmosphérique sur l'alcool fût connue, du moins dans son résultat définitif, c'est-à-dire la formation de l'acide acétique, depuis bien longtemps il n'en est pas moins vrai que la connaissance des principes fondamentaux des métamorphoses que l'alcool éprouve par l'oxydation, au moins en tant qu'ils nous sont accessibles, ne date guère que de la découverte et de l'étude de la manière dont se comporte l'aldéhyde, faite par M. Liebig, et de l'indication des heureuses applications qu'on pourrait faire des vérités qu'il a découvertes à la pratique, vérités qui ont servi depuis de fil conducteur à tous les fabricants intelligents. Mais, quelque avancées que soient nos connaissances chimiques sur ce sujet, il est encore quelques points dans le procédé pratique en lui-même, et par conséquent dans la fabrication proprement dite, qui, à cause de l'influence qu'ils exercent sur les résultats et du peu d'attention qu'on leur a prêté jusqu'à présent, méritent qu'on les prenne en considération.

Comme on ne peut pas, dans la pratique, ne donner exactement aux ingrédients employés que la quantité d'air rigoureusement nécessaire pour la transformation de l'alcool en vinaigre, et qu'au contraire, dans les dispositions ordinaires et dans tous les ateliers de fabrication, on fait passer un grand excès d'air, il devient intéressant pour le fabricant de connaître la teneur de cet excès. Cet excès est, en effet, non-seulement inerte pour l'oxydation, mais encore directement nuisible par la chaleur qu'il emporte pour son échauffement et par la vapeur d'alcool qu'il entraîne.

La mesure de cette influence nuisible est l'objet des recherches suivantes.

Toutes les expériences à ce sujet ont été faites dans une fabrique où l'on travaille par la méthode accélérée, avec six tonneaux disposés comme on le fait ordinairement. Le diamètre des prises d'air était de 35 millim. Pour éviter les pertes, le moût de vinaigre n'a pas été versé dans le tonneau avec des seaux, mais remonté avec une pompe dans une cuve fermée, d'où on le rendait au tonneau par des rigoles également fermées. Comme on ne fait point usage dans les ménages de fort vinaigre, on ne le prépare guère qu'à 3 à 4 pour 100 d'acide. Le mélange ordinaire est :

Eau.	360 litres.
Alcool de 44 à 45° à l'alcoomètre cen-tésimal de Tralles.	40
Vinaigre à 3.5 pour 100 d'acide. . .	13
Total.	413

qui donnent, année moyenne, une quantité presque égale de vinaigre de la force indiquée, savoir : 406 à 408 litres.

Il paraîtrait, d'après l'expérience empirique des fabricants, qu'il est plus avantageux de préparer le vinaigre, non pas par le procédé accéléré seulement, mais en appelant aussi en aide l'ancien mode de fabrication, c'est-à-dire que le moût doit recevoir sa principale oxydation dans les grands tonneaux de graduation, et que ce qui reste encore d'alcool doit être transformé en acide acétique dans les tonneaux ordinaires ou mères.

Il semblerait donc que les dernières portions d'alcool résistent notablement plus longtemps à l'influence de l'air que les premières. La combinaison de ces deux procédés est en activité dans l'établissement dont nous parlons. La ventilation de l'atelier s'opère au moyen de deux ouvertures pourvues de trappes ou tirettes, l'une pour l'entrée de l'air frais, placée au niveau du plancher, et l'autre au-dessus des tonneaux, près de leur couvercle, pour l'évacuation de celui qui a rempli ses fonctions. La température de l'air de cet atelier est de 26°2 C. Seulement, dans les mois les plus chauds de l'année, on suspend le chauffage.

Comme point de départ pour la solution de la question principale, il était important de mesurer la quantité absolue d'air qui doit alimenter le tonneau pour transformer un poids donné du mélange en un vinaigre d'une force déterminée. Puisqu'on connaît le diamètre des ouvertures de prise et d'évacuation d'air, on n'a plus besoin que de déterminer la vitesse avec laquelle cet air est introduit pour calculer celui qui passe en une seconde, une minute, une heure, etc.; mais tous les moyens proposés jusqu'ici présentant de sérieuses objections relativement à leur exactitude, je me suis servi d'un procédé particulier fondé sur la quantité d'acide acétique formée, et dont je crois inutile de donner ici les détails.

Recherches sur la force du vinaigre. — La méthode usitée par laquelle on neutralise le vinaigre par l'ammoniaque, jusqu'à ce que la teinture de tournesol, rougie par les acides, recommence à devenir bleue, n'a pas une exactitude suffisante pour le but que l'on se propose. On peut déterminer la quantité d'acide du moût acétique, au moment où il quitte le tonneau de graduation, et après y être resté pendant quarante-huit heures de travail, au moyen du spath calcaire ou carbonate de chaux pur. A un poids pris exactement de vinaigre, on a ajouté du carbonate finement pulvérisé, on a tenu le tout à une température modérée, et le résidu, après que la saturation a été bien opérée, a été pesé. On a contrôlé l'opération par une pesée directe de la chaux qui n'a pas été dissoute, et qu'on a précipitée par de l'oxalate d'ammoniaque.

Sept opérations de ce genre, pratiquées sur du moût au moment où on l'enlevait après quarante-huit heures d'opération au tonneau de graduation, ont donné, en moyenne, 2,608 pour 100 d'acide acétique hydraté.

Ce vinaigre, dans l'état où il quitte le tonneau de graduation, n'est pas complètement acétifié ; il renferme encore de l'alcool qui n'a éprouvé aucun changement et dont il faut tenir compte dans le calcul. On obtient celui-ci sous le volume le plus faible possible, c'est-à-dire sous la forme d'alcool concentré, lorsqu'on distille le vinaigre, préalablement neutralisé avec soin, en tenant le tuyau de condensation très froid et très incliné sur l'alambic ; alors il n'y a que les portions les plus volatiles, c'est-à-dire les vapeurs alcooliques, qui passent dans le récipient.

1° 381 gr.5 (poids spécifique du vinaigre = 1,0038), neutralisés soigneusement avec une dissolution de potasse caustique, ont fourni 18gr.427 de liquide distillé d'un poids spécifique = 0,9774 à 21° C. Il en est passé ensuite 18 gr. 84 ayant un poids spécifique = 0,9980 à 21 degrés. Ce premier produit renfermait 3,62 p. 100 d'alcool absolu, et le second 0,5 p. 100, et par conséquent le vinaigre 1,0 p. 100 d'alcool absolu.

2º 601 gr. 4 de vinaigre ont donné 53 gr. 3 de produit de 0,9870 poids spécifique correspondant à 5,53 p. 100 du total distillé, ou 0,92 p. 100 du vinaigre.

Dans 100 parties de vinaigre puisées au tonneau de graduation pour les faire passer aux mères ordinaires, il y avait donc, suivant ces déterminations :

Eau.. 96,4
Acide acétique hydraté.. 2,6
Alcool.. 1,0
————
100,0

Recherches sur l'air qui se dégage du tonneau de graduation. — Une démonstration préalable que l'air, en traversant le tonneau de graduation, ne se dépouille qu'imparfaitement de son oxygène, c'est qu'une allumette enflammée qu'on y plonge, ne s'y éteint pas. Pour déterminer la proportion de l'oxygène qui reste, on peut se servir de la méthode de Gay-Lussac, qui consiste à le faire absorber, dans la masse gazeuse où il est mélangé, par du cuivre préalablement humecté avec de l'acide sulfurique étendu, en observant diverses précautions que trouveront aisément ceux qui ont quelque habitude des manipulations chimiques.

Dans les épreuves suivantes, on a considéré que l'intensité avec laquelle s'opère la transformation d'une quantité donnée d'alcool du vinaigre, varie avec la durée de l'opération, et qu'il eût été difficile de saisir un point moyen. En conséquence, on a suivi pas à pas l'acétification d'un mélange de 413 litres, et en faisant des analyses de l'air sur des échantillons pris à différentes périodes de l'opération dans le tonneau de graduation.

1re épreuve. Echantillon pris dans le tonneau n° 1 au moment où le mélange commence à couler, c'est-à-dire exactement à celui où le procédé commence ; température du tonneau, 25 degrés C. un peu abaissée par le mélange.

2°. Dans le tonneau n° 6 où la température était à 31 degrés C.

3°. Dans le tonneau n° 1, une demi-heure après le premier pompage ; température dans le tonneau, 28 degrés.

4°. Après un second pompage du mélange dans le tonneau n° 1 par 28 degrés C. au bout de quatre heures.

5e. De même dans le tonneau n° 1, et un peu après quatre heures ; température du tonneau 29 degrés.

6°. De même dans le tonneau n° 6 par 27 degrés, au même moment que la cinquième.

7e. Après le huitième pompage, et que le moût eut été extrait, ou au bout de vingt-quatre heures ; température dans le tonneau 34 degrés.

8e. Après le neuvième pompage, pendant que les appareils étaient en activité dans le tonneau n° 1 par 30 degrés après trente heures.

9e. De même pour le tonneau n° 6 par 32 degrés.

10e. Après le douzième pompage au bout de trente-cinq heures dans le tonneau n° 1 et par 26 degrés.

11e. De même dans le tonneau n° 6 par 26 degrés.

Le tableau suivant résume les résultats analytiques de toutes ces épreuves, après avoir fait toutes les corrections de température et d'humidité atmosphériques.

NUMÉROS des épreuves.	AIR ANALYSÉ en centimètres cubes.	OXYGÈNE absorbé en centimèt. cubes.	AZOTE restant en centimètres cubes.	OXYGÈNE dans 100 parties d'air analysé.
Nº 1	31 44	6.42	25.02	20.61
2	30.04	6.07	24 97	20 21
3	32.54	4.45	18.09	19.74
4	32.05	5.51	26.54	17.19
5	33 59	5 03	27 96	16.78
6	32 15	6.29	25.86	19.56
7	32.15	5.75	26.78	17.62
»	32.80	6.11	26.69	18.63
8	33 52	6.34	27.18	18.94
9	32.90	6.31	26.59	19.18
10	33.20	6.40	26.80	19 26
»	33.50	6 59	26.96	19.67
11	33.90	6.60	27.30	19.47
»	31.54	6.08	25.46	19.28
Epreuve de contrôle 12	27.01	5.79	21.22	Moyenne 19 10 / 21 43

Les résultats numériques précédents paraissent dignes d'intérêt sous plusieurs rapports. Ils montrent d'abord que dans la marche et la disposition ordinaire du tonneau de graduation, il n'y a que 1/10 de l'oxygène de l'air affluent qui soit absorbé, tandis que 9/10 passent sans altération ; de plus, que l'oxygénation, et par conséquent l'acétification, marche avec une intensité qui reste à peu près la même, quoique la température du tonneau varie beaucoup ; enfin, que cette température ne saurait être considérée comme servant de mesure à la marche régulière du procédé, et qu'on n'est pas fondé à admettre que l'absorption de l'oxygène par l'alcool, produit dans le tonneau de la chaleur libre qui se manifeste par une élévation de température, tant il y a de circonstances concomitantes en action, telles que la température du local, celle du liquide versé, etc., qui tantôt refroidissent, tantôt réchauffent la masse.

Les épreuves font voir que la proportion d'oxygène dans 100 parties en volume de l'air qui s'échappe, est en moyenne 19.10 ; c'est-à-dire dans le rapport de

$$\frac{19.10}{100} = \frac{1}{5.2356}.$$ Or, comme le mélange indiqué

ci-dessus, c'est-à-dire 413 litres, donne 412 kilogr. de vinaigre, qui, à 2.6 pour 100 d'acide, renferment 10.71 d'acide acétique hydraté ; il s'ensuit que, pour la formation de ces 10.71 d'acide, il faut 20.95 mètres cubes d'air, quand la température du local est à 26° C.; 4.37 mètres cubes de cet air sont absorbés comme oxygène par le moût acétique, et 16.58 mètres cubes se dégagent sous forme d'azote par les ouvertures supérieures avec la température du tonneau. En supposant dans ces calculs, que 100 kilogrammes d'acide acétique hydraté exigent 53 kilogrammes d'oxygène, ou 253 kilogrammes d'air pesant 196 kilogrammes ; il en résulterait que la masse d'air qui passe sans éprouver d'altération, est à 26 degrés et 0m.76 de pression barométrique de 164 à 168 mètres cubes d'azote, qu'il passe par le tonneau 180 à 185 mètres cubes d'air qui sont sans action, quantité véritablement très considérable.

Le diamètre des ouvertures à air étant connu, 35 millimètres, et le nombre de celles qui sont ouvertes étant de 4, il s'ensuit que la vitesse de l'air doit être de 22 millimètres par seconde, dans un travail de 48 heures.

Maintenant, comme la théorie indique qu'il faut pour 1 kilogramme d'acide acétique 1 kil. 96 d'air ayant 1 volume de 1m.60 cube, et qu'en réalité, pour les 10 kil. 71 d'acide acétique, on en a consommé au moins 180 mètres cubes, c'est-à-dire plus de dix fois autant; on conçoit combien cet excès doit être désavantageux et exercer une influence nuisible sur la production, tant par la chaleur qu'il enlève que par la vaporisation de l'alcool qu'il entraîne. L'étendue de cette perte est, du reste, facile à calculer d'après les éléments précédents.

Le mélange qu'on verse dans chaque tournée est de 360 litres, et 40 litres d'alcool (pesant spécifiquement 0.9430, correspondant à 35.5 pour 100 en poids) plus 13 litres de vinaigre (à 3.5 pour 100), exprimé en poids, et en ne tenant pas compte du vinaigre employé comme ferment, on a :

Eau.	360 kilog.
Alcool à 45 degrés.	37.75
	397.75

D'un autre côté, la quantité de vinaigre produite dans la pratique (à raison de 2.6 pour 100 d'acide acétique hydraté et de 1 pour 100 en alcool pur absolu) est de 412 litres qui, après en avoir déduit 13 litres de vinaigre tout fait, ajouté comme ferment, correspondent à :

Eaū.	377.25 kilog.
Acide acétique hydraté.	10.50
Alcool à 45 degrés..	11.25
	399.00

Le résultat final du procédé de graduation dans les tonneaux, se borne donc à la formation de 10 kil. 50 d'acide acétique hydraté, ou à l'oxydation d'une quantité correspondante d'alcool, savoir : 22 kil. 65 d'alcool à 45 degrés (= 8 kil. 05 alcool absolu). Or, on a exposé 37 kil. 75 à l'action de l'air dont on retrouve encore 11 kil. 25 dans le vinaigre qui n'ont pas éprouvé de changement ; donc il en a disparu 37.75 — 11.25 = 26 kil. 50 dans le tonneau. Ces 26 kil. 50 devraient se retrouver dans l'acide acétique, ce qui n'est plus le cas ; on n'en trouve que 22 kil. 50 qui sont représentés par 10 kil. 50 d'acide acétique ; donc le reste ou 26.50 — 22.50 = 4 kilogr. ont été perdus pendant la fabrication, ou environ 10 pour 100 de la quantité d'alcool employé.

On voit donc que, par suite de l'imperfection du procédé, il y a non seulement diminution dans la force, mais encore dans la quantité absolue du produit qui, d'après la théorie, devrait être plus considérable. Quand on ne tient pas compte du vinaigre ajouté comme ferment, le mélange consiste en :

Eau.	360.00 kilog.
Alcool.	37.75
En tout..	397.75

Or, comme 4 kilogrammes d'alcool sont perdus, il ne reste donc plus en mélange pour la formation du vinaigre que :

Eau. . . . . 360.00 kilog.

Alcool. 33.75
_____

Au total. 393.75

D'après ce qui a été dit ci-dessus, il n'y a que 22 kil. 6 qui aient éprouvé l'oxygénation en absorbant 5 kil. 40 d'oxygène ; le reste n'a pas éprouvé d'altération. D'après le calcul, les 393.75 de mélange, consistent dès lors en 393.75 + 5.50 = 399 kil. 25 vinaigre, déduction faite de la perte en alcool. Le produit fourni dans la pratique est 406 à 408 litres, ou, après en avoir déduit les 13 litres de vinaigre ajoutés, 393 à 395 litres, pesant 393 à 395 kilogrammes; c'est-à-dire de 3 à 4 kilogrammes environ de moins que le calcul. La perte ne porte donc alors que sur l'eau, qui se trouve emportée sous forme de vapeur par les 185 mètres cubes d'air, qui passent par le tonneau.

D'après les tables hygrométriques, il faudrait, pour saturer à 31° C., ces 185 mètres cubes d'air avec de la vapeur, 5 kil. 5 d'eau, et comme il en disparaît, terme moyen $\frac{6+4}{2} = 5$, on voit que cet air s'échappe bien près de son point de saturation. Cet air se charge donc, lors de son passage, de vapeur d'eau et de vapeur d'alcool, jusqu'à un degré très voisin au moins, pour la première, du point de saturation, et qui rend raison de la perte qu'on éprouve pendant l'opération.

Une chose intéressante était d'établir par expérience jusqu'à quel point les circonstances restant les mêmes, le degré de dilution du mélange alcoolique influe sur l'étendue de la perte, ou, ce qui est la même chose, s'il y a plus d'avantage pour le fabricant à produire immédiatement le vinaigre ordinaire, ou un vinaigre plus fort qu'on étendrait avec de l'eau. Pour résoudre cette question, il suffisait de répéter les expériences précédentes exactement de la même manière, avec un mélange plus riche en alcool. Le mélange faible, employé dans les expériences précédentes, renfermait 1/9 d'alcool ; celui plus fort et dont les expériences ont eu l'oxygénation pour but, renfermait 360 litres d'eau et 76 litres d'alcool à 45 degrés centésimaux, qu'on y a ajoutés non pas en une seule fois, mais en deux portions successives.

Ce mélange de 360 litres d'eau et 76 litres d'alcool avec 5 kil. 40 de vinaigre, pesant au total 430 kilogrammes, est resté 48 heures en travail, temps pendant lequel on a, à diverses époques, soumis l'air qui s'en est échappé aux épreuves que voici :

1°. Au tonneau n° 1, température du vaisseau, 30° C. ; de l'atelier, 29 degrés. Ce mélange contenait 38 litres d'alcool, fait au moment du premier pompage.

2°. Au moment du deuxième pompage, dans le tonneau n° 1. Température comme dans la première épreuve.

3°. Tonneau n° 1, après que toute la proportion d'alcool eut été ajoutée, et lors du troisième pompage. Température du tonneau et de l'atelier, 29 degrés.

4°. Tonneau n° 1, après le quatrième pompage comme dans la première.

5°. Tonneau n° 1, après le septième pompage. Température du vase, 33 degrés, et de l'atelier, 29 degrés.

6°. Tonneau n° 1, après le neuvième pompage. Température du vase, 33 degrés, et de l'atelier, 29 degrés.

7°. Tonneau n° 6. Température du vase, 33 degrés; de l'atelier, 29 degrés après le onzième pompage.

Le tableau suivant renferme les résultats des analyses lors de ces sept épreuves, après les corrections de température, etc.

NUMÉROS des épreuves.	AIR ANALYSÉ ou centimètres cubes.	OXYGÈNE absorbé en centimèt. cubes.	AZOTE restant ou centimètres cubes.	OXYGÈNE dans 100 parties d'air analysé.
N° 1	33.10	6.25	26.85	18.88
2	31.40	5.86	25.54	18.66
3	27.60	5.20	22.40	18.84
4	33.02	6.07	26.95	18.33
5	32.13	5.87	26.26	18.27
6	32.88	5.48	27.40	16.67
7	32.30	6.21	26.09	19.22
Epreuve de contrôle 00	313.36	66.7	246.69	Moyenne 18.41 21.26

La force du vinaigre, après qu'il eut été soumis pendant quarante-huit heures à la graduation dans les tonneaux, a été, d'après trois expériences, de 2,63 dans la première, 2,84 dans la seconde et 2,76 dans la troisième, et par conséquent, en moyenne 2,74 pour 100 en acide acétique hydraté.

On voit donc que, par une addition plus considérable d'alcool, on n'augmente pas notablement l'absorption de l'oxygène ni la force du vinaigre, et qu'on ne diminue pas non plus sensiblement la perte qui a lieu. Ainsi donc, il est indifférent au fabricant de faire avec 40 litres d'alcool du vinaigre à 20 pour 100, soit en opérant sur un mélange plus fort qu'on étend ensuite d'eau, soit en le préparant immédiatement.

Les faits qui viennent d'être rapportés permettent d'en tirer des conclusions qui ne sont pas sans importance pour la pratique et la fabrication.

D'abord, on ne saurait contester que la perte de 10 pour 100 qu'on éprouve sur l'alcool employé, ne doive être moindre, lorsque l'air qui sort du tonneau est conduit immédiatement au dehors par des tubes, c'est-à-dire lorsqu'on s'oppose à ce qu'il se mélange avec l'air frais de l'atelier, ainsi que cela se pratique dans les fabriques bien conduites. La perte est diminuée par cette disposition, mais on ne l'évite pas complètement; car d'après l'expérience des praticiens, et ainsi que l'a démontré M. Liebig, la perte, avec une marche satisfaisante et des dispositions irréprochables, ne va jamais au-dessous de 7 à 8 pour 100 de la quantité de vinaigre qu'on doit obtenir d'après le calcul. M. Otto, dans son excellent ouvrage sur la fabrication des vinaigres, avance que la condensation de la vapeur de vinaigre ou l'alcool que l'air entraîne, est inutile et ne paie pas les frais, opinion que l'expérience raisonnée des fabricants ne paraît pas justifier. Seulement, il est certain que les moyens par lesquels on a cru pouvoir opérer cette condensation, ou du moins ceux qui sont proposés dans quelques ouvrages sur la fabrication des vinaigres, sont entièrement contraires au bon sens. D'après ces ouvrages, il faudrait que l'air qui sort des tonneaux fût recueilli par des tubes qui se déchargeraient tous dans un tube principal, lequel se rendrait dans un réfrigérant en serpentin où, après plusieurs tours, il serait évacué au dehors. Quand on songe que le renouvellement de l'air dans le tonneau s'opère de la même manière que le tirage dans les cheminées, c'est-à-dire par la différence de température de l'air intérieur qui est plus chaud que l'air extérieur, et que par conséquent l'air de la vinaigrerie, proportionnellement plus lourd que celui plus chaud, et par suite plus léger, du tonneau, a aussi un excès de poids sur ce dernier, et pénètre ainsi continuellement dans le tonneau où il déplace celui-ci ; on peut alors se faire une idée de l'efficacité d'un appareil qui supprime la principale condition du tirage, et par conséquent l'oxygénation dans les tonneaux.

Les causes de la perte d'alcool ne tiennent pas à la nature elle-même de l'opération et ne sont pas inévitables, et je les crois susceptibles d'être l'objet d'un perfectionnement. Il y a seulement trois points principaux qui doivent servir de base à celui-ci. D'abord, la diminution de l'air introduit, et par conséquent l'absorption plus complète de son oxygène ; en second lieu, une meilleure économie de la chaleur qui se développe dans la formation du vinaigre ; et enfin, l'adoption d'un moyen propre à recueillir les vapeurs qui se dégagent sans troubler la marche du tonneau.

Le premier point présente de sérieuses difficultés ; en effet, la répartition du mélange acétique, ou, ce qui est la même chose, la surface de celui-ci avec laquelle l'air est en contact, est moins grande dans les tonneaux ordinaires de graduation, qu'on ne le suppose d'après leur disposition. La raison en est que la partie supérieure percée de trous, servant à la division du liquide, par sa construction vicieuse et par l'obstruction gélatineuse qui bouche souvent ses ouvertures, ne répartit pas uniformément le mélange dans toute la section horizontale du tonneau, de manière qu'au lieu de distiller celui-ci en pluie continue, il coule par intermittence et par filets rares sur les copeaux. Il doit donc exister des instants alternatifs dans lesquels l'air ne peut exercer toute son action sur la masse distillante du vinaigre, et d'autres dans lesquels il n'y a pas assez de moût pour l'oxydation qui pourrait avoir lieu.

C'est un fait d'expérience que la chaleur qui se dégage par l'oxydation de l'alcool suffit parfaitement pour maintenir un mélange composé, ainsi qu'il a été dit, à la température nécessaire à l'acétification. Le chauffage de l'atelier n'a pas d'autre but que de remplacer la portion de cette chaleur qu'on laisse perdre.

Plus est petite la quantité du moût qu'on travaille en une fois, plus aussi est grande la perte de chaleur. Les fabriques de vinaigre où l'on travaille par la méthode accélérée, présentent aussi cela de désavantageux, que le produit s'obtient par portions séparées dans un certain nombre de tonneaux, ce qui donne lieu à un très grand refroidissement, et s'oppose à la conservation de la chaleur développée. Il n'est pas de fabricant qui ne sache que lorsqu'on descend au-dessous d'une certaine dimension pour les vases, c'est-à-dire qu'on fait usage, pour la quantité de moût à traiter par jour, de tonneaux cinq à six fois plus petits que ceux qui servent ordinairement, on atteint une limite où la fabrication accélérée du vinaigre devient impossible. Dans l'établissement des vinaigreries à six tonneaux, pour une fabrication journalière de vinaigre d'environ 240 litres, on s'est tenu plus près de cette limite qu'on n'aurait dû le faire.

Les moyens pour recueillir les vapeurs alcooliques par la condensation, paraissent enfin avoir trop peu, jusqu'à présent, attiré l'attention du fabricant.

Le tact et la sagacité dont les Anglais font preuve dans toutes les occasions où il s'agit d'appliquer à la pratique des principes ou des expériences scientifiques, leur adresse pour adapter les forces industrielles avec le plus grand effet et les moyens les plus simples aux conditions qu'il est dans la nature des choses de remplir; en un mot, leur habileté extrême dans *l'art de fabriquer*, dont on voit à chaque instant des exemples étonnants dans leurs établissements, leur a permis de surmonter avec succès toutes les difficultés qu'on a rencontrées dans la fabrication du vinaigre, d'après la méthode de Schutzenbach; un coup-d'œil sur cette industrie telle qu'elle est exercée aujourd'hui dans leur pays, suffirait pour nous en convaincre.

On sait que la préparation immédiate du vinaigre, au moyen de l'alcool, est impossible en Angleterre, à cause du prix très élevé de ce dernier article et des impôts onéreux dont il est chargé. La distillation sèche du bois avait été pendant longtemps la principale source de la production du vinaigre dans la Grande-Bretagne, et cette distillation est dans ce but pratiquée dans de très grands établissements ; mais les frais et les difficultés qui se rencontrent principalement dans les lenteurs et l'imperfection de la purification, ont dû faire chercher un autre mode.

La fabrication accélérée du vinaigre suivant le mode anglais qu'on a commencé à substituer à la précédente, repose sur les modifications que la fécule éprouve de la part des acides, et la transformation de cette substance en sucre. On ne part donc pas, comme dans tous les autres pays, de l'acétification de l'alcool, mais de la saccharification de la fécule, ce qui fait qu'on a deux stades de plus à parcourir, celui du sucre, celui de l'alcool et enfin celui de l'aldéhyde en acide acétique. L'opération la plus naturelle consiste à séparer la liqueur sucrée et fermentée, préparée avec la fécule et l'acide sulfurique au moyen de la distillation ; mais comme, dans ce cas, le produit distillé eût été taxé aussitôt comme alcool par le fisc, et soumis au droit, on a été obligé de ne pas éliminer l'acide sulfurique et de le laisser dans la liqueur pendant tout le temps de l'acétification, puis de distiller le vinaigre préparé pour en séparer l'acide sulfurique, ce qui, du reste, ne change rien au procédé. La méthode employée pour faire le vinaigre est donc celle de Schutzenbach, mais avec les dispositions suivantes :

Un tonneau très vaste et légèrement conique, ayant au fond 4^m.20, et à la partie supérieure 4^m.50 de diamètre sur 4 mètres de hauteur, donne par jour autant de vinaigre qu'on en prépare en Allemagne avec 6 tonneaux de 2^m.40 de hauteur, sur 1^m.20 de diamètre. Il faut d'abord bien remarquer l'avantage que présente un pareil tonneau, sous le rapport de sa capacité, comparée à sa surface extérieure; la surface de ce vaisseau n'aura d'étendue que celle de 6 tonneaux pris ensemble (le tonneau anglais a 54m.63 carrés, et les 6 tonneaux allemands pris ensemble 54m.23 carrés de surface extérieure), mais la capacité du premier étant 59 mètres cubes, est près de 3,6 fois plus considérable que celle des 6 seconds, qui n'est que d'environ 16 mètres cubes. Une conséquence nécessaire de cette disposition, c'est une conservation plus parfaite de la chaleur; et, en effet, la température qui se développe spontanément dans le tonneau anglais est si forte et si soutenue, qu'il n'y a jamais besoin de chauffer le local, en remarquant, toutefois, que la douceur du climat en Angleterre est, dans ce cas, favorable à ce mode de fabrication.

Ce vaste tonneau est séparé sur sa hauteur, en deux capacités, par un faux fond, placé à environ 60 centimètres du fond véritable. La capacité supérieure est remplie avec des copeaux de hêtre, la seconde est destinée à recevoir le mélange.

A une certaine hauteur, pour produire une chute suffisante, et au-dessus du tonneau, est placé un réservoir pour le moût. Un tuyau part de celui-ci et descend perpendiculairement sur le tonneau, où il pénètre par une grande ouverture percée dans son couvercle, au-dessous duquel il se divise en deux branches un peu moins longues que le diamètre du tonneau, et courant horizontalement à quelques centimètres au-dessus de la surface des copeaux. Les extrémités de ces deux branches sont closes, et la seule voie par laquelle le mélange qui coule puisse s'échapper, est une série de petites ouvertures percées à leur partie inférieure et parallèlement à leur axe. Le système, d'ailleurs, est mobile dans le réservoir supérieur, et on le fait tourner au moyen d'une force motrice (une machine à vapeur), avec une certaine lenteur sur l'axe de la portion verticale de ces tuyaux.

D'après cette disposition, on voit que le moût ne coule qu'en filets minces, par les ouvertures des branches, et arrose peu à peu également, à mesure qu'elles tournent, toute la surface des copeaux.

Il est donc évident qu'on remplit ainsi la condition de la division du mélange, d'une manière plus parfaite qu'avec les planches percées de trous et les tamis. Le moût, d'ailleurs agité, passe successivement du réservoir dans cet appareil d'arrosage, coule sur les copeaux, les traverse et se rassemble à la partie basse du tonneau, où il est repris par des pompes qui le remontent dans le réservoir pour recommencer la même route.

L'influence de l'air sur le tonneau n'est pas établie d'une manière moins intelligente et avantageuse. Le renouvellement de cet air ne s'opère pas d'après le même principe que celui des cheminées, mais en direction contraire, c'est-à-dire de haut en bas, au moyen d'un appareil hydraulique. Quant à l'introduction de cet air, elle s'opère par la même ouverture du couvercle, par laquelle a lieu l'écoulement du moût, et qui étant plus grande que le tube, laisse un vide tout autour, par lequel l'air peut pénétrer. Cet appareil à air consiste principalement en deux vases, plongés et renversés dans deux réservoirs d'eau, qui, par la force de la machine à vapeur, sont alternativement élevés et abaissés dans ces réservoirs. Quand ils montent, ces vases aspirent l'air, qui s'échappe ensuite par la pression quand on les abaisse.

Immédiatement au-dessous du faux fond du tonneau et sur le côté, pénètre un tuyau qui avance jusqu'au centre de ce tonneau, où il débouche; et pour que l'effet de succion et d'aspiration s'étende plus complètement sur toute la section, on a posé au-dessus de l'ouverture du tuyau, et parallèlement au fond, un disque en bois d'environ 1^m.20 de diamètre, qui empêche en même temps la liqueur acétique de couler dans le tuyau.

La portion de ce dernier en dehors du tonneau se recourbe pour se rendre à l'appareil aspirateur et s'y partager en deux branches, dont chacune se rend à l'un des deux vases pompeurs, où elle pénètre par une ouverture pourvue d'une soupape ouvrant du dehors en dedans. Près de cette soupape, il y en a une autre, mais ouvrant en sens opposé, et disposée de façon telle, qu'elle ne s'ouvre que lorsqu'elle est parvenue au-dessus du niveau de l'eau. Le jeu de ce mécanisme bien simple est facile à concevoir. Lorsqu'on soulève les aspirateurs, l'air passe de nouveau dans le tube et remplit ceux-ci; et lorsqu'on les abaisse, l'air aspiré s'échappe à travers l'eau par la seconde soupape. Pendant que le second aspirateur se remplit d'air, le premier se vide, de manière que l'appareil est constamment en action.

L'avantage que présentent ces dispositions est facile à concevoir : d'abord la chaleur produite par la transformation qu'éprouve l'alcool se trouve ainsi beaucoup plus complètement conservée; la division du mélange y est aussi beaucoup plus uniforme et sans interruption; enfin, la ventilation des vaisseaux ne dépendant plus de leur température, peut être régularisée bien plus aisément et en raison de la vitesse de l'écoulement du mélange.

Les vapeurs alcooliques sont, en outre, condensées dans les eaux où plongent les aspirateurs, eaux qu'on reprend ensuite pour la préparation des moûts; de façon que cet alcool se retrouve, et que la perte qui, dans le procédé ordinaire, s'élève de 7 à 10 pour 100, est à peu près nulle.

Pour s'assurer de la marche de l'acétification, on soumet à des épreuves l'air d'aspiration relativement à sa capacité pour entretenir la combustion.

Une mèche de fils, qu'on imprègne d'une dissolution de sucre de saturne, puis qu'on fait sécher et qu'on allume, doit s'éteindre quand on la plonge dans cet air. Dans le cas contraire, on augmente l'activité des aspirateurs. Ordinairement, l'air est tellement désoxygéné, que c'est le premier cas qui se présente; et il est bien rare qu'il le soit assez peu pour qu'une mèche ordinaire puisse y rester en combustion; on voit donc que l'air ne s'échappe qu'avec une très faible portion d'oxygène, et par conséquent, qu'il n'est pas nécessaire de faire pénétrer un excédant d'air dans le tonneau.

Le vinaigre est complètement préparé dans le tonneau, c'est-à-dire qu'il y est amené à la richesse sous laquelle on l'emploie, de 5.5 pour 100 d'acide acétique hydraté, et qu'on le livre au commerce sans autre opération ultérieure.

Il est indubitable que les grands établissements qui travaillent par le procédé allemand, pourraient retirer beaucoup d'avantages de ce mode de fabrication, d'autant mieux que la force mécanique qu'il exige n'est pas trop considérable ; mais là où le vinaigre n'est qu'un produit secondaire, et où on ne le prépare que sur une petite échelle, la question n'est plus la même, parce que les termes du problème changent nécessairement.

Les fabricants de vinaigre par le procédé accéléré, se plaignent fréquemment, et avec raison, que l'acétification de l'alcool dans leurs tonneaux ne marche pas régulièrement et qu'on n'atteint pas la force correspondante en acide. Pour faciliter cette acétification, M. Artus dissout 15 grammes de chloride sec de platine dans $2^k.5$ d'alcool, trempe dans ce liquide $1^k.5$ de morceaux de charbon de bois de la grosseur d'une noisette et les calcine dans un creuset couvert. Cela fait, il prend $0^k.750$ de ce charbon platiné, qu'il place sur une couronne en bois percée de trous, au-dessus du fond à jour supérieur d'un tonneau à vinaigre de 2 mètres de hauteur et $0^m.80$ à $0^m.90$ de diamètre, de manière à ce qu'il ne soit pas mouillé directement par le vinaigre. Le platine absorbe l'oxygène de l'air puis le transmet à l'alcool. Au bout de cinq semaines de travail, on calcine de nouveau le charbon platiné dans le creuset. L'action de ce charbon est fort remarquable, l'acétification s'opère plus rapidement et plus complètement, enfin, le vinaigre a une saveur plus agréable.

Nouvelle tonne à vinaigre du docteur SPITALER, par M. SCHWEINSBERG.

Depuis qu'on a étudié le phénomène de l'acétification, la fabrication du vinaigre est devenue une opération plus simple et en même temps plus parfaite.

Boerhoaave, il y a plus d'un siècle, avait déjà apporté des perfectionnements importants dans les procédés de fabrication en proposant un appareil qu'il remplissait de rameaux de divers arbustes, de vrilles de vigne, etc., à travers lequel il faisait passer le vin destiné à être converti en vinaigre. Cet appareil était beaucoup plus propre que les anciens à mettre la liqueur qu'on voulait convertir en acide acétique étendu en contact avec l'oxygène de l'air, et c'est lui, sans aucun doute, qui a donné l'idée de l'emploi des copeaux de hêtre en spirale, qui sont un des facteurs principaux du mode d'acétification allemand, qu'on connaît sous la désignation de fabrication accélérée du vinaigre.

Dans la fabrication de ce liquide, il y a deux distinctions importantes à faire, à savoir si l'on emploie à ce travail une liqueur alcoolique exempte de ferment, ou un alcool ou une liqueur contenant un ferment. Le premier cas est celui de la fabrication dite accélérée, où l'on fait passer un mélange d'eau-de-vie et d'eau à travers des copeaux de hêtre qui jouent, dans ce cas, le même rôle que l'éponge de platine dans le briquet de Dœbereiner, puisqu'ils condensent l'oxygène de l'air, c'est-à-dire le dégagent en partie avec chaleur de ses combinaisons et le rendent apte à oxyder l'alcool.

Les copeaux de hêtre, dans cette fabrication accélérée, servant d'intermédiaire pour porter l'oxygène de l'air sur l'alcool, ne jouent pour ainsi dire, dans cette opération, qu'un rôle mécanique; mais dans la fabrication du vinaigre avec des liquides qui, comme le vin, la bière, le cidre, etc., renferment de l'alcool et un ferment, les phénomènes ne sont plus les mêmes, car alors le ferment contenu dans ces corps s'empare de l'oxygène, le cède à l'alcool, et ce jeu se répète à plusieurs reprises jusqu'à la conversion complète de ce dernier en vinaigre.

On savait depuis longtemps que le charbon de bois possédait à un haut degré la propriété de condenser les corps gazeux, et par conséquent de donner lieu à des phénomènes analogues à ceux que présentent l'éponge de platine et d'autres corps poreux; mais le docteur Spitaler paraît être le premier qui ait cherché à utiliser cette propriété dans la fabrication du vinaigre. C'est après avoir cherché à rendre ce procédé pratique qu'il a pris il y a déjà longtemps en Autriche, un privilège qui lui a assuré la vente exclusive de ce qu'il appelle des tonnes ou des tonnelets à vinaigre (*Essigstænder*), qui sont des vaisseaux chargés de charbon de bois imprégné de vinaigre et ayant diverses dimensions pour fabriquer ce liquide en grand ou dans les ménages.

Un tonnelet du docteur Spitaler, dont il est facile de se servir pour préparer le vinaigre dans les ménages, est un cylindre en verre, rempli jusqu'en haut de charbon de bois grossièrement concassé, d'environ 28 centimètres de hauteur, et 20 centimètres de diamètre, et d'une capacité propre à contenir à peu près 5 à 6 litres de liquide. Ce cylindre est fermé dans le haut par une plaque en verre, mais de manière toutefois à permettre l'accès de l'air, sans donner lieu à une trop grande évaporation. Dans le bas, il y a une ouverture pour l'écoulement du vinaigre fabriqué. Par une température de 14° à 20° R., ce tonnelet fournit chaque jour 150 grammes de vinaigre limpide, incolore, d'une acidité franche, neutralisant

37 grammes de carbonate de potasse anhydre chimiquement pur.

Tous les soirs, on y ajoute 150 grammes d'un mélange consistant en une mesure d'alcool à 34° Baumé, et 11 mesures d'eau, qu'on verse en filet délié et qu'on répartit bien également sur toute la surface du charbon. On referme alors le tonnelet, et le lendemain on recueille, dans un vase placé au-dessous, à peu près la même quantité de vinaigre de la force indiquée.

Indépendamment de son goût agréable et de sa limpidité, ce vinaigre a cela d'avantageux qu'il se garde fort bien et n'éprouve aucune altération. Il ne devient pas trouble, ne se couvre ni de fleurs, ni de moisissure, et se comporte comme un mélange d'acide acétique pur et d'eau. Son bas prix est aussi une chose qu'il faut bien prendre en considération.

On n'a point encore examiné jusqu'à quel point les eaux-de-vie ou les alcools chargés de fusel doivent influer sur la quantité de vinaigre ainsi fabriqué ; mais j'ai employé déjà des eaux-de-vie d'un goût de fusel très prononcé, et je ne me suis pas aperçu qu'elles aient eu d'influence sur le produit. Il est à croire que, de même que l'alcool (hydrate d'oxyde d'éthyle) se transforme en acide acétique, de même le fusel (hydrate d'oxyde d'amyle) se transforme en acide valérianique qui, à cause de sa faible quantité, doit être sans influence sur le produit. On ne constate pas de perte très sensible par l'évaporation, si ce n'est dans les huit premiers jours où l'on ne récolte pas toute la quantité de vinaigre qu'on est en droit d'attendre, circonstance due sans doute à ce que le charbon absorbe de la liqueur jusqu'à ce qu'il en soit complètement saturé.

CHAPITRE III.

Vinaigres sans vin.

— •

§ 1. VINAIGRES D'ALCOOL.

On a longtemps révoqué en doute si l'alcool existait
tout formé dans le vin, ou s'il était le produit de la
distillation.

Cette question, qui est maintenant résolue affirmativement, n'avait point été mise en doute par divers
chimistes du moyen-âge. En effet, Venel, Stahl, Spielman, etc., attribuèrent la formation du vinaigre à la
décomposition de l'alcool du vin; aussi ce dernier,
ainsi que Carthaeuser, etc., a-t-il conseillé d'ajouter
de l'eau-de-vie au vin pour obtenir un acide plus fort.
Venel même a été plus loin; il a reconnu le premier
la formation de l'éther dans l'acétification du vin.
On sent, dit-il, l'éther bien distinctement dans les
endroits où l'on fait le vinaigre; ainsi, dans cette
préparation, on fait véritablement de l'éther. Demachy, Struve, Bertrand, semblent croire qu'il ne fait
qu'y contribuer conjointement avec le tartre; c'est
une erreur sur laquelle il nous sera facile de prononcer. La présence du tartre n'est nullement utile pour
convertir le vin en vinaigre; nous en avons une
preuve par la conversion de l'alcool, de la bière, etc.,
en vinaigre; et si le vinaigre de bière n'est pas aussi
fort que celui du vin, ce n'est point à l'absence du
tartre qu'on doit l'attribuer, mais bien à ce que la

bière est très chargée d'acide carbonique et peu riche en alcool.

Ainsi, puisqu'il est bien démontré que c'est à la décomposition de l'alcool qu'est due la formation du vinaigre, il est donc bien évident que les vinaigriers devront rechercher les vins qui en sont les plus chargés. C'est pour cela que nous avons donné le tableau qu'ont dressé MM. Brande et Julia de Fontenelle, des quantités d'alcool que contiennent la plupart des vins connus.

Vinaigre d'eau-de-vie d'Allemagne.

M. Mitscherlich a fait connaître que dans beaucoup de villes d'Allemagne on fabrique le vinaigre de la manière suivante :

Alcool à 54 degrés centésimaux. . . . . 1 partie.
Eau. 9

On ajoute du ferment ou extrait de pomme de terre dont la petite quantité est loin de représenter l'acide acétique produit. On mêle et l'on fait couler lentement la liqueur au moyen d'une corde de chanvre, dans des tonneaux fermés et munis de tubes au moyen desquels on y entretient un courant d'air non interrompu. L'absorption de l'oxygène est ainsi tellement accélérée que la température s'élève rapidement de 10 à 30 degrés ; mais on la fixe à 20 degrés pour que l'opération réussisse mieux, en fermant une partie des tubes conducteurs de l'air.

Le vinaigre d'eau-de-vie est très dur ; quand on le fabrique, on ajoute du sucre à la liqueur. Le sucre, il est vrai, contient un mucilage qui dispose cet acide à une putréfaction dont l'alcool non acétifié garantit.

Vinaigre d'alcool de M. COLIN-MACKENSIE (1).

(*Première recette.*)

305 grammes de sucre, autant d'alcool, 4 k. 500 d'eau et 45 grammes de ferment, entrent en fermentation le même jour; elle se termine le douzième. 125 grammes du vinaigre qui en est le produit, saturent 4 grammes de potasse (2).

(*Deuxième recette.*)

305 grammes de sucre, 153 d'alcool, 2 k. 250 d'eau et 23 grammes de ferment, entrent en fermentation le second jour et continuent pendant huit autres. Un litre de ce vinaigre donne 40 grammes d'alcool faible à la distillation.

Comme cette formation du vinaigre par l'alcool se rattache intimement à celle du sucre, ou pour mieux dire qu'elle en est dépendante, nous croyons ne pas devoir les séparer.

Fabrication des vinaigres par l'alcool et l'eau, procédés de MM. RIVIÈRE ET DURAND.

1° Il faut faire chauffer 100 litres d'eau jusqu'à la faire bouillir, y mettre autant de fois 20 litres d'esprit-de-vin 3/6 qu'on veut faire de pièces de 210 litres de vinaigre;

(1) One thousand experiments in chemistry.
(2) On reconnaît la force des vinaigres par la quantité de potasse ou de soude qu'ils saturent, comme nous le démontrerons ailleurs.

2° Verser cette eau dans des tonnes contenant la quantité d'eau convenable à former le nombre de pièces de vinaigre qu'on veut confectionner; ensuite remuer cette eau avec un bâton, par le bondon, quand l'eau chaude y est mise;

3° Mettre cette eau par égales portions sur des râpés, composés de marc de raisin, de 4 kilogrammes de gingembre, 4 kilogrammes de galanga, 4 kilogrammes de poivre rouge, 4 kilogrammes de poivre de Guinée et 4 kilogrammes de pyrèthre; le tout placé dans le marc, de 27 en 27 centimètres de distance, par couches répandues sur toute la largeur du tonneau qui les contient;

4° On laisse cette eau dans le marc six jours, pour fermenter et faire aigrir l'eau avec l'esprit-de-vin; chaque jour, il faut transvaser cette eau d'un râpé qui en est rempli, dans un râpé qui en est vide, quand le marc est bien échauffé;

5° Après six jours, on tire cette eau et on la met, par quantités égales, sur les mères composées dans le vinaigre, dans lequel on a mis quatre à six cuillerées de poivre rouge pilé, et de pyrèthre aussi pilé sur chaque mère;

6° Pour entretenir ces mères et les soutenir dans le même état de force, on y met, tous les trois mois, trois ou quatre cuillerées de poivre long, pyrèthre et graine de paradis en poudre;

7° Il faut entretenir, jour et nuit, la chaleur des poêles en hiver de 18 à 20 degrés;

8° Il faut laisser cuver sur les mères, trois mois en commençant une vinaigrerie. après cela on peut les tirer tous les mois et les clarifier aux copeaux de bois de hêtre en quatre jours, et les enfûter.

§ 2. VINAIGRES DE SUCRE.

1° *Sucre, eau et ferment.*

Si l'on prend 305 grammes de sucre, 2 k. 20 d'eau et 60 grammes de ferment, et qu'on les unisse, on voit la fermentation s'établir au bout de cinq à six heures ; elle continue pendant douze jours. 125 grammes de ce vinaigre saturent 4 grammes de potasse. Le docteur Ure assure qu'on peut faire un très bon vinaigre avec 500 grammes de sucre sur 3 litres d'eau.

2° *Sucre en excès.*

Au lieu des proportions précédentes, si l'on prend 460 grammes de sucre, 2 k. 20 d'eau et 23 grammes de ferment, la fermentation se développe le jour même, et 125 grammes du vinaigre obtenu, saturent 8 grammes de potasse. Cet acide contient un huitième de sucre non acétifié.

3° *Sucre en excès de ferment.*

Si l'on ajoute aux proportions de sucre et d'eau ci-dessus indiquées 40 grammes de ferment, la fermentation s'établit le premier jour, dure pendant dix autres, et 125 grammes de ce vinaigre saturent 8 grammes de potasse. Cet acide contient encore un seizième de sucre non converti en acide acétique.

4° *Proportion pour faire un bon vinaigre.*

500 grammes de sucre, 30 grammes de ferment et 3 k. 500 d'eau ; la fermentation dure douze jours, et

le vinaigre est très fort, très agréable et se trouve sans excès de sucre. 125 grammes saturent 12 grammes de potasse.

5° *Proportion pour faire un bon vinaigre avec le sucre et l'alcool.*

125 grammes de sucre, 90 grammes d'alcool, 860 grammes d'eau et 15 grammes de ferment, donnent, après 18 jours, un vinaigre dont 125 grammes saturent 8 grammes de potasse. Par la distillation, on en retire environ la moitié de l'alcool employé, dont on doit par conséquent diminuer les proportions. Les expériences que nous avons faites nous ont démontré que l'alcool ne devait pas excéder le tiers du sucre employé. D'après les considérations que nous ferons connaitre plus bas, voici les proportions que nous avons gardées :

Sucre.	3 kilog.
Alcool.	1
Ferment.	370 gram.
Eau à 30° C.	14 kilog.

Ce vinaigre ne donnait que des traces d'alcool, et saturait 10 grammes de potasse.

Vinaigre de sucre de CADET-GASSICOURT.

Ce chimiste conseille de faire fermenter ensemble 124 parties de sucre, 868 d'eau, et 80 de levure de bière ou de levain de boulanger, et de filtrer au bout d'un mois. Cadet assure que les vinaigres de première qualité, que les marchands vendent à des prix élevés, ne sont autre chose que des vinaigres ordinaires auxquels ils ont ajouté plus ou moins d'acide acétique et de l'alcool.

Lorsqu'on veut convertir en qualité supérieure le vinaigre d'Orléans, on doit y ajouter de 35 à 36 grammes d'acide acétique, et 16 grammes d'alcool, par kilogramme.

Autre vinaigre de Cadet-Gassicourt.

Sucre	245
Gomme	61
Eau	2145
Levure à la température de 20°	20

La fermentation commence le jour même, se termine dans environ 15 jours et donne un vinaigre très fort, d'où l'alcool précipite 30.5 de gomme.

Autre du même.

Sucre	300
Mucilage	12.25
Eau	2145
Ferment	20 à 22

Au bout de 22 jours, la fermentation est terminée et l'on obtient un vinaigre très fort.

§ 3. VINAIGRE D'AMIDON.

Si l'on prend 215 grammes de farine, et qu'après en avoir formé, par la coction, une bouillie claire avec 1 k. 750 d'eau, on y ajoute 15 grammes de levure de bière, la quantité de vinaigre qui est produite, au bout d'un jour, peut saturer 35 grammes de potasse.

Vinaigrier. 7

Si l'on substitue l'amidon à la farine, et qu'on laisse la liqueur fermenter pendant 35 jours, le vinaigre qui en résulte peut saturer 42 grammes de potasse (1).

Il est cependant un autre procédé plus avantageux pour cette fabrication ; l'on sait que l'on parvient à convertir l'amidon en matière sucrée, en en faisant bouillir 2 kilog. avec 8 kilog. d'eau aiguisée de 40 grammes d'acide sulfurique à 66 degrés. On entretient l'ébullition pendant 36 heures, dans une bassine de plomb ou d'argent, en agitant le mélange avec une spatule de bois, pendant la première heure de l'ébullition, après quoi on ne le remue que de temps en temps. L'on doit ajouter de l'eau chaude au fur et à mesure qu'elle s'évapore. Lorsque la liqueur a bouilli pendant quelques heures, on y mêle du marbre en poudre et du charbon ; on clarifie ensuite au blanc d'œuf, et l'on passe à travers une étamine en laine ; on concentre la liqueur jusqu'à ce qu'elle ait acquis une consistance presque sirupeuse, et on la laisse refroidir lentement ; quand elle a déposé tout le sulfate de chaux possible, on passe de nouveau à la chausse, et l'on concentre plus ou moins le sirop par l'évaporation, suivant que l'on veut obtenir du sucre ou du sirop. Ce procédé est dû à Kirchoff. Saussure a fait connaître que 100 parties d'amidon, ainsi traitées, donnaient 110 de sucre d'amidon, qui est un peu analogue à celui de raisin (2). Dans cette opération,

---

(1) L'amidon délayé dans l'eau, avec la levure de bière, produit aussi à la longue du vinaigre qui, à la vérité, n'est pas très fort.

(2) Le docteur Tuthill a retiré de 500 grammes d'amidon de pommes de terre, ainsi traitées, 625 grammes de sucre cristallisé brunâtre, jouissant de propriétés intermédiaires entre ceux de canne et de raisin. *Voyez* la *Chimie agricole* de Davy, tome I. M. Volker a employé

l'air ne joue aucun rôle, et l'acide sulfurique n'est pas décomposé. Saussure pense que le sucre d'amidon n'est qu'une combinaison d'amidon avec l'hydrogène et l'oxygène, dans les proportions nécessaires pour faire de l'eau (1).

On peut, avec le sucre, faire de bon vinaigre en suivant les procédés et les proportions que nous avons donnés pour le sucre de canne ; si l'on emploie le sirop de ce sucre, on en mettra trois parties au lieu de deux de sucre de canne. Il est bon de faire observer que cette fermentation s'établit promptement, et que le vinaigre n'a aucun mauvais goût.

On obtient également de l'acide acétique et de l'alcool dans le cas suivant. On n'ignore point que lorsqu'on veut extraire l'amidon des céréales, il faut commencer par décomposer le gluten par la fermentation. Pour cela, après avoir séparé le son de la farine, on le met dans de grandes cuves, avec suffisante quantité d'eau unie à un peu d'eau sure. Il s'opère bientôt une espèce de fermentation ; la plus grande partie du gluten est décomposée dans l'espace de quinze jours à un mois, suivant que la température est plus ou moins élevée. Après ce temps, on enlève une couche de moisissure qui recouvre une liqueur trouble et gluante, qui est connue des amidonniers sous le nom de *première eau sure* ou *eau grasse*. Cette liqueur est composée, d'après Vauquelin, d'eau, de vinaigre, d'alcool, d'acétate d'ammoniaque,

les pommes de terre à la fabrication du vinaigre ; 50 kilog. lui ont donné 12 kil.50 de sirop, avec lequel il a pu préparer un vinaigre aussi bon et moins cher que celui de grains.

(1) *Bibliothèque Britannique, Sciences et Arts*, tome LVI.

de phosphate de chaux et de gluten. Le dépôt est l'amidon, qu'on lave à grandes eaux.

On peut employer également, pour convertir en sucre et par suite en vinaigre, l'amidon de blé, celui d'orge, de pomme de terre, de bryone, etc.

§ 4. VINAIGRE DE SUCRE ET DE SIROP DE RAISIN.

Le sucre et le sirop de raisin sont susceptibles de donner, par la fermentation, un excellent vinaigre ; les proportions qui m'ont le mieux réussi sont :

Sucre de raisin..............	4 kilog.
Alcool.	1.500
Ferment.	370 gram.
Eau.	15 kilog.

La fermentation de ce mélange s'établit plus vite que celui avec le sucre de canne, et le vinaigre obtenu sature, sur 125 grammes, 10 grammes de potasse.

Si l'on substitue le sirop de raisin, cuit à la consistance ordinaire, au sucre de ce même fruit, on emploiera 1 kil. 550 de sirop par kilog. de sucre.

Vinaigre d'eau sucrée, de raisins secs, de graines et de fécules, par MM. QUENAY *et* HOUEL.

Les substances qui entrent dans la composition de ce vinaigre sont : les eaux sucrées des raffineurs de sucre, des raisins secs de France et des pays étrangers, des grains germés et des sirops de fécules, et généralement toutes les substances sucrées.

Mode de fabrication. — Pour faire une pièce de vinaigre, jauge de 220 litres, on prend un fût de 400 litres, dans lequel on établit une râpe à copeaux de bois de hêtre ; le fond de ce tonneau doit être percé de petits trous : on y adapte une cannelle de bois, on verse sur les copeaux 240 litres d'eau sucrée, comme il sera dit ci-après.

Quand cette eau sera bien claire, on la mettra dans une cuve à fermentation en y ajoutant 25 kilog. de raisin sec bien broyé, avec 7 kilog. de levure faite de grain germé et grossièrement moulu, à une température de 25 à 30 degrés de chaleur.

Lorsque la substance obtenue par ce moyen, et qui est, à proprement parler, du vin de raisins secs, est bien établie et tombée à zéro, on lui fait subir une fermentation insensible de 12 heures ; on dépote ensuite ce vin et on le met dans un fût pour s'en servir à mesure qu'on en a besoin.

On met ensuite dans un tonneau de 300 litres, que l'on bonde à 5 centimètres de diamètre, et sur un des fonds duquel on fait une ouverture de même dimension, 7 litres de bon vinaigre chaud, mais sans bouillir ; on y ajoute, de dix jours en dix jours, 7 litres du vin dont il est précédemment parlé, chaud également, mais sans bouillir, et on le remplit de cette manière.

On en tire après les trois quarts, que l'on filtre avec du coton et du noir animal qu'on met dans un grand cercle de 49 centimètres de hauteur sur 975 millimètres de largeur : le liquide ainsi obtenu est un vinaigre qui est bon.

Ce qui reste dans le tonneau, et qu'on appelle la mère, y doit rester toujours.

Lorsqu'on a retiré les trois quarts du vinaigre, on remplit de nouveau le tonneau de la manière qui vient d'être expliquée.

Un perfectionnement consiste à obtenir le vinaigre des eaux sucrées de toute nature, filtrées au charbon et concentrées dans une chaudière hermétiquement fermée, après y avoir ajouté 10 litres d'acide acétique concentré par hectolitre.

Fabrication du vinaigre de vin de sucre.

Dans le t. XIX du *Technologiste,* p. 303, M. Henry a fait connaître un procédé de fabrication de vinaigre avec le vin de sucre. Voici comment il décrit ce procédé :

La fabrication du vinaigre, qui remonte en France au quatorzième siècle, dit-il, après être restée stationnaire jusqu'en 1742, où le moutardier Lecomte livra au commerce des vinaigres *blancs,* fit depuis cette époque des progrès incomplets, mais réels ; et la science prévoyant la future insuffisance et le haut prix des vinaigres de vin, essaya d'y suppléer.

Cette prévision ne tarda pas à se réaliser, et la persistance des ravages de l'oïdium dans nos vignobles a amené les choses à ce point que, depuis longtemps, les villes renommées pour la fabrication du vinaigre de vin, non-seulement mélangent des vinaigres artificiels avec leurs produits, mais encore rehaussent le degré acétimétrique de ces derniers au moyen de notables additions d'acide acétique (vinaigre de bois).

Le consommateur qui, en raison d'une vieille habitude, recherche de préférence le vinaigre de vin, est donc trompé sur la nature de la chose vendue, et doit en conséquence accueillir avec faveur tout *équivalent loyal* qui lui sera *économiquement* offert.

Aucun procédé connu n'a échappé à nos investigations, si ce n'est toutefois le vinaigre de cerises, dont on fait une grande consommation dans les provinces russes d'Oula et du Caucase, mais qui, chez nous, n'aurait que l'importance d'une expérience de laboratoire, attendu l'extrême rareté du cerisier sauvage dans nos essences forestières.

Le vinaigre que l'on obtient en mélangeant soixante-douze parties d'eau et quatre parties d'alcool de grains rectifié, suivant la formule donnée par Hébert, de Berlin, en 1797, a été le but de nos premières expériences. Hâtons-nous de le dire : les résultats de l'opération sont tellement défectueux qu'il faut renoncer même à perfectionner l'œuvre du chimiste prussien. En effet, l'acide produit par son moyen est incurablement entaché d'un de ces deux défauts : ou sa dégustation n'affecte pas le palais à un degré suffisant, ou elle y dépose une âcreté désagréable et tenace, conséquence de l'huile essentielle qui, se maintenant en suspension dans le vinaigre sans s'y dissoudre, altère sa limpidité et détruit ses vertus hygiéniques.

Nous avons ensuite porté notre attention sur les vinaigres de poiré, de bière et de son de froment, d'après les indications fournies en 1799 par le célèbre Parmentier. Ces vinaigres, à la vérité, sont salubres et offrent de l'analogie avec celui du vin ; mais les moisissures les envahissent promptement, activent leur décomposition et ne leur laissent aucune chance de se conserver.

Le vinaigre que l'on obtient en étendant d'eau l'acide acétique, et qui trop souvent est livré au commerce comme vinaigre de table, a des défauts que Vauquelin signalait ainsi dès 1808 :

« L'acide acétique ne contient pas, comme le
« vinaigre ordinaire, du tartre ou de l'acide malique,
« de la matière résineuse et extractive ; aussi, n'est-
« il pas aussi doux, aussi moelleux, s'il nous est
« permis de nous exprimer ainsi ; il a quelque
« chose d'analogue aux acides minéraux et surtout
« au vinaigre radical qui nous paraît en faire la
« base. »

Les procédés employés avant 1807 par MM. Blanche
et Favier, dans leur usine de Passy, et à l'aide desquels ces fabricants avaient obtenu du vinaigre par
la fermentation de choux additionnés d'alcool, ne
nous sont point inconnus.

Le Mémoire sur la fermentation acéteuse, publié
en 1807 par M. Cadet, nous a suggéré d'autres travaux sans nous amener de meilleurs résultats.

Ayant voulu connaitre la valeur du procédé qui
consiste à faire dissoudre une partie de sucre de
glucose dans une quantité donnée d'eau et à en opérer la transformation en alcool à l'aide de ferments,
nous avons tout d'abord constaté, en raison de l'im-
pureté générale des sucres de glucose livrés au
commerce :

1° Que la présence presque constante de l'acide
sulfurique faisait obstacle à la fermentation alcoolique ;

2° Que la dextrine résultant d'une portion de
fécule incomplétement saccharifiée prédisposait le
mélange à une fermentation visqueuse ;

3° Que les sels de chaux donnaient un faux degré
à l'acide.

De si nombreux, de si graves inconvénients nous
commandaient l'exclusion de ce procédé ; nous

l'avons donc mis à l'écart et en sommes enfin arrivés à adopter, comme le plus rationnel et le plus propre à atteindre notre but, le système allemand décrit avec soin par l'ingénieur Lacambre.

C'est ce système que nous avons employé dans une fabrique à Neuilly-sur-Seine, après lui avoir fait subir toutefois, tant dans la construction des appareils que dans la manipulation des substances, de notables améliorations qui, légalement brevetées, constituent à notre profit un véritable monopole, une indiscutable propriété.

Les substances que nous affectons exclusivement à la production du vinaigre, sont les liquides alcooliques résultant de la fermentation des mélasses de canne employées à leur état le plus pur. Ces liquides, qu'on aurait tort de confondre avec ceux obtenus en faisant usage des mélasses de sucre de betteraves qui leur sont si inférieures en qualité, portent le nom de *vins de mélasse*.

Ces mélasses, qu'une étude approfondie nous permet de priver complètement des sels nuisibles qu'elles renferment, sont dissoutes dans l'eau chauffée à 40 ou 50 degrés centigrades, et versées dans la cuve à fermentation, sous une température ambiante de 25 à 30 degrés ; moyennant une addition de levure de bière, la fermentation se développe, dure 4 ou 5 jours en été, 7 ou 8 en hiver, après quoi le liquide obtenu fournit à l'essai par distillation 11 pour 100 d'alcool, 11 pour 100, c'est-à-dire un titre plus élevé que n'en donnent les vins employés à la fabrication des vinaigres, vins d'un degré si inférieur qu'on est obligé de rehausser leurs vinaigres avec l'acide acétique dont nous avons signalé les inconvénients. L'opération du filtrage, à l'aide d'un appareil particulier, vient après et dure deux heures, puis le liquide, en attendant qu'on le transporte à l'atelier d'acétification, reste dans une cuve en contact avec des copeaux de hêtre. A l'aide de *monte-jus* et de pompes à air, on le transvase successivement dans les cuves de dosage, d'alimentation, et dans une chaudière constamment chauffée à 40 degrés. De la partie supérieure de cette chaudière le liquide passe dans un caniveau qui le répartit entre dix cuves où s'opère l'acétification, grâce à des lits superposés de braises lavées, de râfles de raisin et de copeaux de hêtre préalablement acétifiés. Ces diverses opérations, répétées six ou huit fois en 12 heures, suffisent pour la transformation complète du vin de mélasse en vinaigre. Alors, après avoir essayé, soutiré, on le dépose dans des foudres, où il doit séjourner au moins un mois pour se dépouiller complétement. Ce temps écoulé, le vinaigre est dirigé dans d'autres foudres, où on le colle, et quinze jours après le collage, il est soutiré et mis en fûts pour être livré à la consommation.

Ces détails suffiront pour établir péremptoirement la loyauté de notre fabrication.

Maintenant, nous ajouterons que les vinaigres obtenus par notre procédé sont agréables au goût et ne déterminent pas, comme ceux que fournissent l'alcool et l'acide acétique, l'*agacement* des dents. Il est facile d'en concevoir la raison : le vinaigre de vin renferme, comme ce liquide lui-même, certaines substances qui l'adoucissent, ainsi le bitartrate de potasse, le sulfate de potasse et le tannin. Il en est de même du nôtre, qui contient les principes adoucissants qu'on rencontre dans les mélasses de bonne qualité, à savoir l'acétate de potasse, le chlorure de potassium, des phosphates et des matières organiques.

Aucune de ces substances n'existe, comme on le sait, dans les vinaigres de bois et d'alcool, dont on est forcé de corriger l'acidité par l'introduction d'éléments étrangers.

En outre, notre vinaigre remplit toutes les conditions que les moutardiers sont en droit d'exiger, et plusieurs fabricants qui en ont déjà fait usage, reconnaissent que le meilleur vinaigre de vin ne leur aurait pas donné de résultats plus satisfaisants.

Le vinaigre d'alcool, au contraire, excite et développe une fermentation nuisible à la conservation de la moutarde. Quant à l'acide acétique, il a des inconvénients non moins préjudiciables, puisque l'excès de son acidité, que rien ne peut corriger, enlève aux produits, dans la composition desquels il entre, leur arome naturel.

Les vinaigres fabriqués dans notre usine ont été dosés :

1° A l'aide de sous-carbonate de soude sec et pur ;

2° A l'aide de l'acétimètre Reveil.

Cette double expérience a constaté que notre degré d'acidité était égal à celui du vinaigre de vin de la meilleure qualité ; nous avons donc résolu un triple problème :

1° De pouvoir livrer au commerce dans d'excellentes conditions d'économie un vinaigre salubre, de bon goût et qui possède toutes les qualités du vinaigre de vin ;

2° D'employer des substances moins nécessaires à l'alimentation générale ;

3° D'ouvrir ainsi un nouveau débouché à des résidus dont la consommation était relativement restreinte.

§ 5.   VINAIGRE DE MIEL.

Le miel bien étendu d'une certaine quantité d'eau, et soumis à la fermentation, avec l'addition d'un peu de levure, donne une liqueur vineuse très-agréable, connue sous le nom d'hydromel. Cette boisson, exposée au contact de l'air, s'acidifie promptement. Pour préparer le vinaigre de miel, on prend :

Miel en consistance solide. . . . . . . 10 kilog.
Alcool. 3
Eau. 30
Ferment. . . . . 4 hectog.

La fermentation s'établit d'abord ; il se produit de l'hydromel qui subit aussitôt la fermentation acétique, laquelle a lieu même sans le secours d'un ferment étranger ; mais elle est beaucoup plus longue. Le vinaigre de miel, quelque temps après qu'il est fait, devient très fort, et conserve toujours le goût de cette substance.

On peut également faire du vinaigre avec toutes les substances sucrées. On en prépare de très bon avec les sirops de poires et de coings, le suc des mûres, celui des carottes, etc.

§ 6.   VINAIGRE DE MÉLASSE.

Il est bien reconnu que la mélasse ne saurait fermenter sans l'addition d'un ferment et d'une plus grande quantité d'eau. En conséquence, si l'on prend :

Mélasse	6 kilog.
Eau	18
Levure de bière	2 hectog.

et qu'on expose ce mélange à une température d'environ 25 degrés, la fermentation alcoolique ne tarde pas à s'établir. Si on l'arrête au bout de sept à huit jours et qu'on distille la liqueur vineuse, on obtient une eau-de-vie connue sous le nom de rhum. Si l'on abandonne au contraire cette liqueur à elle-même et avec le contact de l'air, elle ne tarde pas à se convertir en très bon vinaigre.

Il est bon de faire observer que si l'on met un peu trop de mélasse, la liqueur alcoolique est très longue à s'acidifier ; elle se comporte alors comme les vins liquoreux. On peut remédier à cet inconvénient en y ajoutant du ferment et un peu d'eau chaude.

Dans les vins faibles ou les liqueurs vineuses peu chargées de matières sucrées, on peut les rendre propres à produire de bons vinaigres en y ajoutant depuis 1 jusqu'à 2 k. 500 de mélasse p. 100.

§ 7. VINAIGRE DE BIÈRE.

On peut appliquer au vinaigre de bière ce que nous avons dit du vinaigre de vin, avec cette différence que la bière, par son exposition à l'air, se dépouille bien vite de son acide carbonique, et ne tarde pas à s'acidifier. Cependant, pour que cette acidification soit plus prompte, on y ajoute un peu de levure. Ce vinaigre est très faible et d'un goût peu agréable. On peut le rendre beaucoup plus fort en ajoutant à la liqueur qui s'acétifie, trois centièmes de mélasse, ou bien quatre d'alcool à 23. A Gand, on fait de bon vinaigre de bière avec 920 kilogrammes d'orge maltée, 342 de froment, 245 de blé sarrasin ; après les avoir réduits en farine, on les fait bouillir pendant trois heures dans 27 tonneaux d'eau de rivière, et l'on en obtient 18 de bonne bière pour vinaigre ; par une autre décoction, il se produit un liquide qui fermente plus facilement, et que l'on mêle au premier. Le brassin total produit environ 2800 litres.

Vinaigre de malt d'Angleterre, ou drêche.

On donne le nom de malt à l'orge saccharifiée par la germination. Voici la manière de le préparer : On la laisse infuser dans de l'eau pendant deux ou trois jours, et lorsqu'elle est gonflée et ramollie, on fait écouler l'eau et on dépose cette orge sur un plancher de manière à former une couche d'environ 65 centimètres d'épaisseur. L'orge s'échauffe bientôt et la germination s'opère; on l'arrête en rendant cette couche beaucoup moins épaisse, et retournant cette céréale pendant deux jours. On met l'orge en tas, et lorsqu'elle s'est un peu échauffée, ce qui a lieu dans environ trente heures, on l'expose dans une étuve à une chaleur graduelle que l'on porte jusqu'à 80 degrés. C'est en cet état qu'elle est connue sous le nom de *malt*, et les petits germes qui se détachent, sous celui de *touraillons* (1). Lorsqu'on veut obtenir le moût ou sirop de *malt*, on le broie

---

(1) Les qualités de malt varient suivant qu'il a été plus ou moins trempé, égoutté, germé, séché et chauffé à l'étuve. Voy. *Dict. de Chim.* du docteur Ure.

au moulin, on le met dans une cuve munie d'un double fond, on verse dessus de l'eau chaude à environ 60° C. (1), et on remue ce mélange. Après quelque temps d'infusion, on décante cette eau, qui est connue en Angleterre sous la dénomination de moût doux ou sucré (*sweet wort*). Par de nouvelles infusions, on obtient des moûts plus faibles qu'on mêle ordinairement avec le premier. On fait bouillir alors le moût avec du houblon, jusqu'à consistance convenable, si l'on veut faire de la bière; ou bien, on l'évapore seul jusqu'à consistance sirupeuse plus ou moins forte. Avec ce sirop on peut préparer un excellent vinaigre. Voici la méthode que l'on suit en Angleterre; nous allons rapporter celle que donne Andrew Ure.

Moût de malt (2). . . . . 400 litres.

Quand sa température est réduite à 24° C., on y ajoute :

Levure de bière. . . . . 16 litres.

Un jour et demi après, on introduit cette liqueur dans des tonneaux dont on couvre légèrement les bondes, et que l'on expose, pendant l'été, à l'action des rayons solaires, et, pendant l'hiver, à celle d'un poêle. Au bout de trois mois, on obtient un bon vinaigre pour la fabrication de l'acétate de plomb. Il est bien évident que cette opération serait beau-

(1) Il est bon de faire observer qu'on ne doit point employer de l'eau bouillante, parce qu'on réduirait le malt en pâte, et qu'alors l'eau ne s'écoulerait point.

(2) Ce moût est extrait dans moins de deux heures dans une cuve-matière avec de l'eau chaude de un *boll* de malt.

coup moins longue en suivant les divers moyens que nous avons exposés pour celui qu'on prépare avec le vin. Le vinaigre domestique que les Anglais font avec le malt, est produit par un procédé à peu de chose près analogue à celui de Boerhaave.

Vinaigre d'ale, d'après M. MACKENSIE.

L'ale est une espèce de bière d'une consistance sirupeuse et d'un goût plus sucré, parce qu'elle n'a pas subi une fermentation assez longue pour avoir alcoolisé tout le sucre; elle contient aussi une plus grande proportion de mucilage.

Malt..	35 lit.23
Houblon..	1 kilog.
Sucre.	1.800

L'ale, après avoir éprouvé une nouvelle fermentation, et par l'addition d'environ 5 litres de levure de bière par 100 litres de liqueur, donne un très bon vinaigre.

On peut aussi, avec le *porter*, la *petite bière*, le *two-penny*, etc., faire des vinaigres plus ou moins forts.

§ 8.   VINAIGRE DE CIDRE.

Personne n'ignore que le cidre est un vin mousseux que l'on prépare en faisant fermenter le suc des pommes écrasées sous une forte meule. Ce suc de pomme est plus ou moins riche en matière sucrée, suivant la qualité et la maturité des pommes, ainsi que suivant les contrées, les saisons, les sites et les terroirs. Le cidre obtenu varie en principes alcooliques suivant ces circonstances. En France, M. Dubuc aîné s'est occupé de cette fabrication : il a divisé les pommes qu'on y destine en trois classes.

1° Pommes précoces dites de première fleur.

M. Dubuc range dans cette classe les pommes tendres ou hâtives, connues dans la haute Normandie sous les noms de *pomme d'orange* (1), de *doux-lévesque*, de *beurré*, de *girard*, de *blanc-mollet*, de *gros-bois*, etc. On les récolte généralement vers la mi-septembre. Le suc qu'elles donnent ne marque que de 4 à 5 degrés ; il est très acidule, fermente très bien, se clarifie, se conserve peu de temps, et ne donne qu'un quinzième de son volume d'eau-de-vie.

2° Pommes intermédiaires, dites de seconde fleur.

Ces pommes ne se cueillent que vers le milieu d'octobre ; elles sont désignées sous les noms de *rouge-brière*, *fresquin-blanc*, *douce-morelle*, *gros-bois*, *doux-rellé*, *saint-philbert*, *blangy*, etc. On ne les brasse qu'un mois après la cueillette. Le moût est moins acidule que celui des précédentes, et marque environ 7 degrés. Le cidre qu'il donne est très agréable au goût, se conserve jusqu'à trois ans et donne près d'un dixième en volume d'eau-de-vie.

3° Pommes tardives, dites de troisième fleur.

Ces pommes sont les plus estimées pour cette opération ; on les désigne collectivement sous les noms

(1) Sa couleur est d'un beau jaune rougeâtre.

de pommes dures ou tardives. Cette classe comprend les pommes de *peau-de-vache*, la *rouge-dure*, la *bé-dane*, la *marie-enfric* ou le *roquet*, la *long-bois*, la *bouteille*, la *germanie*, etc. On ne les cueille que vers la fin de novembre, après qu'elles ont éprouvé les premières gelées blanches. On les entasse sous des hangars où elles s'échauffent, suent et mûrissent, ce que l'on reconnaît à la couleur jaunâtre qu'elles contractent. Le moût qu'elles donnent marque alors de 9 à 12 degrés (1). Les cidres qui en proviennent sont, en général, supérieurs en qualité, mais moins agréables au goût que celui des pommes intermé-diaires. Lorsqu'il est sans mélange d'eau, il se conserve jusqu'à six ans, et donne de un dixième à un huitième de son volume d'eau-de-vie à 20 degrés.

Lorsqu'on veut préparer le cidre, on écrase bien les pommes sous la meule, et on les soumet ensuite à la presse ; on prend le marc, on y ajoute de l'eau environ le tiers du poids des pommes ; on le repasse à la meule et ensuite au pressoir (2) ; on mêle les deux liqueurs, et la fermentation s'établit plus promptement et à une température inférieure à celle du moût de raisin. Cette fermentation est d'autant plus rapide que la quantité de principe sucré est moindre, et celle du ferment plus forte ; car, ainsi que les vins liquoreux provenant des moûts de rai-sin trop chargés de principe sucré, il arrive que

(1) A l'exception des vins de Roussillon et d'une partie du départe-ment de l'Aude, le moût des autres vins ne marque guère au-delà de 12 degrés.

(2) On ajonte du tiers au quart d'eau pour ce qu'on appelle *petit cidre* ou *cidre de ménage* ; mais pour celui du commerce, on n'y en met qu'une petite quantité.

lorsque les pommes sont trop mûres ou qu'elles sont de première qualité, et que le site et les saisons lui sont favorables, le cidre qu'elles donnent est très riche en principe sucré, et se conserve très longtemps en cet état avant que tout ce sucre soit alcoolisé. C'est ce cidre qu'on appelle cidre de garde (1).

Nous ne décrirons point ici la théorie de la fermentation du suc des pommes ; elle se rattache intimement à celle du moût de raisin. Il est à regretter que ce suc, ainsi que le cidre, n'aient point encore été soumis à l'analyse chimique. Tout ce que l'on sait en ce moment, c'est que le suc, outre l'eau, le ferment et le sucre, contient en assez grande quantité de l'acide malique et du mucilage ; on y trouve aussi des traces d'azote.

D'après ce que nous venons d'exposer sur les pommes, la densité de leur suc et le degré comparatif d'alcoolisation des cidres, il est bien évident qu'on doit en obtenir des vinaigres plus ou moins forts, suivant qu'on aura employé ceux de la première, seconde ou troisième fleur. Les premiers se convertissent promptement en vinaigre et sans addition de ferment ; les seconds sont moins disposés à cette conversion ; cependant ils la subissent, en moins de douze jours, par l'addition du ferment. Il n'en est pas de même de ceux de troisième fleur, surtout s'ils n'ont point été préparés avec addition d'eau.

(1) En principe général, pour obtenir de bonnes boissons des fruits à pépins, il est de rigueur de les employer bien assortis, et surtout ni trop verts ni trop mûrs; car il est prouvé qu'on fait rarement d'excellent cidre avec une seule espèce de pommes. *Voyez* Dubuc, *Mémoire sur les Cidres et le Poiré*, inséré dans les Mémoires de l'Académie des Sciences de Rouen.

Ces cidres sont très doux et très longs à subir la fermentation vineuse, et par conséquent acétique ; comme aux vins doux, on doit y ajouter de l'eau chaude, et une suffisante quantité de ferment. Quant aux procédés pour la conversion du cidre en vinaigre, ils sont les mêmes que ceux employés pour le vin.

Nous avons parlé du marc des pommes que l'on écrase et pressure deux fois ; après ce temps, on le fait servir d'engrais. Nous croyons qu'il conviendrait mieux aux intérêts des propriétaires de reprendre ce marc, de le soumettre de nouveau à l'action de la meule, d'y ajouter suffisante quantité d'eau à 50 degrés, et de le soumettre à la presse. Cette liqueur pourrait être ajoutée à de nouveau marc ainsi préparé ; et lorsqu'elle marquerait de 10 à 12 à l'aréomètre, on pourrait en préparer un très bon vinaigre, en y ajoutant le quart de son poids de ce marc aigri. Il suffirait aussi de recueillir tout le marc qui n'a été soumis que deux fois à la presse, et de le délayer dans une cuve avec un peu d'eau chaude, pour obtenir en peu de temps un très bon vinaigre. Le marc pressuré pour la troisième fois n'en est pas moins susceptible de servir d'engrais.

§ 9. VINAIGRE DE POIRÉ.

Tout ce que nous venons de dire du vinaigre de cidre est applicable à celui de poiré. La fabrication de ces deux boissons est la même ; et les poires qui produisent le poiré sont divisées et cueillies à diverses époques comme les pommes. Leur moût a une densité à peu près égale, mais il donne une liqueur moins colorée que le cidre et plus prompte à se clarifier. Ce moût et cette liqueur vineuse n'ont point encore été examinés chimiquement.

§ 10. VINAIGRE DE BETTERAVES.

Fabrication du vinaigre de moût de betteraves.

Le travail de la fabrication du vinaigre avec la betterave s'exécute en deux temps : 1° traitement de la racine pour en obtenir un moût ou liqueur vineuse ; 2° conversion de ce moût en vinaigre.

Il y a deux modes pour préparer du vin avec la betterave. Cette opération peut s'exécuter avec ou sans défécation, mais le procédé le plus avantageux est celui où l'on a recours à la défécation qui s'exécute ainsi qu'il suit.

On commence par laver la betterave avec soin, on la râpe et on la soumet rapidement à la presse. La défécation peut alors s'effectuer d'une manière continue. Le jus qui s'échappe de la pulpe de betterave soumise à la presse est reçu dans une chaudière que l'on maintient à une température de 85° à 90° C., et qui est pourvue d'un robinet par lequel on fait écouler le jus après qu'il a été soumis à un traitement convenable. La défécation s'opère généralement au moyen de la chaux, qui est un agent indispensable pour qu'elle soit parfaite, mais comme il suffit au but que l'on se propose d'une défécation partielle, on fait usage du tannin qui élimine les matières nitrogénées et laisse les matières salines. On ajoute donc une solution de tannin à la température de 8° C. dans le rapport de 30 centilitres pour 100 litres de jus, et qu'on verse dans celui-ci au moment où il coule de la presse, de manière que le tout arrive en

même temps dans la chaudière. Après cette addition
du tannin et pendant que le jus est en ébullition, il
convient d'ajouter 10 à 11 grammes d'acide sulfurique à 66° Baumé, étendu de 200 grammes d'eau, le
tout pour 100 litres de jus. L'acide sulfurique s'empare des bases salines contenues dans le jus, et
forme des sels favorables à la fermentation et à la
conservation de la liqueur vineuse. Pour plus de sé-
curité, après que ce jus a été écumé, on peut y ajouter une petite quantité de carbonate de chaux et
d'eau, mais cette addition n'est pas indispensable.
Ce procédé de purification du jus de betterave enlève
entièrement le mauvais goût, mais le résultat est
rendu plus certain après un quart-d'heure d'ébullition dans un serpentin chauffé à la vapeur.

L'opération suivante, ou la filtration, s'exécute
comme dans les fabriques de sucre, ou par des procédés analogues, puis le jus est forcé de traverser
une chaudière ou un serpentin évaporatoire pour l'a-
mener au degré voulu de densité, et afin que la liqueur soit plus vineuse, on arrête lorsqu'elle est parvenue à 10° ou 11° Baumé. On opère une seconde
filtration avec les mêmes filtres, et alors le liquide
est passé à travers un réfrigérant qui ressemble à
ceux dont on fait usage dans les brasseries. Lorsque
ce liquide est descendu à la température de 20° à
21° C., on y ajoute 6 gr. 50 d'acide tartrique. On le
met en fermentation dans une cuve contenant environ 60 hectolitres, et enfin on y verse à peu près
6 kilogr. de levure soigneusement démêlée dans un
peu d'eau chaude.

Le second procédé s'exécute aussi sans défécation.
Le lavage, le râpage, l'expression s'effectuent avec

le même soin que dans le premier procédé, et le jus
obtenu est mis en fermentation avec une petite quantité de levure. La fermentation une fois développée,
on ajoute de nouvelles quantités de jus, mais pas
assez pour troubler le mouvement qui s'opère. Lorsque la cuve est suffisamment remplie, on transporte
la moitié de ce moût à l'aide d'un siphon dans une
seconde cuve, puis quand cette seconde cuve est
pleine, on en fait passer la moitié dans une troisième
cuve, enfin on répète encore cette opération sur cette
troisième cuve, et lorsque le moût arrive dans la
quatrième, il est en fermentation complète. Quand
cette fermentation cesse et qu'il ne reste plus qu'une
petite quantité de sucre à convertir en alcool, on décante la liqueur vineuse et on laisse les matières en
suspension se déposer aussi longuement que possible, jusqu'au moment où l'on peut sans danger soumettre à la fermentation acétique, et c'est alors que
l'on jette dans ce vin 5 grammes de chlorure de sodium par 100 litres de liquide.

Les deux procédés ci-dessus donnent séparément
de bons résultats, mais leur combinaison fournit des
produits supérieurs, sous le rapport de la saveur, à
ceux que l'on obtient par la défécation, et très préférables sous le rapport de la sûreté de l'opération à
ceux qu'on recueille par la fermentation alcoolique
du jus avec tous ses ferments.

Passons maintenant à l'acétification du liquide vineux ou moût. Pour faire du vinaigre de betterave
sans défécation, la température ne doit pas dépasser
24° à 25° C. Sous l'influence d'une haute température, le moût de betterave, pendant qu'il est encore
plutôt moût que vinaigre, s'échauffe, se détériore,

s'il ne se transforme pas incontinent en vinaigre. A
mesure que l'acétification fait des progrès, la saveur
de betterave disparait. Le moût préparé ainsi qu'il a
été dit, contient le sucre et les sels de la racine, et
est exempt de cette mauvaise saveur. Le local le
plus favorable pour la fermentation acétique, est un
cellier entouré de murs épais, où l'on maintient la
température entre 25° et 30°. L'air ne doit y être renouvelé qu'avec lenteur, au moyen d'ouvertures que
l'on peut clore à volonté. En multipliant les points
de contact entre l'air et le vin, on peut obtenir du
vinaigre en trois jours.

L'appareil au moyen duquel on obtient ce résultat, consiste en une tonne cylindrique de 2 mètres
de hauteur et 1 mètre de diamètre, placée debout
sur l'un de ses fonds. Cette tonne est pourvue, à environ 15 centimètres de son bord, d'un faux-fond
percé à de faibles intervalles de plusieurs petits trous
coniques, et soutenu par un cercle fixé à l'intérieur
de la tonne par des chevilles. Dans chacun des trous
de ce faux-fond est placé un bout de corde de 15 centimètres de longueur qui le clôt à demi, et est maintenue suspendue par un nœud. Le moût introduit
dans la tonne entre le faux-fond et le couvercle, coule
goutte à goutte le long de ces cordes, et se précipite
dans l'intérieur de la tonne qui est remplie de copeaux de hêtre, mouillés préalablement avec du vinaigre concentré et sur lesquels le liquide tombe et
s'étale de lui-même, en présentant ainsi à l'action de
l'air une très grande surface qui détermine promptement l'acétification du vin.

Dans quelques localités, on remplace les copeaux
de hêtre par du froment que l'on a fait macérer dans

du vinaigre pendant quarante-huit heures, et qu'on place en couches de 15 à 16 centimètres d'épaisseur sur cinq à six diaphragmes horizontaux percés de trous.

L'air pénètre dans une direction inverse du liquide, il entre dans la tonne par dix à douze ouvertures percées horizontalement à 4 ou 5 centimètres du fond, de là il passe à travers les copeaux et sort de la tonne par une ouverture ménagée dans le couvercle, et qui sert aussi à amener le liquide alcoolique à l'état complet d'acétification.

Le moût doit, en général, passer trois fois dans ces tonnes, et, par conséquent, on fera bien d'employer pour chaque série d'opérations, trois tonnes disposées en gradins, le moût entrant dans la plus élevée, puis passant successivement dans les deux au-dessous.

Ce procédé est très expéditif, mais la grande quantité d'air qui traverse le liquide détermine toujours une perte considérable d'alcool et d'acide acétique. On peut diminuer notablement cette perte en appliquant sur le couvercle de chaque tonne un tuyau en grès qui charrie l'air et les vapeurs entraînées dans un serpentin aussi en grès, plongé dans de l'eau froide, et que l'on maintient telle. On condense ainsi les vapeurs alcooliques et acides que l'on ajoute au moût suivant que l'on veut convertir en vinaigre. Le serpentin ou l'appareil réfrigérant doit être placé dans une chambre non chauffée et séparée du cellier où s'opère la fermentation acétique par un mur ou une cloison.

Le vinaigre que l'on obtient ainsi est versé dans de vastes cuves contenant une suffisante quantité de copeaux de hêtre, préalablement imbibés de vinaigre, et quand ces cuves sont remplies, on les ferme

Vinaigrier.   8

hermétiquement. Enfin, après un séjour de vingt à vingt-deux jours sur les copeaux, ce vinaigre est versé dans de petits tonneaux pour être livré au commerce.

La fabrication du vinaigre de betteraves est pratiquée depuis longtemps, et a été même récemment recommandée en France. En 1841, MM. Deale et Duyk, de Londres, ont pris une patente pour cet objet. Leur méthode, suivant M. Muspratt, se distingue du mode de préparation du moût alcoolique et de la méthode ordinaire, en ce que dans le mélange déjà fermenté de vinaigre qu'ils peuvent chauffer à une température quelconque, ils font passer, à l'aide d'un soufflet, un courant continu d'air atmosphérique qui accélère singulièrement la formation de l'acide acétique. Voici quelques détails sur ce procédé.

Les betteraves, après qu'on en a rogné les extrémités, sont nettoyées et lavées avec soin, puis râpées pour en faire une bouillie dont on charge des sacs en forte toile. Ces sacs sont soumis à l'action d'une presse hydraulique, jusqu'à ce que tout le jus sucré soit exprimé de la pulpe. Le poids spécifique de ce jus varie entre 1,035 et 1,045; on y ajoute suffisamment d'eau pour le ramener à 1,025, et on le fait bouillir peu de temps. Pour déterminer cette fermentation alcoolique, on ajoute par 100 litres de liqueur un demi-litre de levure. Dès que la fermentation est terminée, on pompe la liqueur dans la cuve à acétification où elle se transforme en vinaigre.

Cette cuve, dans ce cas, est un vase en bois d'une contenance de 1,000 à 1,200 hectolitres, dans la partie inférieure de laquelle est un petit cône renversé percé de trous, qui est mis en rapport avec un appareil de soufflerie. Afin de pouvoir chauffer la liqueur, un tuyau de vapeur ouvert à l'une de ses extrémités, pénètre dans le fond de cette cuve. L'intérieur de ce vase est partagé en plusieurs parties par les diaphragmes percés de trous ; dans le couvercle est une soupape qui, par la plus légère pression, ouvre de dedans en dehors ; enfin, un thermomètre qui plonge dans la liqueur et qu'on peut observer du dehors, sert à régler la température.

Pour transformer le moût en vinaigre avec cet appareil, on y introduit d'abord 80 à 90 hectolitres de vinaigre tout préparé qui opère comme ferment, on y ajoute autant de jus fermenté et un peu de levure, puis on met l'appareil de soufflerie en mouvement. L'air se trouvant ainsi mis, par les trous percés dans le faux-fond, en contact avec la liqueur, abandonne une partie de son oxygène à l'alcool pour le transformer en vinaigre, le surplus s'échappe par la soupape du couvercle de la cuve. Lorsque la température s'abaisse au-dessous de 21°, on fait arriver un courant de vapeur qui entretient la chaleur entre 21° et 27° C. Par ce moyen, l'alcool est oxydé en peu de jours ; alors, à ce vinaigre ainsi préparé, on ajoute 160 hectolitres de jus fermenté, et on répète cette opération jusqu'à ce que le tout soit complètement converti en liqueur acide. Arrivé à ce point, on ajoute de nouveau jus fermenté qu'on transforme de même en vinaigre, jusqu'à ce que la cuve renferme 1,000 hectolitres de liquide ; alors on extrait 300 hectolitres de vinaigre et on recharge de nouveau. La fabrication du vinaigre marche ainsi d'une manière continue, mais on accélère beaucoup l'opération lorsqu'on a constamment 600 hectolitres de vinaigre fait dans la cuve. On clarifie le produit soit par le repos, soit par la filtration.

Fabrication des vinaigres de betteraves,
par M. LEPLAY.

M. Leplay a imaginé un mode particulier de fermentation et de distillation alcoolique de la betterave en morceaux ou lanières, sans production préalable de jus.

Il découpe la betterave en tranches minces; ces tranches sont placées dans des sacs en toile que l'on plonge dans une cuve où se trouve du jus déjà fermenté, auquel on ajoute 2 kil. d'acide sulfurique par 100 kil. de betteraves afin d'activer la fermentation. Par ce moyen le sucre se trouve, pour ainsi dire, transformé en alcool dans la cellule même qui le recèle dans la racine, c'est-à-dire dans un état de division extrême.

Lorsqu'on abandonne à l'air libre et en tas les lanières des betteraves ainsi fermentées, on remarque qu'en très peu de temps il se développe au sein de la masse une chaleur très vive; il se dégage une forte odeur de vinaigre; l'alcool diminue successivement dans les morceaux et se trouve remplacé par de l'acide acétique, d'autant plus vite que le renouvellement de l'air dans la masse est plus rapide.

M. Leplay a mis ce fait à profit pour préparer très économiquement du vinaigre de betteraves, pour remplacer soit le vinaigre de vin dans l'alimentation et dans les arts, soit même le vinaigre de bois.

Sa méthode varie selon le degré de pureté et d'acidité des produits que l'on désire obtenir, et selon les usages auxquels on les destine.

Transformation de l'alcool en acide acétique dans les morceaux de betteraves fermentés. — La fermentation des morceaux de betterave s'opère, comme nous l'avons décrit ci-dessus, en plongeant des morceaux de betteraves coupés en lanières, dans du jus de betteraves ayant subi déjà la fermentation.

Quand la fermentation alcoolique est terminée, on soutire le liquide fermenté par un robinet placé à la partie inférieure de la cuve, jusqu'à ce qu'elle ne contienne plus de liquide fermenté.

La cuve se trouve encore remplie de morceaux, mais tous les interstices entre les morceaux, qui primitivement étaient remplis par du jus fermenté, se trouvent remplis par de l'air.

En cet état, l'absorption de l'oxygène de l'air qui produit l'acétification de l'alcool, a lieu avec beaucoup de rapidité.

Pour rendre l'accès de l'air plus facile et l'opération plus prompte, on ouvre des tampons disposés à la partie inférieure par une cheminée en tôle, et mieux en bois, fixée sur un couvercle en bois qui ferme hermétiquement la cuve.

Un registre placé dans la cheminée sert à régler le tirage à volonté, selon les exigences de l'opération; au bout d'un temps qui varie avec le volume de la masse, la température qui s'y développe et la circulation de l'air, l'alcool se trouve transformé en acide acétique dans la cellule même de la betterave.

Extraction de l'acide acétique des morceaux de betteraves fermentés. — Les morceaux de betterave ayant subi la fermentation acétique, comme nous venons de le dire, peuvent servir à la préparation du vinaigre par deux méthodes différentes.

Voici la première méthode.

Les morceaux de betterave, extraits des cuves après la fermentation acétique, placés dans un appareil de distillation dont M. Leplay a donné la description pour l'extraction de l'alcool, et soumis à un courant de vapeur d'eau, comme pour l'extraction de l'alcool, donnent, comme produit de la distillation, un vinaigre distillé, d'une odeur et d'une saveur fort agréables, d'une grande pureté, qui permet son usage non-seulement dans la consommation alimentaire, mais aussi dans l'industrie.

On obtient un produit d'autant plus fort en degré acide et d'autant plus concentré, que l'introduction de la vapeur a été ménagée, la couche de morceaux plus élevée et la distillation plus lente.

Cet appareil de distillation des morceaux peut être appliqué à l'extraction de ce produit sans aucune modification.

Le réfrigérant seul doit être étamé intérieurement, ou mieux encore construit en étain, afin d'éviter la présence du cuivre dans le produit de la distillation.

Voici une deuxième méthode.

Extraction du vinaigre des morceaux de betteraves par macération. — Lorsque l'acétification est complète dans les morceaux, on ferme les orifices d'aérage de la partie inférieure de la cuve; on fait tomber à la partie supérieure de la cuve de l'eau en pluie, en lui faisant traverser un crible qui la divise en gouttelettes.

Cette eau pénètre peu à peu dans chaque cellule, en déplaçant l'acide qui s'écoule dans la partie inférieure de la cuve, dans un état plus ou moins grand de concentration.

Quand le liquide qui s'écoule à la partie inférieure de la cuve n'est plus suffisamment concentré pour les besoins du commerce, on ferme le robinet et on remplit la cuve d'eau jusqu'à ce que tous les morceaux soient baignés; on laisse, et l'on soutire le liquide acide que l'on fait retomber en pluie sur de nouveaux morceaux acidifiés, et ainsi de suite, sur de nouveaux morceaux dans de nouvelles cuves.

Enfin on continue l'action de l'eau sur les morceaux jusqu'à ce que ces derniers soient complétement épuisés d'acide.

On peut encore procéder au lessivage méthodique des morceaux par la méthode ordinaire de macération employée dans divers établissements pour l'extraction du jus de betterave, c'est-à-dire par la méthode de déplacement, au moyen de l'eau, dans une série de cuviers en communication entre eux, comme dans le système Beaujeu.

Transformation du jus de betteraves fermenté en vinaigre. — On opère aussi la transformation du jus de betteraves fermenté en vinaigre avec la plus grande facilité par la méthode suivante :

Lorsque l'acétification est complète dans les morceaux placés dans la cuve, comme nous l'avons indiqué ci-dessus, on fait tomber sur un diaphragme percé de trous, placé à la partie supérieure de la cuve, du jus de betteraves fermenté, qui pénètre autour et dans chaque cellule des morceaux de betteraves acidifiés, et y rencontre toutes les conditions favorables à une prompte et énergique acétification.

Il est nécessaire, pour que cette opération s'exécute d'une manière régulière, que le jus fermenté pénètre dans la cuve dans un état de division, et en quantité telle, que la circulation de l'air n'en puisse être interrompue, c'est-à-dire que le liquide ne doit jamais pénétrer en telle abondance, que la libre circulation de l'air en puisse être interrompue, et que les morceaux de betteraves puissent s'y trouver entièrement plongés.

L'écoulement du jus de betteraves fermenté doit être réglé de telle sorte que le liquide qui tombe au fond de la cuve soit entièrement transformé en vinaigre.

Quand on veut augmenter la force d'acidité du vinaigre ainsi préparé, il suffit d'ajouter au vin de betteraves, dont on se propose d'opérer l'acétification, de 1 à 4 ou 5 pour 100 d'alcool qui subit aussi la transformation acide, et vient ainsi augmenter la force du vinaigre obtenu avec le jus qui, ordinairement, est un peu faible pour les usages du commerce.

Les morceaux de betteraves acidifiés, comme nous l'avons dit ci-dessus, sont un ferment acide très énergique, qui a la propriété de transformer également en vinaigre l'alcool étendu d'eau, et d'une manière bien plus sûre et plus rapide que par la méthode employée jusqu'à ce jour.

Les vinaigres préparés par ces diverses méthodes, ramenés au degré d'acidité des vinaigres du commerce, peuvent être substitués dans l'usage avec avantage, à ceux de vin et de bois. On constate le degré d'acidité du vinaigre, à l'aide d'une liqueur titrée de soude caustique et de papier de tournesol, qui permet de suivre, avec la plus grande facilité, les progrès de la fermentation acide.

Les morceaux de betteraves ayant subi la fermentation acétique peuvent servir à la préparation des acétates de plomb, de cuivre et autres métaux, comme cela se pratique avec les marcs de raisin ; seulement l'opération est plus rapide et les produits plus purs.

Toutes les matières sucrées et charnues peuvent subir la fermentation acétique, telle que nous l'avons décrite, et servir à la fabrication du vinaigre plus ou moins pur ; tels sont les betteraves sèches, carottes, navets, panais, topinambours, canne, maïs, sorgho, etc.

Les méthodes d'acétification qu'on vient de décrire présentent sur les méthodes ordinaires les avantages suivants :

1° D'obtenir une transformation plus complète, plus rapide et avec moins de perte de l'alcool en acide acétique ;

2° D'éviter, pendant la fermentation acide, la fermentation putride qui nuit à la qualité des produits ;

3° D'obtenir des produits d'une pureté et d'une force variables, selon les besoins de l'alimentation et de l'industrie ;

4° Enfin d'éviter les manipulations et les opérations successives ayant lieu dans le même appareil.

Fabrication des vinaigres avec le jus de la betterave et des résidus, par MM. RUEZ-DELSAUX *et* VAN-WORMHOUDE.

1° La betterave est râpée, pressée ou macérée en lanières ou autrement, suivant l'usage connu ; le jus est recueilli dans des cuves à fermenter. Là, on pousse rapidement à la fermentation alcoolique, et, cette opération bien conduite étant terminée, on fait couler le vin obtenu dans l'acétificateur dont il sera question plus loin.

2º On prend la pulpe naturelle et autant que possible fraîchement sor..ie de la presse hydraulique ; on la fait macérer, soit à chaud, soit à froid, ou bien on déplace le jus par un lavage méthodique ou autrement ; on ramène ce jus à 3 ou 4 degrés au densimètre ; on le reçoit dans les cuves à fermenter, et on le transforme enfin en liqueur alcoolique, qui doit passer ensuite à l'acétificateur.

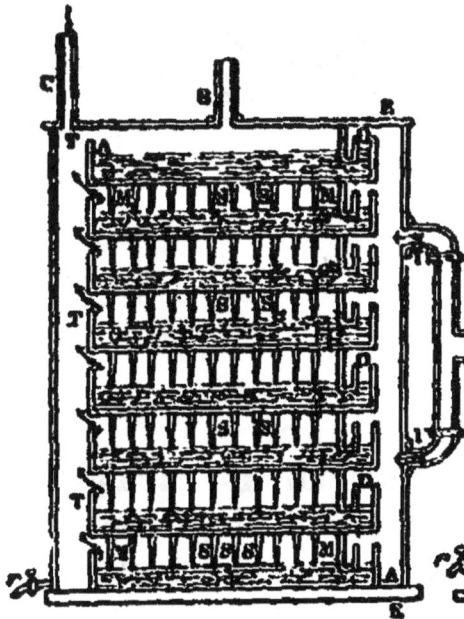 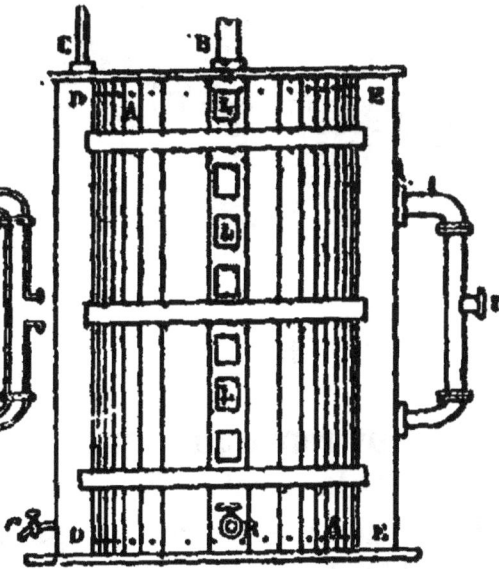

Fig. 1.   **Fig. 2.**

3º La pulpe fraîche est recueillie, étendue au séchoir à chaud ou à froid ; on en extrait le plus d'eau possible par une bonne dessiccation. On la conserve ainsi en tas bien serré dans des magasins secs et parfaitement clos ; enfin, lorsqu'on veut s'en servir, on la mouille avec huit ou dix fois son poids d'eau, on la jette directement dans la cuve à fermenter, on en extrait le jus fermenté, soit par déplacement, soit

par pression, et on le travaille enfin à l'acétificateur.
Dans ce cas, comme au précédent, on peut retirer
d'abord le jus sucré et puis le faire fermenter.

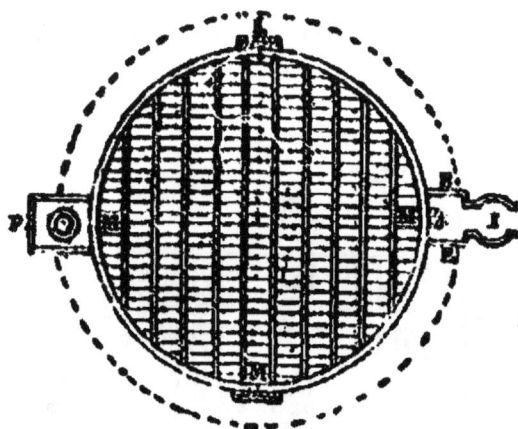 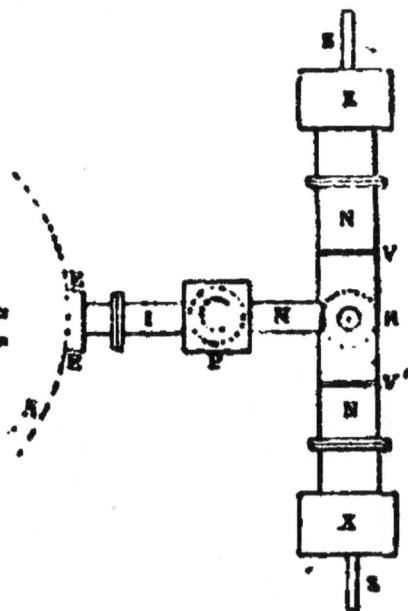

Fig. 3.   Fig. 4.

Il faut remarquer que pour obtenir un vinaigre
convenable, c'est-à-dire qui marque de vingt-deux à
vingt-quatre divisions au pèse-vinaigre, il est indispensable de faire une bonne fermentation alcoolique;
le vin doit avoir de 8 à 10 pour 100 d'alcool. Quand
le jus n'est pas assez riche en sucre, et que par conséquent le vin est trop faible, on concentre ce jus
avant la fermentation, ou bien on se procure à
l'avance des flegmes de distillerie, soit qu'on les
fasse, soit qu'on les achète, et l'on mélange les jus
pauvres en alcool avec une partie de ces flegmes
pour leur donner le degré alcoolique voulu, soit de
9 à 10 degrés centésimaux, et l'on soumet les vins
ainsi faits au travail de l'acétificateur.

L'acétificateur peut être continu, comme fig. 1, 2, 3 et 4, ou intermittent; dans ce dernier cas, il en faut au moins deux pour obtenir un travail régulier et continu.

Nous nous appliquerons principalement à décrire l'acétificateur à colonne, fig. 1, 2, 3 et 4, les développements convenant, pour la plupart, à l'un et à l'autre.

Fig. 1, coupe.

Fig. 2, élévation.

A, A, colonne-acétificateur; B, tuyau d'introduction des flegmes; C, tuyau de sortie des parties volatiles qui se dégagent durant l'opération. Ce tuyau communique avec un réfrigérant en grès, où tout se condense. D, boîte tubulaire pour le dégagement; E, boîte pour l'insufflation du gaz oxygène ou de l'air, par un tuyau I, I, lequel aboutit à une pompe ou machine soufflante quelconque, P, fig. 4. Cette soufflerie aspire à travers un barillet X ou X', dans lequel se trouve de la baryte qu'on a chauffée au rouge, et qui se refroidit sous l'effet du courant d'aspiration. On aspire alternativement en X et X' jusqu'à refroidissement complet de la baryte; par exemple, on échauffe fortement le barillet en fonte X, et l'on aspire par X', et quand X' est froid, on ferme la glissière V', on ouvre V, et l'aspiration a lieu en X, et ainsi de suite.

O, O, boîtes à niveau pour l'insufflation entre les diaphragmes; L, L, carreaux en verre, montés sur châssis à charnière, lutés pendant l'opération; M, M, diaphragmes sur lesquels on a étendu des copeaux ou bûches de hêtre, saturés d'acide acétique avant de les y déposer; N, N, tuyau à double équerre reliant la soufflerie aux barillets à baryte; R, robinet de vidange; r, robinet de précaution pour vider la boîte D, au cas de déversement de liquide par la colonne; S, S, S, bandes de toile, le long desquelles suinte la liqueur en travail; ces bandes sont repliées et retenues entre les joints des diaphragmes, comme le fait voir la fig. 3.

Tout ce qui est en contact ou qui peut être en contact avec l'acide est fait en chêne.

Cet acétificateur se compose donc d'un cylindre vertical A, A', partagé en huit, dix, douze compartiments, par des planchers ou diaphragmes M, M, à claire-voie; les joints laissés entre les planchers ont 2 à 3 millimètres, et, dans ces joints, on fixe par un double rebord une toile serrée en forme de sac, qui vient pendre en S, S, S, au-dessous de chaque plancher, jusqu'aux deux tiers environ de la hauteur des compartiments.

Sur chaque diaphragme, on étend des copeaux ou bûches de hêtre saturés d'acide acétique. Le cylindre ainsi monté se compose de plusieurs étages des planchers M, M, avec leurs joints de sacs dans toute leur étendue, ainsi qu'on le voit à la fig. 1 et à la fig. 3 en S, S, S.

Dans le tuyau-boîte E, on remarque les boîtes intérieures O, O, organisées de manière à ne pas laisser écouler le liquide contenu entre les étages, et à conserver néanmoins le passage O pour la circulation de l'air ou de l'oxygène injecté au bas de chaque compartiment. A la rigueur, on pourrait se contenter de laisser une communication comme T, T; alors on supprime la boîte O.

A côté de l'acétificateur est une pompe ou machine soufflante quelconque P, fig. 4, qui aspire l'air par un tuyau à double coude N, N, N; à chaque extrémité de ce tuyau N, N, N est un barillet en fonte X et X', sous lequel on peut placer et faire glisser facilement un réchaud ou tout autre tuyau de chauffage rapide. (Il vaut mieux avoir un fourneau fixe et des barillets mobiles avec un tuyau pivotant par une articulation double en K pour chaque barillet.) Dans ces barillets on a placé quelques kilogrammes de baryte; enfin, entre la soufflerie P et les barillets, on a interposé des vannes ou glissières V et V'.

Toutes ces dispositions sont prises afin de pouvoir aspirer alternativement l'air à travers les barillets X ou X', rien que par l'ouverture ou la fermeture des vannes V ou V'.

Maintenant supposons que l'on chauffe au rouge le barillet X, la baryte qui s'y trouve absorbe l'oxygène de l'air avec lequel elle est en contact. Si, un moment après, on ouvre la vanne V, l'aspiration fait arriver promptement un courant d'air froid à travers cette baryte, qui, sous l'impression du froid, abandonne l'oxygène qu'elle avait absorbé.

Ce mélange d'air et d'oxygène pur est refoulé dans la boîte E, où il se distribue par O, O dans l'intérieur de chaque étage pour s'échapper de l'autre côté en T. Ce gaz traverse ainsi tous les sacs pendants au milieu du courant de O en T; or, par le tuyau B, il descend constamment une colonne de liqueur alcoolique qui se répand d'étage en étage par ces sacs, en nappes très minces, d'une très grande étendue; ces nappes liquides sont battues sans cesse par un courant d'air toujours renouvelé; l'oxygène de ce courant attaque la liqueur, et l'oxydation a lieu de plus en plus, au fur et à mesure que le liquide descend dans un étage inférieur. Enfin, quand il arrive en R, on voit, dans une éprouvette fixe avec pèse-vinaigre, si le vinaigre obtenu marque le degré voulu ; on hâte ou l'on retarde l'écoulement en B, suivant que l'oxydation se fait plus ou moins rapidement, et lorsque le vinaigre a atteint le degré, on le recueille dans les futailles pour l'expédition.

Si l'acétification n'était pas parfaite en R, on ferait couler le vinaigre dans un second acétificateur disposé à cet effet.

Pour hâter l'oxydation, on place sur les diaphragmes, par les carreaux L, une couche de copeaux de hêtre trempés à l'avance dans un bon vinaigre ; la surface liquide, ainsi divisée de plus en plus, offre plus de prise à l'action de l'air.

Voyons maintenant ce qui se passe dans le travail que nous opérons ainsi :

L'alcool est composé de $C^4 H^6 O^2$; l'air, ou plutôt le mélange d'air et d'oxygène pur qu'on lance à travers ces nappes d'alcool, attaque naturellement ce liquide en couche mince, dans toutes ces cascades successives ; bientôt l'oxygène injecté se combine avec l'hydrogène, et l'on a d'abord $C^4 H^4 O^2$; enfin, l'oxydation se complétant, on arrive à $C^4 H^3 O H O$, c'est-à-dire à l'acide acétique hydraté ou vinaigre [1].

_____

(1) L'auteur décrit ensuite en peu de mots son acétificateur horizontal intermittent ; nous renvoyons pour cette description à son brevet qui a paru dans le 39e volume de la *Description des brevets et procédés*, p. 236.   F. M.

§ 11. VINAIGRE DE FRUITS.

Vinaigre de groseille.

On prend des groseilles bien mûres, on les écrase et on y ajoute trois fois leur poids d'eau ; on remue et, après vingt-quatre heures de repos, on passe et on met dans la liqueur un huitième de cassonade rousse. Lorsque la fermentation est terminée, on obtient un vinaigre assez fort, d'une saveur et d'une odeur très agréables.

Vinaigre de framboise.

On opère de la même manière, avec cette différence que l'on emploie des framboises au lieu de groseilles.

Vinaigre de primevère.

On dissout dans 15 litres d'eau bouillante 3 kilogrammes de sucre brut, on écume et l'on ajoute à la liqueur une poignée de primevère avec la quantité de ferment nécessaire.

§ 12. VINAIGRE DE MATIÈRES DIVERSES.

Vinaigre de chiffons.

Nous devons à M. Braconnot un travail très intéressant sur l'action de l'acide sulfurique sur le ligneux (1) et sur toutes les substances qui lui doi-

___
(1) Le ligneux est ce qui constitue la fibre végétale.

vant leur existence, telles que les bois, le chanvre, les écorces, la paille, les toiles, etc. Ce chimiste a démontré que cet acide les convertissait en une matière gommeuse et en un sucre qui avait beaucoup d'analogie avec celui du raisin. Pour opérer cette conversion, on prend, par exemple, 24 grammes de vieux chiffons de toile bien sèche et coupée en petits morceaux, on les remue dans un mortier de verre en y versant, peu à peu, 34 grammes d'acide sulfurique concentré, et en remuant constamment. Au bout d'un quart-d'heure, on broie bien le mélange, la toile disparaît sans émission gazeuse, et forme une masse mucilagineuse, homogène, peu colorée, tenace, poisseuse et presque entièrement soluble dans l'eau. En faisant bouillir cette matière mucilagineuse avec de l'eau, pendant dix heures, elle se trouve presque complétement convertie en un sucre analogue à celui du raisin, qu'on extrait en saturant l'acide contenu dans la liqueur par la craie, filtrant et évaporant la liqueur jusqu'à forte consistance sirupeuse. Dans un jour, la cristallisation commence à s'opérer, et quelques jours après tout le reste est pris en masse. Pour l'obtenir pur, on le presse entre plusieurs vieux linges, on le redissout dans l'eau, on y ajoute un peu de charbon animal, on filtre et on le fait de nouveau évaporer et cristalliser. Le sucre ainsi obtenu est très blanc. 20 grammes de chiffons produisent, d'après M. Braconnot, 23,3 de substance sucrée.

Ce sucre dissous dans l'eau chaude avec l'addition d'un ferment, donne une liqueur alcoolique qui se transforme bientôt en vinaigre.

Vinaigre de fucus ou varechs.

On trouve dans le *Technologiste*, t. XII, p. 305, une note fort curieuse sur ce sujet, due à M. J. Stenhouse, que nous reproduisons ici.

« Pendant le cours d'une série d'expériences sur les fucus ou varechs dont j'ai fait connaître les résultats à la Société royale de Londres, dans sa séance du 28 avril 1850, j'ai eu fréquemment l'occasion d'observer que lorsqu'on abandonne en tas une masse de ces plantes pendant un certain temps, cette masse ne tardait pas à éprouver une sorte de fermentation. C'est là une chose qui, je le sais très bien, a été fréquemment observée. Mais comme personne n'a encore pris la peine d'examiner la nature des acides générés pendant la fermentation, j'ai cru devoir étudier ce sujet un peu plus attentivement.

« A la température ordinaire, en Ecosse, même pendant les mois d'été, la fermentation des varechs marche avec beaucoup de lenteur, et exige de trois à quatre mois pour être complète; mais lorsqu'on maintient ces plantes à une température de 90 à 96° F. (32 à 35° C.), l'opération se termine en deux ou trois semaines.

« I. 6 livres (2 kil. 720) de *fucus vesiculosus* frais et à l'état humide, ont été introduits dans une jarre en terre, avec un peu de chaux vive et l'eau nécessaire seulement pour les recouvrir et les maintenir pendant trois semaines à une température de 96° F. De petites quantités de chaux vive ont été ajoutées de temps à autre, de manière à maintenir le mélange légèrement alcalin. Lorsque la fermentation a été terminée, la portion liquide qui renfermait une grande quantité de mucilage et un peu d'acétate d'ammoniaque, a été jetée sur un filtre en toile, et la liqueur claire qui a filtré a été évaporée à siccité, puis chauffée avec précaution afin de ne rien décomposer de l'acétate brut de chaux, tandis que presque toute la matière mucilagineuse était rendue insoluble.

« La masse brun foncé a été mise en digestion avec un peu d'eau, filtrée de nouveau, et la solution claire évaporée à siccité, a fourni 4 onces 2 drachmes (115 gr.) d'acétate sec de chaux qui était presque complétement exempt de matière organique adhérente. Lorsqu'on a distillé cet acétate de chaux avec de l'acide chlorhydrique, il a fourni 29 onces (822 gr.) de vinaigre pur mais faible, et dont une once (28 gr.) exigeait 24 grains (1 gr. 553) de carbonate de soude pour le neutraliser.

« Or, comme 662 grains de carbonate de soude anhydre exigent, pour leur saturation, 650 grains d'acide acétique anhydre, il s'ensuit que 1 grain de carbonate de soude anhydre peut être regardé comme l'équivalent, à fort peu près, de 1 grain d'acide acétique anhydre. Les 29 onces de vinaigre ci-dessus renfermaient donc $24 \times 1 \times 29 = 696$ grains (45 grammes) d'acide acétique anhydre. Et comme une livre renferme 7,000 grains et par conséquent 6 livres 42,000 grains, les 696 grains d'acide acétique anhydre obtenus avec ce poids ont donc donné 1.65 pour 100 d'acide acétique anhydre, comme le produit des varechs humides.

« II. Vingt-quatre livres (10 kil. 881) de *fucus nodosus* frais aussi, à l'état humide, ont été mis en fer-

mentation avec de la chaux à la température de 96°
F. pendant environ cinq semaines. On en a obtenu
20 onces (567 grammes) d'acétate brut de chaux qui,
distillé avec de l'acide chlorhydrique, a fourni 57
onces (1,615 grammes) de vinaigre assez pur dont
chaque once a saturé 43 grains de carbonate acide
de soude. La proportion totale d'acide acétique a
donc été de 2,451 grains = 1.45 p. 100 du *fucus nodosus* humide.

« III. Quatre livres de *fucus vesiculosus* frais ont
été abandonnées en plein air avec de la chaux vive,
à la température ordinaire, du 18 juin au 1ᵉʳ sep-
tembre, époque à laquelle on a mis fin à l'opération.
La solution filtrée d'acétate de chaux, après avoir été
évaporée à siccité et distillée avec de l'acide chlorhydrique, a fourni 46 onces (1 kil. 303) de vinaigre
faible, et dont chaque once saturait 7 grains de carbonate de soude anhydre, et s'élevant au total de
322 grains d'acide acétique anhydre = 1.15 pour 100
des varechs humides.

« Il y a donc évidence que lorsqu'on fait fermenter les varechs à la température ordinaire de l'Ecosse
pendant les mois d'été, l'opération marche avec bien
plus de lenteur, et donne beaucoup moins de produit que lorsque cette température est maintenue à
environ 90° F.

« Si donc quelque personne songeait à fabriquer
de l'acide acétique avec les varechs, soit dans la
Grande-Bretagne, soit dans les contrées septentrio-
nales de l'Europe, je lui conseillerais d'employer une
chaleur artificielle suffisante pour produire une température constante de 90 à 96° F.

« Je pense néanmoins que dans les contrées méridionales de l'Europe, au moins pendant les mois d'été, et dans les régions tropicales, on pourra probablement se dispenser de cette chaleur artificielle.

« Une des principales applications des varechs est, comme on sait, l'engrais des terres. Or, pour cette application, leur emploi préalable à la fabrication du vinaigre ne nuirait pas matériellement.

« Car si les varechs fermentés et les sels qui restent dans les alambics étaient répandus sur le sol, je présume qu'ils y exerceraient une action aussi utile, sous le point de vue agricole, que le pourraient faire les plantes extraites nouvellement de la mer.

« Le vinaigre obtenu avec les *fucus* contenait une très petite quantité d'acide butyrique. Lorsqu'on le saturait avec le carbonate de soude, qu'on évaporait à siccité, et qu'on abandonnait pendant quelque temps le sel desséché dans une atmosphère humide, une petite portion tombait en déliquescence. Cette portion liquide ayant été en conséquence séparée du sel solide, a été évaporée à siccité. Elle formait une masse d'un aspect saponacé incristallisable qui avait l'odeur particulière des butyrates, et quand on l'a fait digérer avec un mélange d'alcool et d'acide sulfurique, elle a donné un éther qui présentait l'odeur et les propriétés caractéristiques de l'éther butyrique. Un sel d'argent préparé avec ce butyrate de soude, je suppose par double décomposition avec le nitrate d'argent, contenait 60.49 pour 100 d'oxyde d'argent. La quantité calculée d'oxyde d'argent dans le butyrate de ce métal est 59.48, celui dans l'acétate d'argent 69.46, et dans le métacétonate 64.09

pour 100. Il paraît donc éminemment probable que l'excès de l'oxyde d'argent trouvé dans le butyrate, provient d'un léger mélange d'acide acétique ou d'acide métacétonique.

« On a préparé aussi un sel d'argent en faisant digérer de l'oxyde de ce métal avec l'acide acétique pur des varechs. Le sel obtenu avait tous les caractères de l'acétate d'argent, et quand on l'a soumis à l'analyse, 0.250 de ce sel ont donné 0.161 d'argent métallique $= 0.172$ d'oxyde d'argent $= 69.46$ p. 100. La proportion calculée d'oxyde d'argent dans l'acétate était, comme on l'a annoncé précédemment, 69.46 p. 100. »

TROISIÈME PARTIE

VINAIGRE OBTENU
PAR LA DISTILLATION ET LA CARBONISATION DU BOIS
OU ACIDE PYROLIGNEUX.

———

On trouve dans les écrits de quelques anciens philosophes et chimistes, tels que Paracelse, Van Helmont, Glauber, Stahl, etc., à travers une foule d'erreurs, la plupart de tradition, la source de plusieurs découvertes ressuscitées de l'oubli où les siècles les avaient plongées. Ainsi, l'on voit dans Aristote qu'une outre enflée est plus pesante que lorsqu'elle est vide : *utrem inflatum magis quàm vacuum pondus habere.* Ainsi, Démocrite a annoncé que l'air contenait un *principe vital*, qu'Hippocrate a nommé *pabulum vitæ*, lequel, dit-il, se fixe dans le corps par la respiration; ainsi Glauber fit connaître le premier que l'acide que l'on retire du bois par la distillation est semblable au vinaigre : *acidum aceto vini simillimum.* Ces données de Glauber non-seulement ne reçurent aucune application, mais furent même perdues pour la science; ce ne fut qu'environ trois siècles après, et vers 1785, qu'elles commencèrent à porter quelque fruit en Bourgogne. Depuis cette époque ce nouveau genre d'industrie s'est perfectionné et l'on a établi sur divers points, plusieurs fabriques d'acide pyroligneux ou vinaigre de bois impur que l'on amène ensuite à son état de pureté. Nous allons faire connaître la méthode usitée en Angleterre telle qu'on la trouve dans le traité de chimie de Gray.

Les premiers travaux réguliers qui ont été exécutés sur la préparation de ce produit sont dus à M. J.-B. Mollerat, directeur des établissements du Creusot, qui présenta, le 11 janvier 1808, à l'Institut, un mémoire dans lequel il annonce qu'il avait formé à Pellerey, près de Nuits, et conjointement avec ses frères, un établissement où ils carbonisaient le bois très en grand, dans des appareils fermés, et qu'ils obtenaient pour produits, des goudrons, des vinaigres, du carbonate de soude cristallisé, des acétates d'alumine, de cuivre, de soude, etc. Vauquelin, tant en son nom qu'en celui de Berthollet et Fourcroy, en fit un rapport très favorable à l'Académie des Sciences. Depuis cette époque, il s'est établi d'autres fabriques de ce genre à Choisy et autres localités.

Comme la distillation du bois ne se borne pas à un seul produit, nous allons commencer par la faire connaître, et successivement ces mêmes produits.

Avant tout nous devons dire que les *bois durs*, tels que le chêne, le frêne, le bouleau, l'olivier, l'amandier et le hêtre, méritent la préférence, et que le pin, le sapin et le bois blanc ne doivent point être employés à cet usage.

Distillation du bois.

L'appareil dans lequel on l'opère ordinairement est formé d'une série de cylindres en fonte, ayant 2 mètres de longueur sur environ 1ᵐ.30 de diamètre. Ces cylindres sont disposés horizontalement par paire dans une maçonnerie, de telle façon que la

flamme d'un seul foyer puisse se promener autour
d'eux. Les extrémités de ces cylindres ressortent un
peu au dehors de la maçonnerie, l'une d'elles est
fermée très solidement par un disque de fonte du
milieu duquel part un tuyau de fer de 16 centimètres de diamètre, qui entre à angle droit dans le
tuyau réfrigérant principal dont le diamètre est de
24 à 38 centimètres suivant le nombre de cylindres.
L'autre base du cylindre est ce qu'on nomme la
bouche de la retorte ; elle est fermée par un disque
de fer fixé à sa place par des clavettes et recouvert
d'argile sur les bords. La quantité de bois qu'on introduit dans un pareil cylindre, ou si l'on veut, sa
charge, est d'environ 9 quintaux ; on entretient le feu
pendant un jour entier et on laisse le fourneau se
refroidir pendant la nuit. Le matin on ouvre la
porte, l'on retire le charbon et l'on y introduit une
autre charge de bois.

Distillation du bois à Choisy, dite à cornue mobile.

L'appareil que nous allons décrire a été un de
ceux qui ont été employés dans les fabriques de
Choisy. La plupart de ces appareils ont éprouvé
depuis de légers changements. Mais comme ils par-
tent tous d'un même principe, ces variations ne
changent rien à la théorie et fort peu à la pratique
de cette opération. Voici la description du principal
de ces appareils :

On introduit dans de grands vases C, fig. 5, cir-
culaires ou carrés, fabriqués en tôle rivée, le bois à
distiller qui doit être sec et pas trop jeune ; à la partie supérieure et latérale de ces cylindres est adapté

un tube horizontal également en tôle, de 3 à 4 déci-mètres de longueur, auquel s'applique un tuyau en cuivre. A la partie supérieure de ce vase s'adapte un couvercle en tôle B, que l'on y fixe par des clavettes quand le bois y a été introduit. Alors on l'enlève au moyen d'une grue pivotante G, et on le place dans un

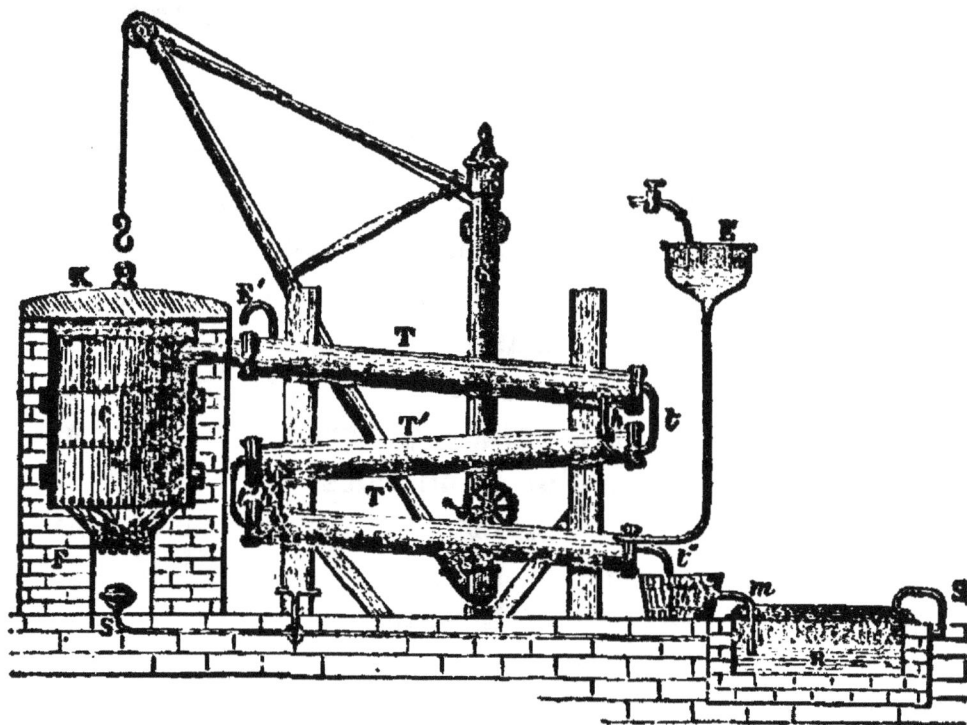

Fig. 6.

fourneau F, ayant une forme relative à celle de ce vase. On recouvre ensuite l'ouverture de ce fourneau avec un tourteau en maçonnerie K. Le tout étant ainsi disposé, l'on donne une chaude au moyen de quelque combustible. L'humidité du bois commence par se dissiper; mais quand la vapeur, de transpa-rente qu'elle était, devient fuligineuse, alors on ajoute une allonge au tube horizontal, laquelle entre dans un autre tuyau qui suit le même degré d'inclinaison et qui commence l'appareil condensateur. Les moyens de condensation varient suivant les fabriques. Dans quelques-unes, le refroidissement s'opère au moyen de l'air; pour cela on fait parcourir à la vapeur une longue suite de cylindres, quelquefois même dans les tonneaux adaptés les uns aux autres; mais, lorsqu'on peut se procurer facilement de l'eau, c'est à ce dernier moyen qu'on donne la préférence. L'appareil le plus simple, à cet effet, consiste en trois cylindres T, T', T'', qui s'enveloppent réciproquement et qui laissent entre eux un espace suffisant pour qu'une assez grande quantité d'eau puisse y venir refroidir les vapeurs. Ce triple cylindre est adapté au vase distillatoire et un peu incliné. A ce premier appareil en est ajusté un second et souvent un troisième, tout à fait semblables, lesquels, pour ménager l'espace, reviennent sur eux-mêmes et sont disposés en zigzag et inclinés; à l'extrémité des cylindres conducteurs s'élève un tube perpendiculaire, dont la longueur doit être un peu plus considérable que le point le plus élevé de ce même système. Au point E' se trouve placé un tube très court recourbé vers le sol et qui est un trop-plein. L'eau arrive d'un réservoir E par le tube perpendiculaire dans la partie inférieure du dernier cylindre T'' et remplit tout l'espace qui existe entre les cylindres.

Lorsque l'appareil est en activité, la vapeur en se condensant, échauffe l'eau; alors celle-ci devenant plus légère s'élève dans la partie supérieure des cylindres et s'écoule par le trop-plein E'. L'appareil de condensation se termine par un conduit en briques ou un baquet R, couvert ou enfoui dans le sol.

A l'extrémité de cette espèce de gouttière est un tuyau courbé *t"* qui verse les produits liquides dans une première citerne R. Quand elle est pleine, elle se décharge au moyen d'un trop-plein dans un autre réservoir plus grand. Le tube *m* qui termine la gouttière, plonge dans le liquide et intercepte ainsi la communication avec l'appareil. Le gaz qui se dégage est ramené par les tubes S, d'un des côtés du conduit au-dessous du cendrier du four, ce tuyau est muni d'un robinet à quelque distance en avant du four, afin de pouvoir régler le jet du gaz et interrompre à volonté la communication avec l'intérieur de l'appareil. La partie du tuyau qui se trouve dans le foyer s'élève de plusieurs centimètres et se termine en arrosoir, ce qui rend la distribution du gaz plus uniforme et garantit le tuyau de cendres, etc.

La température pour opérer la carbonisation n'est pas d'abord considérable; cependant vers la fin de l'opération, elle augmente jusqu'à faire rougir les vases. Quant à sa durée, elle est relative à la quantité de bois à carboniser; elle est de 8 heures pour un demi-décastère. On reconnaît que la carbonisation est terminée à la couleur de la flamme du gaz qui est d'abord d'un rouge jaunâtre, ensuite bleue, lorsqu'il se dégage plus d'oxyde de carbone que d'hydrogène carboné; sur la fin elle devient blanche. Il est encore un moyen de la reconnaître, c'est le refroidissement des premiers tuyaux, ceux qui ne sont point entourés d'eau. On projette à leurs surfaces quelques gouttes de ce liquide; quand elle se vaporise sans bruit, c'est une preuve que l'opération est terminée. Alors on délute l'allonge, on la fait rentrer dans le premier tuyau, avec lequel elle s'engaîne, on bouche de suite les orifices avec des plaques en tôle, recouvertes de terre à four délayée. Le tourteau qui sert de couvercle au four est enlevé au moyen de la grue pivotante, ensuite le vase contenant le charbon, et on le remplace aussitôt par un autre chargé de bois, afin que l'opération puisse être continuée de suite.

On obtient d'un demi-décastère de bois, après huit heures de carbonisation, d'après M. Gray, environ 7 voies et demie de charbon de 65 kilog. chacune, et d'après M. Mollerat, on a pour produit de 350 kilog. de bois, environ 25 gallons d'acide pyroligneux, contenant de l'esprit de bois ou près de 125 kilog., et de 25 à 30 kilog. de goudron; nous allons examiner ces divers produits.

L'appareil qu'on vient de décrire et qu'on désigne sous la dénomination d'appareil à cornue mobile, est le plus anciennement connu. Il est encore en usage dans quelques localités, mais généralement remplacé par d'autres plus simples si on distille en forêt, ou plus efficaces si on distille en usine. Dans la suite nous décrirons plusieurs autres appareils qui ont été proposés ou appliqués pour la fabrication de l'acide pyroligneux.

Charbon provenant de la distillation du bois.

Le charbon ainsi obtenu est beaucoup plus beau que par les procédés ordinaires; il est exempt de fumerons et est de bien meilleure qualité, puisque M. Mollerat assure qu'il évapore un dixième d'eau de plus que le charbon des forêts. Par ce procédé, suivant ce même chimiste, on obtient deux fois autant de charbon que par les procédés ordinaires ; et la consommation du bois, dans les foyers de l'appareil, n'est que la huitième partie de celui qu'on veut carboniser. Nous croyons qu'il y a un peu d'exagération dans ce compte. Dans les forêts, il est vrai, on n'obtient que 17 à 18 pour cent de charbon ; mais il est rare que, dans la carbonisation à vaisseaux clos, ou, si l'on veut, dans la distillation du bois, cette quantité aille au-delà de 28 à 30. Cette différence dans la quantité du produit tient à l'action qu'exerce l'air lors de la combustion du bois avec son contact, qui en convertit une partie en acide carbonique, etc. Cela est si vrai, que M. Foucault, en se bornant à recouvrir les fourneaux ordinaires des charbonniers d'une cloison en planches ayant une ouverture supérieure, et une latérale recouverte en toile et servant d'entrée à l'ouvrier, retire environ 23 pour cent de très bon charbon. Cette cloison est préservée de la combustion par l'acide pyroligneux qui en baigne l'intérieur.

Goudron provenant de la distillation du bois.

Ce goudron ainsi obtenu retient une grande quantité d'acide acétique, qui le rend impropre aux usages et est un produit perdu. On l'en dépouille en partie en le lavant bien avec l'eau et l'épaississant à la chaleur. Malgré cela, il retient encore assez d'acide pour être attaqué par l'eau. M. Mollerat, d'après des essais faits au canal de Bourgogne, dit que ce goudron, uni à un cinquième en poids de résine, est aussi bon que les autres goudrons.

50 kilog. de bon bois en donnent de 7 à 8 parties.

Esprit ou alcool de bois.

Les produits nombreux qui se forment par la distillation du bois sont, depuis quelques années, l'objet d'un grand nombre de recherches. MM. Dumas et Peligot se sont plus particulièrement occupés de celui qu'on a successivement désigné sous le nom d'*esprit de bois*, *bi-hydrate de méthylène*, etc. C'est à ce corps qu'ils ont reconnu les caractères d'un véritable alcool isomorphe avec l'alcool ordinaire.

L'esprit de bois existe en solution dans la partie aqueuse des produits de la distillation du bois. Celle-ci, ayant été séparée du goudron non dissous, est soumise à la distillation, afin d'en extraire, au moins en partie, le goudron qu'il tient en dissolution. C'est dans les premiers produits de cette distillation qu'il faut chercher l'esprit de bois. On met donc à part les 10 premiers litres qui proviennent de la distillation de 50 kilog. de liqueur, et l'on soumet ce produit à des rectifications répétées, comme si l'on voulait concentrer de l'eau-de-vie. Comme le point d'ébullition de l'esprit de bois est très bas, ces rectifications peuvent s'opérer au bain-marie, et l'on peut ainsi le dépouiller de la presque totalité des substances étrangères.

Nous avons vu, en nous occupant de l'alcool vinique, que ce corps avait pour base primitive un radical complexe, auquel on a donné le nom d'éthyle, et nous venons de dire qu'il existait dans la distillation du bois un autre alcool employé dans les arts et qu'on connait sous le nom d'*esprit de bois*.

Cet esprit de bois a de même pour base un hydrocarbure $C^2 H^2$, auquel on a donné le nom de *méthy-*

lène, qui est un gaz incolore, sans action sur les papiers réactifs, presqu'insoluble dans l'eau.

Le méthylène, en gagnant un équivalent d'hydrogène, se transforme en *méthyle* $C^2 H^3$, qui est un gaz incolore et inodore presqu'insoluble dans l'eau, un peu soluble dans l'alcool, d'une densité de 1.037, qu'on n'a pas pu liquéfier à 16°, et qui brûle avec une flamme bleue.

Lorsque ce méthyle a été oxydé, il se transforme en se combinant avec l'eau en *hydrate d'oxyde de méthyle*, alcool *méthylique* ou *esprit de bois* ($C^2 H^4 O^2$ ou $C^2 H^3 O$, HO).

L'hydrate d'oxyde de méthyle ou alcool méthylique pur est un liquide incolore, neutre, très fluide, d'une densité de 0.788 à +20°, et de 0,784 à 25°, qui a une odeur empyreumatique et alcoolique rappelant celle de l'éther acétique. Il brûle avec une flamme plus pâle que celle de l'alcool de vin, est soluble en toute proportion dans l'eau sans production de trouble quand il est pur ; il se dissout de même dans l'alcool et dans l'éther ; il bout à 66°5 ; la densité de sa vapeur est de 1.12.

Nous ne pousserons pas plus loin l'examen des propriétés de l'esprit de bois ; mais nous donnerons, d'après Ure, le tableau de la densité des mélanges de cet alcool avec l'eau à 15°5 C.

DENSITÉ.	QUANTITÉ d'esprit de bois pour 100.	DENSITÉ.	QUANTITÉ d'esprit de bois pour 100.	DENSITÉ.	QUANTITÉ d'esprit de bois pour 100.
0.8136	100.00	0.8822	77.00	0.9242	58.82
0.8210	98.11	0.8842	75.76	0.9266	57.73
0.8250	96.11	0.8876	74.63	0.9298	56.18
0.8320	94.34	0.8918	73.53	0.9344	53.70
0.8384	92.22	0.8930	72.46	0.9356	71.54
0.8418	90.90	0.8950	71.43	0.9416	50.00
0.8470	88.30	0.8984	70.42	0.9448	47.62
0.8514	87.72	0.9008	69.44	0.9484	46.00
0.8564	86.20	0.9032	68.50	0.9518	43.48
0.8596	84.75	0.9060	67.57	0.9540	41.66
0.8642	83.33	0.9070	66.66	0.9564	40.00
0.8674	82.06	0.9116	65.00	0.9584	38.46
0.8712	80.64	0.9154	63.30	0.9600	37.11
0.8742	79.36	0.9184	61.73	0.9620	35.71
0.8784	78.13	0.9218	60.24		

Acide pyroligneux.

L'acide pyroligneux brut est un liquide jaune rougeâtre, et plus ou moins étendu d'eau suivant le degré de siccité du bois ; pour être pur, il doit être débarrassé de toutes ces substances étrangères. En cet état, il est cependant employé pour préparer l'acétate de fer dont on fait maintenant un si grand usage dans la teinture pour la chapellerie. On l'applique aussi à la conservation des viandes, comme nous le dirons ailleurs.

Colin et Berzélius se sont occupés de perfectionner cet acide. Le procédé du premier ne nous parait pas applicable aux arts à cause de son prix élevé, ; nous allons faire connaître celui du second.

Quant à celui de M. Stolze, nous nous bornerons à dire qu'il consiste à traiter l'acide pyroligneux par l'acide sulfurique, le manganèse et l'hydrochlorate de soude, et à le distiller ensuite sur ces substances.

Berzélius a fait, comme nous venons de le dire, des recherches sur la purification de l'acide pyroligneux. Il est parvenu à le dépouiller entièrement de son huile empyreumatique, et de ces mêmes goût et odeur, en se bornant à le mêler avec un peu de ce charbon animal qu'on obtient pour résidu de la fabrication du bleu de Prusse, lors de l'extraction de l'hydrocyanate ferruré de potasse. Cet acide, ainsi traité et filtré, est incolore et inodore, Berzélius y a ajouté une quantité d'eau sans y développer cette odeur ; enfin, il a conservé de cet acide, ainsi dépouillé, pendant cinq mois, dans un vase ouvert, sans que le moindre indice d'odeur empyreumatique se soit manifesté. Il serait très important d'étudier jusqu'à quel point le charbon animal retiré des os jouit de la même propriété ; ce serait une grande amélioration à faire subir à cette opération.

De l'acétate de soude et de la conversion de l'acide pyroligneux en acide acétique.

Dans quelques fabriques on distille d'abord l'acide pyroligneux pour en séparer la plus grande partie du goudron et de l'huile empyreumatique qu'il contient. Dans le plus grand nombre on le sature à froid par le carbonate calcaire, en ayant soin de bien enlever l'écume noirâtre qui se forme ; on fait bouillir ensuite la liqueur, et on en complète la saturation au moyen de la chaux délitée. On décompose ensuite cet acétate de chaux par le sulfate de soude, et l'on obtient du sulfate de chaux insoluble et de l'acétate de soude soluble. Quand la liqueur s'est éclaircie, on la décante, et, par l'évaporation à forte pellicule, elle se prend, par le refroidissement, en masse ou cristaux salis par le goudron. On fait éprouver à ces cristaux la fusion ignée pour volatiliser et charbonner le goudron ; on le redissout alors dans l'eau, on filtre, et l'on obtient par l'évaporation un acétate de soude presque pur. Je dis presque pur, parce que l'expérience a démontré qu'il y avait une partie d'acétate de chaux qui échappait à la double décomposition.

Lorsqu'on veut retirer l'acide acétique de ce sel, on le dissout dans une quantité donnée d'eau, et on y ajoute suffisante quantité d'acide sulfurique qui s'unit à la soude de l'acétate, et met l'acide acétique à nu, et d'autant plus concentré qu'on a dissous ce sel dans une moins grande quantité d'eau. Le poids spécifique de celui des fabriques de Choisy était de 1.057 ; il saturait environ 0.3 de sous-carbonate de soude sec ; on le recueillait dans des vases en argent. Quant aux autres opérations, on faisait celles qui ont lieu avant la cristallisation dans des vaisseaux en fonte ou en tôle, et les autres dans des vases de cuivre bien étamés, de verre ou de grès.

Lorsqu'on a décomposé l'acétate de soude par l'acide sulfurique, le sulfate de soude cristallise presque entièrement ; on doit donc décanter l'acide acétique qui n'est pas bien pur, puisqu'il contient plus ou moins de sulfate de soude, et le distiller dans des cornues de verre, de grès ou d'argent. L'acide acétique ainsi obtenu est incolore, très pur, et plus ou moins concentré ; il est en tout semblable au vinaigre radical. Pendant cette distillation, il se forme un produit particulier, transparent, d'une odeur vive et éthérée, d'une saveur forte et comme poivrée ; évaporé sur la main, il développe une odeur térébenthinacée ; par sa distillation avec l'hydrochlorate de chaux, sa densité est de 0.828, et il bout à 65°.5 C. L'alcool s'unit à ce liquide en toutes proportions. Son analyse, faite au moyen de l'oxyde de cuivre et comparée à celle de l'alcool et de l'esprit pyro-acétique, donne :

Carbone. 44.53
Oxygène. 46.31
Hydrogène. 9.16

On pourrait conclure de ces faits qu'il existe au moins deux fluides végétaux simples autres que l'alcool, et jouissant comme lui de la propriété de donner, avec l'acide acétique, des produits éthérés ; ces deux fluides ont été désignés par les noms d'esprit *pyroacétique* et d'esprit *pyroxylique*.

M. Mollerat présenta quatre qualités de vinaigre à l'Institut.

Le premier, dit *vinaigre simple*, était incolore, très clair, transparent, d'une odeur acétique bien prononcée, et marquait 2 degrés à l'aréomètre pour les sels à 12° C.

Le second, *vinaigre aromatique*, ne différait du précédent que parce qu'il avait été aromatisé au moyen de l'estragon.

Le troisième, *vinaigre vineux*, avait la même densité que les précédents ; il avait une odeur éthérée qu'il devait à l'alcool qu'on y avait ajouté.

Le quatrième, *vinaigre fort*. Cette qualité avait une odeur très vive et une saveur acide très forte. Il marquait 2 degrés 1/2 à l'aréomètre. C'est avec cette qualité et l'addition de l'eau pure que l'on faisait les vinaigres de table qu'on livrait au commerce.

Sous-carbonate de soude préparé avec l'acide pyroligneux.

On sature l'acide pyroligneux de chaux; on enlève l'huile empyreumatique et le goudron qui surnagent, et l'on décompose l'acétate de chaux qui en résulte, par le sulfate de soude. Le sulfate de chaux se précipite, et l'on fait cristalliser l'acétate de soude en évaporant la liqueur jusqu'à forte pellicule. Ce sel, desséché et calciné sur la sole d'un fourneau à réverbère, est décomposé et converti en sous-carbonate de soude, qu'il suffit de lessiver et de faire évaporer convenablement pour l'obtenir en cristaux très purs.

Méthode anglaise pour la préparation du vinaigre de bois.

L'appareil anglais consiste en une série de cylindres de fonte, placés horizontalement sur un massif de fourneaux, construits en briques, et de telle façon que la flamme puisse les entourer. Ces cylindres dépassent le fourneau de chaque côté. On adapte solidement, à l'une des extrémités de ces cylindres, un disque de fonte du milieu duquel sort un tube en fer ayant 16 centim. de diamètre, et entrant, à angle droit, dans un autre tube dit de *réfrigération*, lequel a jusqu'à 38 centim. de diamètre, suivant le nombre des cylindres.

L'autre extrémité du cylindre, qui est connue sous le nom de bouche, est formée par un disque de

fer fixé en place par des coins, et entouré d'un lut
d'argile. La charge de chacun de ces cylindres est
ordinairement de 400 kilos de bois durs, comme le
chêne, le frêne, le hêtre, etc., en excluant les bois
tendres, tels que le sapin. Quand le feu des fourneaux est allumé, on l'entretient pendant tout le
jour ; on laisse refroidir l'appareil la nuit, et le lendemain on en tire le charbon par les bouches qui
servent aussi à le recharger.

La quantité d'acide pyroligneux retiré de 400 kilog.
de bois est de 130 kilog., et son poids spécifique est
de 1.025 ; le charbon n'excède pas 20 kilog. pour
100 ; et cependant M. le comte de Rumford évalue
le poids à plus de 40 kilog. pour 100 (1). D'après
ce calcul, il y aurait dans la fabrique de vinaigre de
bois de Glascow, près de la moitié du bois distillé
réduit en substances gazeuses. On rectifie l'acide
pyroligneux en le distillant dans un alambic de
cuivre, où il laisse pour résidu environ 0,2 d'une
matière goudronneuse. L'acide obtenu est brun,
transparent, d'une odeur empyreumatique et d'un
poids spécifique de 1.013. On redistille ce vinaigre,
on le sature par la chaux, on évapore à siccité cet
acétate calcaire, et on le calcine suffisamment pour
brûler ou volatiliser le goudron. On prend alors 100
parties de cet acétate de chaux, on emploie 60 parties d'acide sulfurique à 66 que l'on étend de 3 à 5
parties d'eau, suivant le degré de concentration
qu'on veut lui donner. Après un jour de digestion,
on filtre le vinaigre pour le séparer du sulfate de
chaux, et pour l'avoir dans un plus grand état de

(1) D'après cet exposé, il est évident que les procédés anglais sont
bien inférieurs à ceux qui sont usités en France.

pureté, on le distille. Si l'on a ajouté 5 parties d'eau à l'acide sulfurique, le vinaigre obtenu peut être appliqué à l'usage journalier.

Procédé pour convertir l'acide pyroligneux en acide acétique, par C. PAJOT-DESCHARMES.

Ce procédé se composait des trois opérations suivantes : 1° l'épuration de l'acide pyroligneux ; 2° l'extraction et la distillation de l'acide acétique ; 3° sa rectification.

1° *Epuration de l'acide pyroligneux brut.* — Soit une quantité donnée d'acide pyroligneux tel que l'offre la condensation de ses vapeurs dans les tonnes qui les ont recueillies au sortir des fourneaux ou vases clos, montés pour la carbonisation du bois ; nous le supposerons à 4 degrés de Baumé, terme moyen obtenu des barriques formant la série appliquée au système de Woolf, employé pour retenir cet acide. Avec de la bonne chaux fusée à l'air ou éteinte avec le moins d'eau possible (ce dernier moyen est plus prompt), brassez fortement ce mélange ; laissez déposer ; décantez ou soutirez la liqueur éclaircie ; évaporez-la jusqu'à forte pellicule, dans une première chaudière du fourneau, à laquelle une seconde, à la suite et de même forme, sert de préparatoire. Faites dessécher le résidu sur une plaque de fonte unie et à rebords ; ayez soin de bien remuer la matière afin qu'elle ne s'attache point à la plaque. Lorsqu'elle est à peu près sèche, divisez-la bien pour qu'elle se pelotonne le moins possible ; continuez de chauffer jusqu'à ce que toute l'huile empyreumatique soit exhalée ou brûlée, de manière que la masse ne présente plus qu'un corps charbonné tant à son extérieur qu'à son intérieur. Afin que ce but soit parfaitement atteint, la division de cette masse carbonisée ne doit offrir que des grains gros tout au plus comme des pois, qu'on aura la grande attention de ne point laisser rougir, nonseulement parce qu'il serait difficile de les éteindre et d'empêcher que leur incandescence ne se communiquât, mais encore parce que cette même incandescence occasionnerait la perte de l'acide. La matière, dûment carbonisée, est retirée de dessus la plaque, puis mise à refroidir.

Ecrasez cette matière au moyen d'un maillet en bois, placez-la dans des tonneaux, et procédez à son lavage en y versant six fois son poids d'eau claire ; brassez le mélange pendant cinq minutes, moitié du temps consacré au brassage ci-dessus de la chaux avec l'acide brut ; laissez en repos, décantez ou soutirez la liqueur devenue claire ; faites-la évaporer jusqu'à forte pellicule dans deux chaudières semblables à celles énoncées et dépendantes du fourneau déjà mentionné ; desséchez-la aussi sur une plaque de métal ; remuez et divisez la masse en très petits fragments ; continuez de chauffer, mais avec modération, afin qu'il ne s'exhale pas d'acide, et jusqu'à ce que la matière n'offre plus que des grains unis et blancs, tant en dehors qu'en dedans ; dans cet état, enlevez-la et laissez-la refroidir dans un lieu séparé de celui qui a reçu la matière noire.

On notera : 1° que, communément, les premières eaux sorties des tonnes à saturation marquent 10 degrés au pèse-liqueur Baumé, et que c'est à 20 degrés que la pellicule dont il a été parlé se montre ;

2° Que les écumes qui surnagent, par suite du mélange et du brassage, sont lavées avec les marcs une seconde et même une troisième fois, s'il est nécessaire, pour les amener à 0. Lorsque ces eaux sont éclaircies, on les ajoute à celles de la chaudière préparatoire ;

3° Que la proportion de chaux mêlée à 162 litres d'acide brut et à 4 degrés, est d'environ 11 à 12 kilog.;

4° Que l'extinction de celle-ci par l'eau demande de cette dernière près de 16 kilog.;

5° Que les premières eaux de lavage de la matière carbonisée marquent, pour l'ordinaire, de 4 à 5 degrés (même pèse-liqueur) ; que leur réduction ne passe sur la plaque qu'après la formation de la pellicule, laquelle ne paraît qu'à 25 ou 26 degrés ;

6° Que la masse spongieuse de débris charbonneux, qui fait une espèce de chapeau à l'acétate calcaire liquide, est lavée séparément une seconde et une troisième fois s'il en est besoin, avec la quantité d'eau suffisante pour amener celle-ci à 0. Ces eaux faibles sont aussi ajoutées à celle de la préparatoire affectée à la réduction des eaux de lavage de la matière noire.

Les charbons, séchés, sont jetés dans le foyer, ou conservés, soit pour la décoloration, soit pour engrais;

7° Que, comme le prouve l'expérience, l'acide pyroligneux, soit avant, soit après sa saturation, peut être décoloré par le noir animal.

2° *Extraction ou distillation de l'acide acétique.* — On prend une partie de la matière blanche ci-dessus obtenue, qui est un acétate de chaux ; on verse ensuite à part, dans un vase de plomb, les deux tiers de son poids d'acide sulfurique à 60 degrés, que l'on a soin d'étendre de moitié de son poids d'eau ; cette mixtion faite, on met la matière blanche dans la cucurbite d'un appareil distillatoire, et par-dessus cet acide sulfurique. On dispose l'appareil pour la distillation, qui commence aussitôt, et on lute avec de l'argile fientée mêlée d'étoupes ; cette opération peut avoir lieu dans des vaisseaux de verre, de grès, de porcelaine, et de différents métaux, tels que le cuivre et la fonte, couverts d'un enduit vitreux ; mieux encore serait l'emploi de l'argent ou du platine.

L'opération est beaucoup plus rapide lorsque les appareils sont en grès ou en porcelaine ; leurs cucurbites peuvent recevoir l'application du feu nu, pourvu que leur fond extérieur soit enduit de l'apprêt argileux qui a été indiqué et que le feu lui-même soit ménagé en commençant ; avec le verre on distille au bain de sable.

Avec des appareils composés des métaux désignés, la distillation est prompte ; leur service exige moins de soin, et on n'appréhende pas d'y verser de suite toute la liqueur sulfurique ; il n'en est pas de même pour les autres vaisseaux ; c'est à diverses reprises, et par la tubulure de la cornue qu'on verse l'acide, en ayant soin, après chaque versement, de remuer, par cette même tubulure, la matière avec un long et fort tube de verre massif. Cette matière bien imbibée et la tubulure fermée, la distillation commence d'abord par l'effet seul de la chaleur que produit la réaction de l'acide : cette chaleur s'entretient d'elle-même pendant un certain temps ; on ne fait du feu que lorsqu'on s'aperçoit qu'elle fléchit; on veille, au surplus, à ce que la distillation ait lieu sans interruption ; le dégagement des dernières parties de l'acide acétique ne pouvant s'effectuer que par un certain coup de feu, l'opérateur ne devra pas le négliger. Il lui sera facile de reconnaître la fin de la distillation par le refroidissement de la voûte de la cornue ou de son bec, ou du chapiteau dont on aurait couvert la cucurbite.

Il est à observer : 1° que plusieurs moyens peuvent être employés pour la condensation de l'acide acétique dégagé par l'action de celui sulfurique sur l'acétate calcaire. On se sert du réfrigérant de Gedda, construit tout simplement en bois, ou d'un baquet plein d'eau, traversé par un tube de verre en forme d'allonge, communiquant d'un bout au bec de la cornue ou du chapiteau et de l'autre au récipient, ou bien aussi d'un vase en bois ou en grès rempli d'eau dans lequel plongerait un récipient communiquant avec une allonge de la cornue ou du chapiteau de l'appareil;

2° Que, dans le cas où il se dégagerait soit de l'acide sulfureux, produit par quelques parcelles de charbon échappées au lavage, soit du gaz hydrogène dû à quelques parties de fer renfermées dans la chaux, on aura soin d'ouvrir de temps en temps la tubulure du récipient ou d'y adapter un tube creux de verre par lequel s'exhalera de suite l'un ou l'autre de ces gaz, ou le gaz hydrogène sulfuré qui se serait formé. Ces gaz, qui sont susceptibles d'être renvoyés au foyer de l'appareil pour y être brûlés, ne se développent qu'au commencement de l'opération, et leur dégagement n'est pas de longue durée;

3° Comme il importe que l'atelier où cette opération s'effectue ne soit pas infecté par l'un ou l'autre gaz délétère, il sera bon que les appareils distillatoires soient placés sous une hotte de cheminée qui les emportera au dehors.

3° *Rectification*. — Quelque soin que l'on ait pris dans la distillation de l'acide acétique, il est possible, ainsi qu'on vient de le voir, qu'il se soit produit un peu d'acide sulfureux comme aussi de gaz hydrogène sulfuré, dont l'acide acétique distillé pourrait se trouver plus ou moins imprégné, et, en outre, d'une couleur tirant légèrement sur le jaune : dans ce cas, voici comment il convient de le purifier :

1° On enlève l'odeur avec une petite portion d'oxyde noir de manganèse, que l'on jette dans l'acide, et avec lequel celui-ci est agité un instant dans le vase qui le contient ; le contact de l'acide avec le manganèse suffit pour faire disparaître aussitôt toute mauvaise odeur ; on remarque même que, si la dose d'oxyde est excédante, l'acide acétique contracte une odeur agréable tirant sur celle de l'alcool.

Le manganèse mêlé à l'acide sulfureux, ayant converti ce dernier en acide sulfurique, celui-ci agit de suite sur les parties métalliques dont se compose ce minéral et forme avec elles différents sels dont il faut purger l'acide acétique ; dans ce but on fait usage de l'acétate ou du carbonate de baryte. Le sulfate de baryte, formé à l'instant du mélange, se précipite, on le laisse se déposer ou on soutire l'acide acétique dont il ne reste plus qu'à enlever la couleur plus ou moins jaunâtre dont il peut être imprégné ; cette disparition doit avoir lieu, comme on sait, par le prussiate. Le fer, précipité sous la couleur bleue qui lui devient alors particulière, laisse incolore l'acide, que l'on soutire après son éclaircissement, à moins qu'on ne lui fasse subir la filtration de même qu'au dépôt coloré du fer et au précipité barytique, afin de ne rien perdre de l'acide acétique, qui, dès ce moment, est propre à être employé soit pour la toilette ou la table, soit dans les arts. On peut, au surplus, si l'on veut être parfaitement tranquille sur sa pureté, procéder à sa distillation ; faisons observer cependant qu'à moins de motifs particuliers, on peut très bien et sans inconvénient se dispenser de cette distillation lorsqu'on a suivi les diverses précautions et manipulations indiquées.

Frais d'établissement d'une fabrique de vinaigre de bois et des produits qui en dépendent. — Les calculs suivants, sur la quantité d'acétate de plomb que peut produire l'acide acétique tiré d'un moule de bois, sont basés sur un travail de quatre mois ; chaque moule a donné 7 kil. de ce sel. Le moule est une mesure de Bourgogne représentant $2^m.1937,44$ cent. cubes de bois, c'est-à-dire un cube de $1^m.32$ de côté. Les autres bases dérivent de la même source ; mais elles sont prises sur un tableau où s'inscrivent jour par jour la consommation et la production. Par exemple, il entre exactement 56 pour 100 de plomb dans l'acétate, et il faut, pour 100 du même sel, 36 d'acide sulfurique.

Pour travailler utilement, il convient d'opérer sur 2,500 à 3,000 moules, hêtre (à distiller). En partant de cette donnée, les bâtiments nécessaires à cette fabrication, consistent en :

		francs.
1° Un bâtiment pour la distillation du bois de		6 à 7000
2° — pour rectifier l'acide pyroligneux, de.		12 à 15000
3° — pour l'oxyde de plomb et le sulfate de cuivre.		5 à 6000
	A reporter. . .	28000

	Report.	28000
4° Un bâtiment pour vinaigre de table, acétate de soude, de plomb, de cuivre et vert de Scheele. . . .		15 à 16000
5° Un hangar pour magasin à charbon, etc. .		4 à 5000
Maximum, total. . .		49000

Pour les appareils.

		francs.
1° Pour la distillation du bois.		22000
2° — la purification de l'acide pyroligneux. .		16000
3° — les acétates de soude, plomb et cuivre. .		11000
4° — le sulfate de cuivre.		3500
5° — le vinaigre de table.		2500
6° — le vert de Scheele.		4000

L'atelier tout monté coûterait de 100,000 à 110,000 fr.; il consommera et produira ce qui est spécifié ci-après :

1° Dépenses.

	francs.	francs.
75,000 fagots à.	8 le 100	6000
2,500 moules, hêtres, à.	18	45000
70,000 kilog. d'acide sulfurique, à.	40 les 100 k.	28000
8,000 hectolitres, houille, à. . . .	2	16000
87,500 kilog. de plomb, à.	75	65625
9,000 kilog. de cuivre, à.	265	23850
9,000 kilog. de soufre, à.	30	2700
7,200 kilog. d'arsenic, à.	110	7920
45,000 kilog. de sulfate de soude. .	20	9000
200 pièces de chaux.	6	1200
50 cordages.	40	2000
Eclairage des ateliers.	»	3000
60 manœuvres.	540 l'an.	32400
12 charpentiers, maçons, forgerons, poêliers, tonneliers, etc.	800	9600
Entretien de l'atelier, réparations, etc., etc..	»	20000
Total.		272295

2° *Produits.*

		francs.	francs.
156,000 kilog. d'acétate de plomb, à.	160 les 100 k.	249600
18,000 kilog. de vinaigre de table.	2	36000
12,000 kilog. de verdet.	3	36000
12,000 kilog. de vert de Scheele. .	4	48000
800 tonn. charbon de bois. . .	325	26000
2,500 grosse braise.	2	5000
800 mesures de cendres. . . .	1 50 c.	1200
300 tonn. sulfate de chaux. . .	2	600
	Total.	402400

Nous allons joindre ici les tableaux que M. Chabrol a publiés dans son ouvrage sur le département de la Seine, sur la fabrication de l'acide pyroligneux et des acétates de fer et de soude. Ces tableaux donneront une idée approximative de la nature de ces établissements, et des bénéfices que l'on pouvait alors espérer d'en recueillir, en supposant qu'aucun évènement imprévu ne vint augmenter les frais d'exploitation, ou diminuer la valeur des produits. D'ailleurs, ils ne se rapportent qu'aux années où les documents ont été recueillis, tous les éléments en variant avec le temps et les conditions du commerce ; mais ils peuvent servir de base à des calculs actuels, en modifiant les prix ou les conditions que le temps a apportés dans cette industrie.

Actuellement, on produit, en forêt, de l'acétate de chaux à très-bas prix et par des moyens fort économiques qui ont compromis la prospérité des fabriques d'acide pyroligneux dans les villes.

Fabrication de l'acide pyroligneux

Situation des établissements.	Nombre des établissements.	VALEUR — Foncière ou capital de location, à 50,000 fr. par établissement.	VALEUR — Mobilière des établissements, à 15,000 fr. par établissement.	MAIN-D'ŒUVRE — Nombre des ouvriers.	MAIN-D'ŒUVRE — Prix moyen de la journée de travail.	Matières premières. — Bois de menuise.	FRAIS GÉNÉRAUX — Entretien, réparations, éclairage, frais de bureau, à 6,000 fr. par établissement.	Transport des matières et des divers produits.	Vente du charbon — Commission sur le charbon, 2 pour 100.	Vente du charbon — Déchargement, arrimage, location et octroi, à 1 fr. 24 c. par voie.
		francs.	fr.		fr.	décastères	fr	fr.	fr.	fr.
Choisy.. .	1									
Chenevières	1	150000	45000	15	2	12.50				
Port-à-l'Anglais	1									
Total. . .	3	195000								

Intérêts de la valeur foncière et mobilière des établissements à raison de 6 p. 100 l'an.				Salaire total des ouvriers, à raison de 350 jours de travail.		Au prix moyen de 75 f. le décastère.				
									3432	35780
11700 fr.				9900 fr		93750	18000	11000	39212	
11700 fr.				9900 fr		93750	68712			

dans le département de la Seine.

TION.	RECETTE.					Bénéfice résultant de la comparaison du montant de la dépense totale avec celui de la valeur totale des produits.
Total général de la dépense annuelle de fabrication.	PRODUITS FABRIQUÉS.				Valeur totale des produits.	
	Acide pyroligneux.	Goudron.	Charbon.	Poussier de charbon.		
francs.	hectol.	hectol.	hectol.	sacs.	francs	fr.
	13500	3000	46000 ou voies 23000	4000		
	Au prix moyen de 2 fr. 50 c. l'hecto-litre.	Au prix moyen de 5 fr. l'hec-tolitre.	Au prix moyen de 7 fr. 20 c. la voie.	Au prix moyen le 1 fr. 50 c. le sac.		
	33750	15000	165600	6000		
184962	220350 fr.				220350	34288

Soit : 1° A l'égard de la valeur totale des produits à 16.46 fl. 100; 2° à l'égard du montant des fonds accessoires à l'exploitation de ce genre d'industrie, et que l'on évalue à 500,000 fr., 72.57 p. 100.

Emploi de l'acide pyroligneux pour la

Etablisse-ments. — Pour mémoire seulement.	DÉPENSE DE FABRICATION.						
	MAIN-D'ŒUVRE.		MATIÈRES				Accessoires à la fabrica-tion. — Houille
			Premières.				
	Nombre des ouvriers.	Prix moyen de la journée de travail.	Acide pyroli-gneux.	Sulfate de soude.	Craie.	Fer-raille de tôle, tour-nure de fer.	
		francs.	hectol.	kilog.	kilog.	kilog.	voies.
Les 3 fabriques d'acide pyroligneux.	18	2	13500	202000	150000	16000	400
	Salaire total des ouvriers, à raison de 330 jours de travail par an.		Au prix moyen de 2 f. 50 c. l'hec-tolitre.	Au prix moyen de 40 fr. les 100 kil.	Au prix moyen de 6 fr. les 100 kil.	Au prix moyen de 24 fr. les 100 kil.	Au prix moyen de 50 fr. la voie.
	11880 fr.		33750 f.	80800 f.	900 fr.	5840 fr.	20000 f.
	11880		119290 fr.				20000

fabrication des acétates de fer et de soude.

DÉPENSE DE FABRICATION.		RECETTE.			Bénéfice résultant de la comparaison du montant de la dépense totale avec la valeur totale des produits fabriqués.
Frais généraux. — Eclairage, usé des ustensiles, frais diver , etc., à 4,000 fr. par établissement.	TOTAL de la dépense annuelle de fabrication.	PRODUITS FABRIQUÉS		Valeur totale des produits fabriqués.	
		Acétate de soude.	Acétate de fer à 15°		
francs	francs.	kilog.	kilog.	francs.	francs.	
					Soit : 1° A l'égard de la valeur totale des produits, à 18.40 pour 100.
		240000	160000		
					2° A l'égard du montant des bois nécessaires à l'exploitation de cette branche d'industrie, et que l'on évalue à 50,000 fr. 73.66 p 100
		Au prix moyen de 75 fr. les 100 kil.	Au prix moyen de 12 fr. 50 les 100 kil.		
		180000	20000		
12000 fr.	163170	200000 fr.		200000	36830	

Observations. Matières premières. — Le bois dit de *menuise* se tire principalement du département de la Nièvre.

Produits chimiques. — Le *goudron* est vendu aux marchands du sel destiné aux fabriques de soude.

Le *charbon* est employé aux travaux chimiques et économiques. Il est plus léger et dure moins au feu que celui que l'on obtient par les procédés ordinaires, mais il a, sur ce dernier, l'avantage d'être parfaitement brûlé, de s'allumer plus promptement, de contenir moins d'acide carbonique, et d'être exempt de fumerons.

L'*acide pyroligneux* est employé soit à la fabrication du vinaigre, soit à celle des acétates de fer ou de soude, dans la fabrique même.

L'*acétate de soude*, décomposé par le feu, donne le sous-carbonate de soude, et, par l'acide sulfurique, l'acide acétique avec lequel on prépare, dans les mêmes établissements, les acétates d'alumine, de cuivre et de plomb.

L'*acétate de fer*, dit *bouillon-noir*, fabriqué avec l'acide pyroligneux, est liquide et marque 15 degrés à l'aréomètre de Baumé ; il est employé pour la teinture en noir, et surtout pour les chapeaux en feutre.

Ces diverses préparations augmentent les dépenses et les produits des fabriques des acides pyroligneux dans des proportions suffisantes pour élever à 300,000 francs le montant de toutes fabrications.

Nous allons maintenant exposer un compte comparatif des fabriques d'Allemagne.

*Expériences sur la fabrication de l'acide pyroligneux,
sur son épuration et sa conversion en acide acétique, par* HERMSTADT.

L'appareil dont se servait l'auteur était une espèce
d'alambic en fonte, avec un chapiteau en cuivre,
étamé intérieurement, et qui débouchait dans un
réfrigérant de Gedda; il brûlait de la tourbe, chauf-
fait d'abord modérément, augmentait peu à peu la
chaleur et la poussait jusqu'au rouge, afin de chasser tout le goudron, et de n'obtenir pour résidu que
du charbon pur.

« Voici, disait-il, les résultats comparés de plusieurs années. Il a cherché à établir là-dessus un calcul propre à servir de terme de comparaison à de
plus grandes quantités.

« Vingt-quatre kilogrammes de hêtre blanc ont
produit :

1° En 1820 :

Acide pyroligneux.	13 kil. 750
Goudron.	2 . 625
Charbon.	6 . 500
Déchet par les gaz.	1 . 125
Total. . .	24 . 000

2° En 1821 :

Acide pyroligneux.	14 kil. 125
Goudron.	1 . 750
Charbon.	6 . 250
Déchet par les gaz.	1 . 875
Total. . .	24 . 000

3° En 1822:

Acide pyroligneux.	14 kil. 250
Goudron.	1 . 625
Charbon.	5 . 750
Déchet par les gaz.	2 . 375
Total. . .	24 . 000

4° En 1823:

Acide pyroligneux.	13 kil. 040
Goudron.	1 . 040
Charbon.	5 . 870
Déchet par les gaz.	2 . 250
Total. . .	24 . 000

« Quatre distillations, faites pendant quatre années de suite, avec quatre espèces différentes de hêtre blanc, ont donné pour 96 kilog. de bois.

Acide pyroligneux.	56 kil. 000
Goudron.	7 . 040
Charbon.	24 . 375
Déchet par les gaz.	7 . 625
Total. . .	96 . 000

« Combustible employé pour ces quatre distillations, 1/32 de toise de tourbe, laquelle, estimée à 15 thalers le tas, coûte 21/2 groschen; d'après quoi, l'on peut établir le calcul suivant :

« Selon Hartig, la mesure de bois de Berlin est de 4,50 toises, et la toise de 108 pieds cubes; les intervalles comportent 1/4 du volume : ainsi l'espace compris par la mesure de bois sera (108 × 4,5) — 121,5 = 364,5 pieds cubiques. Le pied cubique de Brandebourg, en bois de hêtre, pèse 57 kilogrammes; ainsi le poids absolu de la mesure du bois ci-dessus est de 364,5×57 = 20776,5 kil. 96 kilog. de ce bois fournissant 56 kilog. d'acide pyroligneux brut, une mesure fournira 11,119 5/8 quarts de Berlin, ce quart pesant 3 kilog.

« La dépense sera :

	rthlr.	gr.	pf.
Une mesure de hêtre coût. . .	25	0	0
Tourbe, 6 toises 1/4 à 5 rthlr.	31	6	0
Détérioration des outils com- pensée.	4	12	0
Total. . .	60	18	0

« En estimant seulement le quart de cet acide vendu à 8 pf., les 4,039 quarts 7/8 donnent un produit de. . .

	rthlr.	gr.	pf.
	112	3	3
Déduisant.	60	18	0
Reste un bénéfice net de.	51	18	3

« Quant au charbon produit par les 96 kilog. de bois, il pesait 24 kil. 375; ce qui ferait 5,275 kilog. pour une mesure de bois pesant 20,776,5; en comptant la mesure de charbon à 75 kilog. poids, cela fait 70 mesures, qui, à 6 groschen la mesure, font 17 rthlr., qui, ajoutés aux 51 rthlr. 11 gr. 3 pf., de compte, n'étant jusqu'à présent reconnu propre à aucun emploi déterminé.

« On emploie le procédé suivant pour épurer l'acide pyroligneux brut et l'amener à l'état d'acide acétique. D'abord, on le filtre sur du poussier de charbon; on le distille de nouveau dans un alambic en cuivre, à chapiteau étamé et réfrigérant; le liquide acquiert, par cette distillation, une couleur d'un jaune clair, et, pour ne pas perdre le résidu, on le joint à une autre distillation de bois. On ajoute ensuite à cet acide suffisamment de chaux pour qu'il soit entièrement neutralisé; il s'en sépare encore une légère couche d'huile. On filtre le liquide neutralisé, et on y joint du sulfate de soude ou sel de Glauber, jusqu'à ce que l'acétate de chaux soit entièrement décomposé, c'est-à-dire jusqu'à ce qu'une dissolution de sel de Glauber ne trouble plus le liquide : on laisse reposer, on décante et on fait évaporer dans une chaudière de fer. Le résidu est mis ensuite dans une chaudière plate, et traité par le feu jusqu'à ce qu'il soit réduit à un état carbonacé, qu'il ne donne plus de fumée, et que, mis dans l'eau, il offre une dissolution limpide. On lessive cette masse à l'eau froide, et le liquide filtré est soumis à l'évaporation jusqu'à ce que 50 kilogrammes d'acide brut ou 18 2/3 quarts, soient réduits à 13 quarts. On y ajoute 230 grammes de manganèse pulvérisé; on distille dans une cornue jusqu'à siccité, et on obtient 12 quarts d'acide acétique fort et pur, que l'on peut étendre, pour l'usage ordinaire, de 4 quarts d'eau. Le résidu qui reste dans la cornue est du sulfate de soude ou de potasse, mêlé avec du sulfate de manganèse.

« On peut donc, pour une mesure de bois de hêtre, déduire les résultats suivants :

« 4,039 7/8 quarts d'acide pyroligneux brut, coûtent en bois, en combustible et en détérioration d'instruments, 60 rthlr. 12 gr.; il reste donc encore 43 rthlr. 6 gr. pour ces 4,039 7/8 quarts d'acide brut. Il faut ajouter à cette somme, pour l'épuration de ces 4,039 7/8 quarts :

Tourbe pour rectifier l'acide.	15 rthlr.	0 gr.	0 pf.
Charbon pour épurer.....	3	0	0
Chaux pour saturer.	2	12	0
Combustibles pour évaporer et filtrer la masse.	5	0	0
Acide sulfurique pour décomposer 165 kilog., à 2 gr. 1/3.	17	4	0
Manganèse..	3	0	0
Pour la distillation..	5	0	0
Instruments et leur détérioration.	10	0	0
	59	16	0
A ajouter. . . .	43	6	0
En tout.	102	22	0

« On obtient de là 2,597 d'acide acétique fort, ce qui met le quart de Berlin à 11 1/3 pfenning. En l'étendant avec 1/3 d'eau, pour le rendre potable, le quart ne coûte plus que 7 2/3 pfenning.

« La tonne de vinaigre de drèche, à 100 quarts de Berlin, coûte 4 rthlr. courant, et par conséquent le quart, 11 1/2 pfenning. Mais communément, le vinaigre de bois contient une fois autant d'acide que le vinaigre de drèche; ainsi, si la tonne du premier se vend 4 rthlr., le fabricant gagne 1 rthlr. 4 gr. sur chaque tonne.

« Ainsi la possibilité de tirer de l'acide acétique pur de l'acide pyroligneux, et l'utilité de ce procédé sous le rapport des frais de fabrication, sont incontestablement démontrées.

« Les résultats d'expériences faites avec du chêne et du hêtre présentent très peu de différence; mais ces résultats seraient bien plus avantageux si l'on coordonnait la fabrication du vinaigre avec celle du goudron. »

Mode de fabrication de l'acide pyroligneux, par M. A. P. HALLIDAY.

Les perfectionnements de M. Halliday ont rapport : 1° à la fabrication même de l'acide pyroligneux ; 2° aux appareils dont on fait usage dans cette fabrication.

Dans le mode ordinaire de fabrication de l'acide pyroligneux, on prend des branchages ou des bûchettes de chêne ou de tout autre bois, qu'on introduit dans des cylindres en fonte hermétiquement fermés, et qu'on soumet à une distillation jusqu'à destruction, par l'application de la chaleur au cylindre qui renferme la matière. Quelquefois aussi on fait usage de la vapeur à une haute température, appliquée à la substance ou introduite au sein des matières dont on veut extraire l'acide pyroligneux et autres produits.

On sait aussi que la sciure de bois, les copeaux de tour et de menuiserie, les bois de teinture et le tan épuisés, la tourbe, ainsi que d'autres substances végétales, sont susceptibles de donner de l'acide pyroligneux, mais que, par suite de l'état extrême de division sous lequel on rencontre ces substances, le mode ordinaire pour effectuer la distillation à destruction présente des difficultés, et devient même impossible dans la pratique, parce que la portion qui est en contact immédiat avec la cornue est complétement charbonnée, tandis que par suite des propriétés non conductrices du charbon, la chaleur ne peut plus pénétrer à l'intérieur.

La première partie du procédé en question consiste à faire la distillation à destruction de la sciure de bois, des copeaux de tour et de menuiserie, des bois de teinture et du tan épuisé, de la tourbe et autres substances végétales de même caractère, pour en extraire l'acide pyroligneux, en faisant, par un mouvement continu, passer les matières à travers des tuyaux ou des cornues au moyen d'un mécanisme ou d'appareils adaptés à cet objet.

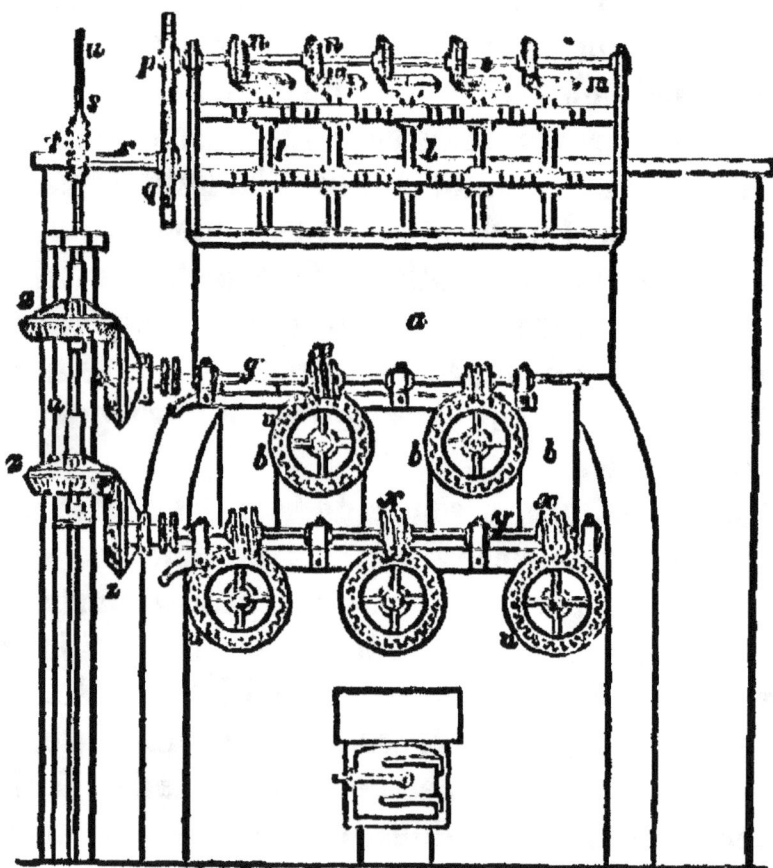

Fig. 6.

La sciure de bois, les copeaux, les bois de teinture, le tan ou la tourbe dont on veut extraire l'acide

pyroligneux, sont en conséquence introduits dans
une trémie, dans laquelle tournent des hélices qui
charrient ces matériaux, et en règlent la distribution
dans les cornues disposées dans une position horizontale, et chauffées au moyen d'un fourneau. Dans
ces cornues, d'autres hélices maintiennent en tour-
nant ces matières dans une agitation continuelle en
les faisant marcher en même temps en avant, jusqu'à ce que tout l'acide pyroligneux soit dégagé.

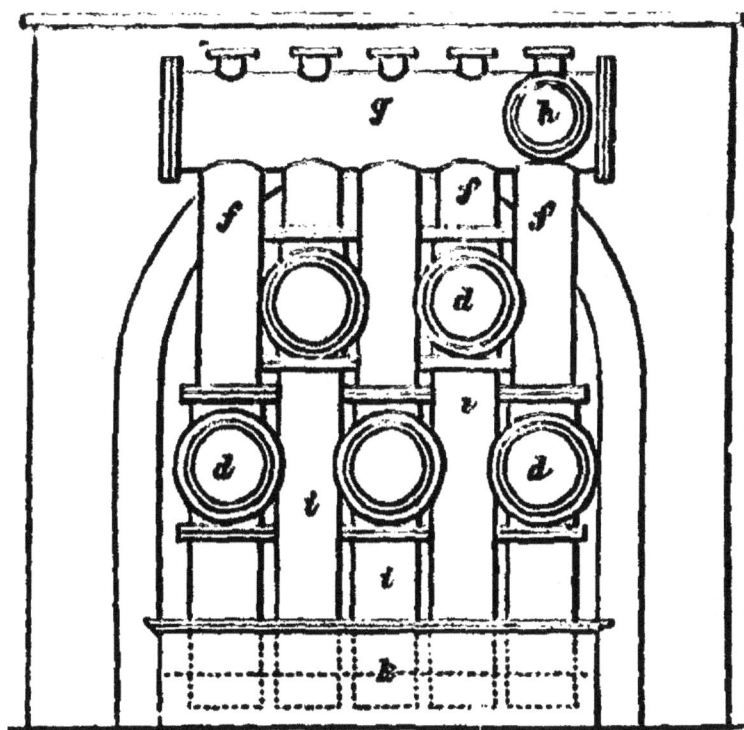

Fig. 7.

Le charbon qui se forme ainsi tombe à travers des
tuyaux dans une bâche remplie d'eau ou dans un
vase impénétrable à l'air, d'où part un tube plongeant dans l'eau qui permet au gaz de s'échapper à
mesure que le vase se remplit de charbon, et d'où

on peut l'extraire par une porte latérale. L'acide py-roligneux est condensé à la manière ordinaire dans des tuyaux de fer ou de cuivre, entourés d'eau ou plongés dans ce liquide. Quant aux autres produits de la distillation à destruction des matières, ils sont recueillis et employés à la manière ordinaire.

La figure 6 est une élévation vue par devant de l'appareil destiné à effectuer l'opération qu'on vient d'indiquer.

La figure 7, une autre élévation vue par derrière.

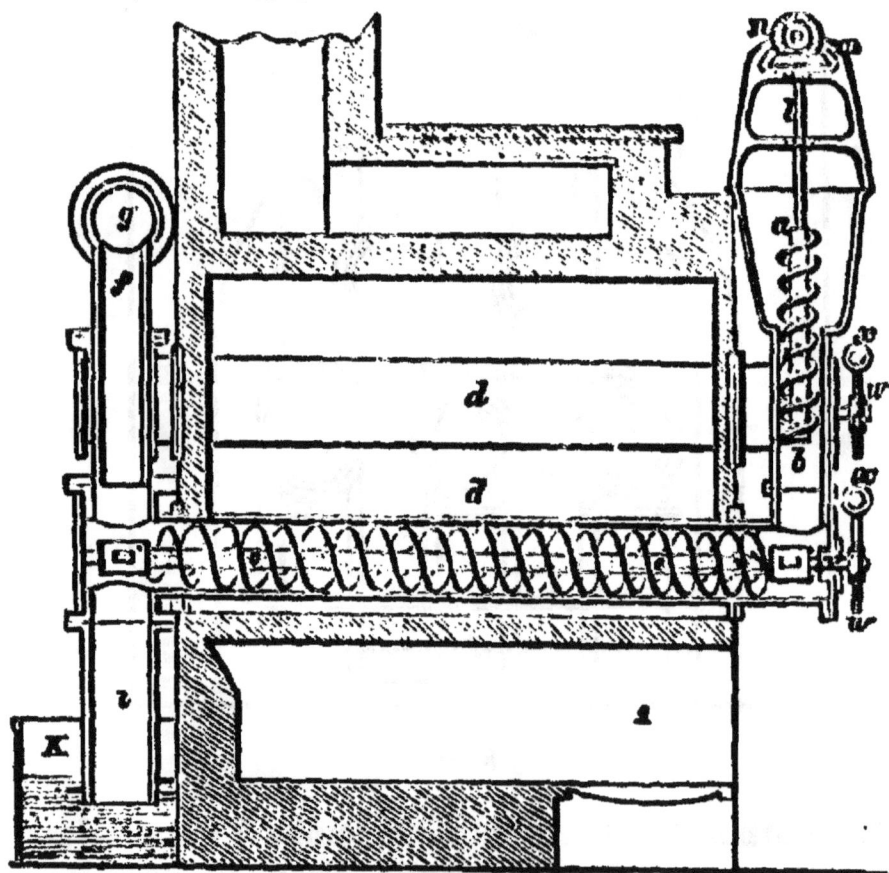

Fig. 8.

La figure 8, une section verticale prise suivant la longueur et vers la partie moyenne de l'appareil.

a, trémie dans laquelle on place la sciure de bois ou autres matières ; *bb*, tuyaux verticaux d'alimentation dans lesquels tournent les hélices *cc* ; *dd*, cornues disposées horizontalement et contenant les hélices tournantes *cc* ; *ff*, tuyaux de condensation et d'où l'acide pyroligneux passe en vapeur dans le barillet *g* : *h*, tuyau par lequel les vapeurs se rendent au condensateur ; *ii*, tuyaux par lesquels le charbon tombe dans la bâche *k* qui renferme de l'eau.

Voici comment on fait tourner les hélices verticales :

Sur l'extrémité supérieure des tiges verticales *ll*, sur lesquelles sont établies les hélices *cc*, sont calées des roues d'angle *mm* qui engrènent dans des pignons de même genre *nn*, montés sur l'arbre horizontal *o*. A l'une des extrémités de cet arbre est une roue dentée droite *p* qui est commandée par une roue semblable *q*, montée sur l'extrémité de l'arbre transversal *r ;* sur l'autre bout de cet arbre *r* est calée une roue à denture hélicoïde *s* recevant le mouvement d'une vis sans fin *t*, montée sur l'arbre moteur vertical *t*, qu'on met en communication avec une machine à vapeur, ou autre premier moteur, de la manière qu'on le juge convenable.

Quant aux hélices horizontales *ee*, on les fait tourner par le moyen que voici :

Sur les extrémités des axes *vv* sur lesquels sont établies les hélices *ee*, sont calées des roues dentées hélicoïdes *ww*, qui sont commandées par des vis sans fin *xx* fixées sur l'arbre horizontal *yy*, auquel on imprime un mouvement de rotation à l'aide d'un arbre moteur vertical *u* et d'un système de roues d'angle *zz*.

Les cornues *dd* sont chauffées au moyen d'un fourneau 1, et l'appareil fonctionne ainsi qu'on va l'expliquer.

Le fourneau 1, dans lequel sont placées les cornues, étant chauffé au degré convenable, et la trémie *a* remplie de sciure, de copeaux, de tan ou de tourbe, le mécanisme est mis en mouvement. Alors les matières descendent par les tuyaux d'alimentation *bb*, et l'action des hélices *cc* dans les cornues *dd*, où elles avancent et sont continuellement agitées par les hélices *cc*. Pendant leur passage à travers ces cornues, ces matières se carbonisent complétement, et les vapeurs dégagées passent par les tuyaux *ff* dans le barillet *g*, d'où elles se rendent, par le tuyau *h* au condenseur. Le charbon formé pendant cette opération tombe par le tuyau *ii* dans la bâche *k*.

Les procédés de cette invention consistent aussi à effectuer la distillation à destruction des bûchettes, des branchages de bois, de la sciure, des copeaux, du tan, de la tourbe ou autres matières végétales, pour en extraire de l'acide pyroligneux, en y faisant passer un courant d'air chaud. On s'assure de la température de cet air avant son entrée dans l'appareil qui renferme le bois à l'aide d'un thermomètre ou d'un pyromètre, et on peut en régler la chaleur à volonté.

L'appareil qui fournit les meilleurs résultats consiste en deux cylindres, dont l'extérieur est en fonte ou en briques, avec un intervalle d'environ 4 à 5 centimètres entre eux pour la circulation de l'air chaud. Le cylindre intérieur est construit en gros fil de fer, si on emploie des bûchettes ou des branchages, et en tôle de fer percée ou toile métallique, si on se sert des autres matériaux indiqués. On place les cylindres verticalement, et l'air chaud entrant par le bas s'échappe par le haut avec les vapeurs d'acide pyroligneux qu'il entraîne par un tube placé sur le côté et près du sommet du cylindre extérieur au condenseur, où elles sont condensées à la manière ordinaire. L'air chaud est fourni par des tuyaux et chassé au moyen de ventilateurs ou autres appareils connus, à travers les matériaux soumis à la distillation destructive.

Appareil KESTNER pour distiller l'acide pyroligneux.

Dans l'appareil que nous avons décrit précédemment, p. 157, le vase distillatoire est mobile, mais M. Kestner a imaginé un autre appareil dont on fait actuellement un usage très répandu et où la cornue est fixe, et dont voici la description.

Le vase distillatoire ou plutôt cette cornue qu'on voit en A, fig. 9, a environ une capacité de 3 mètres cubes. On y charge le bois divisé en bûchettes en le rangeant régulièrement. Les produits de la distillation se dégagent à travers le serpentin *g, g, g* qui est à quatre retours et en tôle et que pour hâter le refroidissement de ces produits on entoure de manchons dans lesquels circule de l'eau froide, qui vient du réservoir K, descend par le centre en *n* dans les manchons en montant de l'un à l'autre par les conduits O, O et s'échappe enfin à l'état chaud en *t*. Quant aux produits condensés, ils se réunissent en *r*, tandis que les gaz combustibles et incondensables

passant par l'embranchement *s* viennent se brûler
dans le foyer ou s'échappent par la cheminée.

Lorsque l'opération touche à son terme, on élève
la température jusqu'au rouge et on la maintient
quelque temps à ce point. Cinq à six heures suffisent
en général pour obtenir une décomposition complète
des quantités de bois introduites.

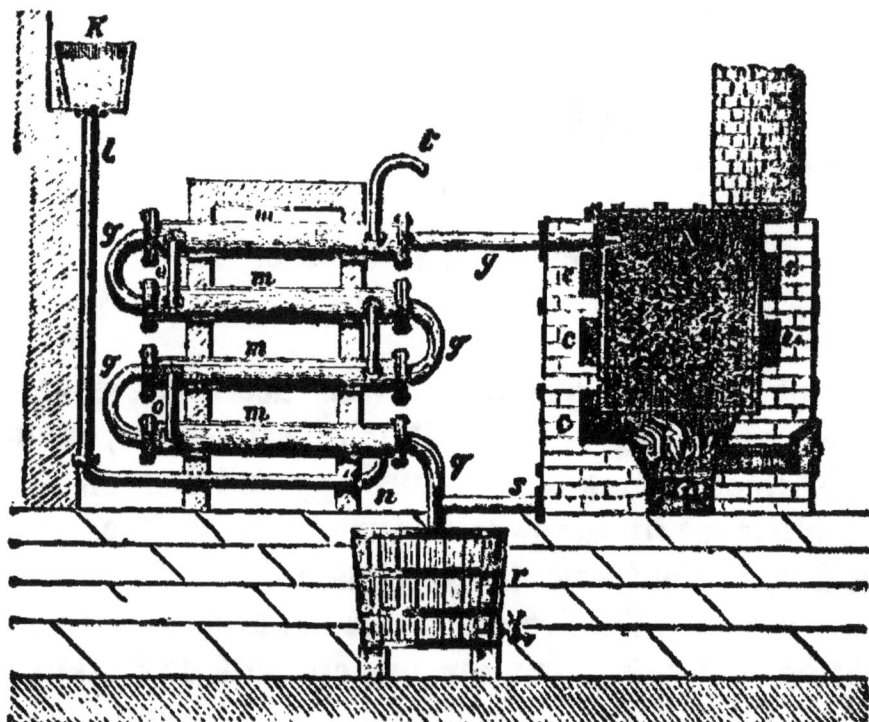

Fig. 9.

Dès que cette opération est terminée, on laisse
refroidir pendant quelques heures, on débouche un
trou pratiqué à la partie inférieure de la cornue A et
l'on recueille vivement dans des étouffoirs le charbon
formé ; cela fait, on recharge de nouveau la cornue A
avec du bois et on recommence une opération.

L'appareil qu'on vient de décrire travaille peut-
être un peu moins rapidement que celui décrit à la

page 157, mais il présente cet avantage que la cornue est fixe et qu'il ne faut pas l'enlever après chaque opération et déplacer et replacer le couvercle sur le fourneau.

Appareil anglais pour distiller l'acide pyroligneux.

On fait également usage en France d'un appareil fort usité en Angleterre pour la fabrication de l'acide pyroligneux, mais dont la disposition tout à fait différente ressemble à celle des appareils à cylindres qu'on emploie dans les fabriques d'acide chlorhydrique et azotique.

Ces cylindres, qu'on fabrique généralement en fonte, sont disposés horizontalement les uns à côté des autres dans un fourneau construit en briques. On donne à ces cylindres plus ou moins de longueur, mais le plus ordinairement 3 mètres sur un diamètre de 0m.80. On en établit un nombre pair qu'on accouple deux à deux. Ils sont fermés par des tampons en fonte, celui d'arrière fixe, mais pouvant se démonter au besoin, et celui d'avant mobile et qu'à chaque opération on garnit avec un lut argileux. Au milieu du disque d'arrière part un tuyau court aussi en fonte assemblé par un coude mobile avec un autre tuyau qui pénètre dans une boîte rectangulaire R et R', fig. 10, surmontée d'un couvercle à fermeture hydraulique.

Pour mettre en activité le fourneau du modèle de la figure qui comprend deux couples de deux cylindres chacun, on remplit chacun de ces cylindres avec du bois refendu et on allume le feu sous chaque couple. Sous l'influence d'un feu de houille,

il se volatilise d'abord de l'eau, et dès que les produits distillés commencent à se dégager librement à
l'extrémité et y deviennent fuligineux ou acides, on
dispose les coudes de chaque cylindre, on élève la
température et la distillation commence réellement.

Fig. 10.

Les goudrons qui sont moins volatils que l'acide
acétique se déposent les premiers et la majeure partie de ces corps se condense dans les boîtes R, R'
d'où ils s'écoulent dans les tonneaux T' et T" destinés à les recevoir en entraînant avec eux une certaine proportion d'acide acétique.

Quant aux composés aqueux et acides, ils s'échappent en très grande partie à travers deux tuyaux
courbes en cuivre partant de R, R' et se condensent
dans un serpentin que renferme la cuve C, serpentin qui est continuellement rafraîchi par un courant
d'eau froide arrivant par le bas, et s'échappent par

le haut. Les liqueurs acides s'écoulent dans le tonneau T à travers un tube plongeant jusqu'au fond et de là sont évacuées dans un caniveau qui les conduit dans un réservoir. Les gaz combustibles s'échappent par deux tubes qu'on voit dans la figure et plongent dans le sol au travers duquel ils sont ramenés sous les foyers pour activer la combustion.

La distillation dans ces appareils anglais semble marcher peu rapidement, cependant nous ferons remarquer qu'on y distille 5 mètres cubes de bois en huit heures.

La distillation terminée, on laisse refroidir, on enlève le charbon dans les cornues, on le fait tomber s'il est chaud dans les étouffoirs et on procède à une nouvelle opération.

Modes divers d'extraction de l'acide pyroligneux.

MM. Salomon et Azulay ont été patentés en Angleterre pour l'emploi de la vapeur d'eau surchauffée pour opérer la carbonisation et la distillation des bois. On fait arriver directement cette vapeur surchauffée sur le bois renfermé dans un appareil convenable. L'acide est nécessairement très dilué, mais on compense en grande partie cet inconvénient en faisant servir la vapeur à la concentration des produits et en les faisant passer à travers un serpentin disposé dans les chaudières d'évaporation.

M. Hébert place aussi le bois dans un wagon qu'il renferme dans une cavité en briques, et au moyen d'un ventilateur, il établit un courant de gaz chauds et de vapeur d'eau surchauffée provenant d'un foyer extérieur.

Autres appareils et procédés.

On a fait varier de bien des manières les appareils à fabriquer l'acide pyroligneux, nous allons en signaler sommairement quelques-uns.

Dans le système de Reichenbach, on se sert de grands fourneaux en briques, dans lesquels on introduit des masses considérables de bois qu'on carbonise par la chaleur que transmettent des tuyaux qui les traversent d'un bout à l'autre, et dans lesquels circule la flamme d'un foyer séparé. L'appareil est dispendieux, et la carbonisation longue est imparfaite.

Dans d'autres fabriques les appareils sont organisés comme ceux des appareils à gaz.

MM. Astley, Paston et Price ont cherché à produire la distillation par un appareil continu. La cornue est un gros tuyau en briques incliné de 10 à 15° à l'horizon, dans lequel on introduit trois wagons chargés de bois. Un registre sert à séparer le wagon placé le plus bas de ceux de la partie la plus élevée du tuyau. Le foyer n'exerce aucune action sur le wagon inférieur, et chauffe au contraire les deux autres. Les tuyaux conducteurs des produits volatils sont placés à la partie supérieure de la cornue. Lorsqu'un wagon a été calciné au milieu, on lève le registre et on le laisse descendre dans le premier tiers de la cornue où il se refroidit pendant ce temps ; le wagon qui occupait la place la plus élevée, vient prendre sa place, un autre wagon lui est substitué, et l'appareil marche ainsi d'une manière continue.

Principes généraux de la carbonisation des bois.

Nous terminerons ce chapitre sur la fabrication du vinaigre avec le bois par l'énoncé des principes généraux qui ont été posés sur la carbonisation des bois par M. Gillot, dans un mémoire présenté en 1868 à l'Académie des Sciences.

On peut admettre, selon lui, que l'état moyen de siccité où il est ordinairement carbonisé en forêt, contient en carbone 40 p. 100 de son poids et 60 p. 100 d'eau, tant combinée qu'hygrométrique. Dans les 60 d'eau sont compris un peu d'azote et 748 millièmes d'hydrogène en excès sur celui nécessaire pour former l'eau.

Par la carbonisation en forêt, on n'obtient guère, en charbon, plus de 15 pour 100 du poids du bois; le reste est ou brûlé pour produire la chaleur nécessaire à la carbonisation, ou entraîné à l'état gazeux et perdu dans l'atmosphère, combiné dans d'autres substances utiles du bois dégagées par la distillation.

Par le procédé de carbonisation lente au gaz, en vase clos, on obtient, en charbon, 26 à 27 pour 100 du poids du bois, et on recueille le surplus du charbon contenu dans ce bois, déduction faite de la portion consommée par l'opération, sous la forme de produits accessoires tels que acide acétique, méthylène, huiles et goudrons dont la valeur dépasse de beaucoup, tous frais déduits, celle de tout le charbon obtenu.

Les expériences qui ont conduit à ces résultats permettent de fixer les principes généraux de la carbonisation, quel que soit le procédé employé, et ont établi entre autres faits nouveaux :

1° Que la lenteur de l'opération est la seule condition nécessaire d'une bonne carbonisation en forêt comme en vase clos, et qu'une durée de 72 heures satisfait complétement à cette condition dans le procédé en vase clos.

2° Que la décomposition du bois commence au moins vers 100°.

3° Que les réactions qui ont lieu pendant la carbonisation entre les corps composés qui constituent le bois, font dégager avec les hydrocarbures, l'acide carbonique et autres gaz qui en sont le résultat, une quantité de charbon qui croît avec la température du four et avec les quantités de matières décomposées, de manière que cette chaleur, un peu avant la température de 300° du four, détermine, dans la cornue, un excès de température sur celle du four, excès qui doit persister jusqu'à la fin de l'opération pour que celle-ci puisse s'achever.

4° Que l'accroissement graduel de cette température intérieure de la cornue est l'insigne régulateur de la conduite de l'opération, et que sa formation trop rapide détermine la présence d'un excès de goudron et de gaz, et une diminution correspondante des produits accessoires utiles, ainsi que du charbon et, en même temps aussi, une diminution de qualité de ce dernier, résultant de la rupture de ses fibres et de la spongiosité dans sa structure qui sont un des effets de cette distillation trop accélérée.

5° Que la richesse en acide acétique des liquides de la condensation suit une marche croissante jusqu'à 218° où elle atteint 48 pour 100, pour décroître ensuite jusqu'à 0, point qui précède de peu d'instants la fin de l'opération.

6° Que cette circonstance permet d'isoler les liquides riches des liquides pauvres, et de diminuer ainsi notablement les frais de rectification.

7° Que la quantité d'acide acétique monohydraté ou dit *cristallisable* que l'on peut obtenir par une bonne carbonisation est comprise entre 7 et 8 pour 100 du poids du bois, mais qu'il est probable que celui-ci en contient une plus forte proportion qui s'y trouve de plus en plus retenue à mesure que la carbonisation avance, par des influences croissantes de masse, et se décompose aux températures de la dissociation de cet acide d'avec les corps auxquels il est combiné dans le bois.

8° Enfin, que le volume du charbon est les deux tiers de celui du bois qui l'a fourni.

———

QUATRIÈME PARTIE

CONCENTRATION DE L'ACIDE ACÉTIQUE

———

Nous avons déjà dit que le vinaigre était de l'acide acétique plus ou moins étendu d'eau et contenant quelques substances étrangères. Or, il est évident qu'on obtiendra un vinaigre d'autant plus concentré qu'on lui aura enlevé une plus grande quantité d'eau.

Il est plusieurs moyens de concentrer le vinaigre.

1° Par la distillation et l'évaporation ;
2° Par la gelée ;
3° Par la machine pneumatique ;
4° Par le charbon ;
5° En l'unissant aux bases salifiables et les décomposant par les acides.

1° Vinaigre distillé.

L'acide acétique étant moins volatil que l'eau, il suffit de l'exposer à l'action de la chaleur pour le dépouiller d'une portion de celle-ci ; mais comme l'eau entraîne toujours avec elle un peu d'acide acétique, en pure perte, l'on a recours à la distillation ; les premières portions sont très faibles, et le résidu, suivant la remarque de Stahl, est un vinaigre très fort. On doit arrêter la distillation dès que le résidu a acquis la consistance de la lie de vin. Si l'on compose le condensateur de trois vases dans lesquels on porte le refroidissement des vapeurs dans l'un à 100, dans l'autre à 50, et dans le dernier à 10, on obtient de l'acide acétique à divers degrés de concentration. Nous devons faire observer que le vinaigre distillé n'est pas, comme on l'a cru, dans un état de pureté parfaite ; il retient toujours des substances organiques, très souvent même de l'ammoniaque.

Appareil de rectification de l'acide pyroligneux.

Nous avons indiqué plus haut la manière de rectifier l'acide pyroligneux, en le saturant par la chaux, décomposant l'acétate de chaux qui s'est formé par le sulfate de soude qui forme du sulfate de chaux qui se précipite, et de l'acétate de soude qui se dépose en cristaux colorés, qui renferment encore des goudrons, et que l'on soumet par le même moyen à une deuxième cristallisation pour en extraire l'acide acétique.

Mais ce moyen et d'autres qui ont été proposés ne paraît pas économique, et on le remplace avantageusement par un autre qui fournit des produits bien purs avec moins de main-d'œuvre.

Dans un alambic A, fig. 11, on introduit l'acide pyroligneux brut qu'on chauffe au moyen de la vapeur qui arrive en M dans un serpentin sur le fond de cet alambic, et qui en sort en N. Le couvercle de cet alambic est mobile et peut être soulevé avec le tube qu'il porte au moyen d'un contre-poids P. On l'arrête au besoin avec des clavettes ou des pinces. Les vapeurs, au lieu de se rendre directement dans un serpentin pour y être condensées, sortent par un

tube en forme de pomme d'arrosoir qui débouche
dans une seconde chaudière B, semblable à la première, et dans laquelle on a ajouté préalablement en
quantité convenable de la chaux, du sulfate de soude,
un peu d'eau et les petites eaux d'acide acétique.
Au moyen d'un agitateur K, on brasse ces substances
qui forment promptement de l'acétate de soude. De

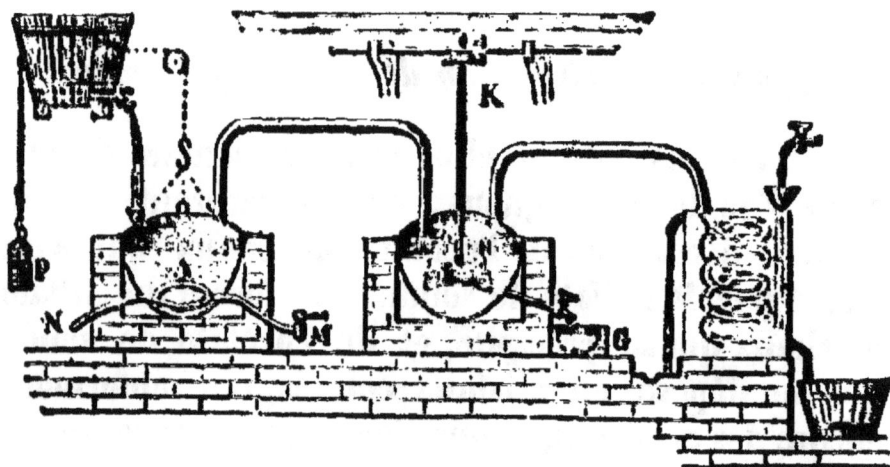

Fig. 11.

temps en temps, au moyen d'une ouverture percée
dans le couvercle, on lève un échantillon pour constater l'état de saturation de la liqueur, et sitôt qu'elle
paraît un peu acide, on y ajoute de la chaux en
poudre. On soutire le liquide trouble qui tient en
suspension du sulfate de chaux, on ajoute de nouveau dans cette chaudière B de la chaux et du sulfate de soude, on recharge l'alambic A d'acide brut
et on recommence une opération.

Pendant que l'acide acétique distille, les vapeurs
non acides, esprit de bois, acétone, etc., passent
dans un serpentin où elles sont condensées par un
courant d'eau froide.

Lorsque la solution d'acétate de soude soutirée de la chaudière A a laissé déposer tout le sulfate de chaux qu'elle tenait en suspension, on la décante, on lave sur des toiles le sulfate de chaux, on réunit les liquides, et on les évapore doucement à siccité dans des chaudières en tôle. Le résidu sec est un acétate de soude très impur, et chargé de matières goudronneuses. On purifie le sel par des cristallisations successives, ou par la torréfaction. Pour cela on le place dans une chaudière en tôle recouverte que l'on chauffe avec beaucoup de précaution à 400° ou 500° C. A ces températures, l'acétate de soude ne subit aucune altération, mais les matières goudronneuses se volatilisent en partie ou se décomposent en laissant un résidu charbonneux mélangé à l'acétate de soude.

La torréfaction achevée, on dissout cet acétate, afin de séparer le charbon qu'il renferme. Dans ce but, la matière liquide est puisée à la cuillère et projetée au moyen d'une trémie pour éviter les jaillissements, dans une chaudière remplie d'eau ; le sel qui tombe avec bruit se dissout rapidement dans l'eau ainsi portée à une température élevée ; on filtre la liqueur chaude sur des toiles qui retiennent le charbon et les impuretés, on évapore à siccité ou on abandonne à la cristallisation.

2° *Vinaigre concentré par la gelée.*

C'est ici l'effet contraire de l'opération précédente ; par l'une, l'on emploie l'action de la chaleur ; par celle-ci, celle du froid. L'expérience a constaté que l'eau se congelant à une température bien au-dessus de celle qu'exige le vinaigre, il est bien évident qu'en exposant celui-ci à divers degrés de froid, on doit le dépouiller d'une plus ou moins grande partie de son eau et en opérer ainsi la concentration. Stahl, à qui la chimie doit tant d'excellentes observations et de si brillantes erreurs, est un des premiers chimistes qui ont recommandé ce moyen, qui fut bientôt après l'objet des recherches de Geoffroy. Ainsi, quand on veut concentrer du vinaigre par ce moyen, on le met dans un vase à très large ouverture et on l'expose, en hiver, à une température de quelques degrés au-dessus de zéro. Si l'on fait cette opération le soir, on y trouve, le lendemain, des cristaux ou glaçons comme neigeux, qu'on enlève soigneusement. On expose de nouveau le vinaigre à la gelée et l'on réitère cette opération en recourant même à un froid plus intense, pour en séparer autant d'eau qu'il est possible. L'on finit, d'après Stahl, par le réduire à un huitième de son volume. En cet état, le vinaigre n'est pas encore parvenu à son dernier degré de concentration, puisque lorsqu'il se trouve à 1,063 et à 3° C., il se prend en une masse cristalline. Stahl (*Opuscul. chimiques*) a remarqué que, pendant cette congélation de l'eau, il se précipitait de la crème de tartre (sur-tartrate de potasse); et Lowitz s'est assuré qu'à la température de 13 degrés au-dessous de 0, l'acide lui-même se congèle ainsi que l'eau (Thompson, *Syst. chimi.*, t. 3). D'après cette observation, on ne doit pas soumettre le vinaigre à cette température, puisque l'opération ne produirait aucun bon résultat.

3° *Concentration du vinaigre par la machine pneumatique.*

M. Dumas a proposé de concentrer l'acide acétique au moyen de la machine pneumatique, en y mettant une capsule avec de l'acide sulfurique concentré. En faisant le vide, la pression atmosphérique cessant, l'eau se vaporise, et cette vapeur est absorbée par l'acide sulfurique. Mais ce moyen, bon pour des expériences de laboratoire, ne saurait convenir au commerce, tant à cause de son prix que du temps qu'il exige, et des petites quantités qu'on peut en obtenir ainsi.

4° *Concentration du vinaigre par le charbon.*

L'on prend du charbon de bois en poudre fine qu'on réduit en pâte avec du vinaigre ordinaire, et l'on procède à la distillation. L'eau commence d'abord à passer ; il faut ensuite une température plus élevée pour opérer la distillation de l'acide acétique. Lowitz, à qui nous devons cette connaissance, assure qu'en répétant cette expérience on pouvait obtenir le vinaigre en cristaux.

5° *Concentration du vinaigre par la distillation des acétates.*

Nous avons déjà fait connaître l'action qu'exerce la chaleur sur les acétates ; nous avons dit que chez les uns l'acide subissait une décomposition plus ou moins grande, tandis que chez d'autres le sel était décomposé, et le vinaigre ou acide acétique passait à la distillation dans un état de concentration. De ce nombre est l'acétate de cuivre, qui sert à préparer ce qu'on nomme le vinaigre radical.

Vinaigre radical.

C'est sous ce nom que l'on connaissait jadis le vinaigre pur et concentré qu'on préparait dans les pharmacies, de la manière suivante :

On remplit, aux deux tiers, d'acétate de cuivre neutre, réduit en poudre, une cornue en grès, à laquelle on adapte un ballon muni d'une allonge ; ce ballon porte un tube long et étroit à sa tubulure. On place la cornue dans un fourneau à réverbère, l'on chauffe peu à peu, et la décomposition ne tarde pas à s'opérer. L'acide acétique se partage en deux parties : l'une d'elles s'unit à l'oxygène de l'oxyde de cuivre, et forme du gaz acide carbonique, du gaz hydrogène carboné, de l'eau et de l'acétone. La plus grande partie de l'acide acétique passe à la distillation avec l'eau produite, et se condense dans le ballon avec l'esprit pyro-acétique. On doit avoir soin de refroidir le ballon en l'entourant de linges mouillés. Le résidu, qu'on trouve dans la cornue, est un mélange d'un peu de charbon, de protoxyde de cuivre et de cuivre très divisé. On reconnaît que l'opération est terminée lorsque la cornue, étant portée au rouge obscur, il ne s'en dégage plus de vapeurs.

Il faut faire attention de bien conduire le feu, car s'il était trop fort, la décomposition serait trop prompte, et tout l'acide ne se condenserait pas dans le ballon ; s'il ne l'était pas assez vers la fin, une partie de l'acétate de cuivre ne serait pas décomposée, ce qui serait en pure perte.

L'acide acétique ainsi obtenu a une légère couleur verte, qu'il doit à un peu d'acétate qu'il a entraîné, et dont on le débarrasse en le distillant dans une cornue de verre, jusqu'à ce qu'il ne reste presque plus rien dans la cornue (1). C'est ce vinaigre, ainsi préparé dans les pharmacies, qui est décrit dans les dispensaires sous le nom de vinaigre radical. MM. De- rosne se sont livrés à des recherches fort intéressan- tes sur la théorie de cette décomposition. Nous al- lons les faire connaître : 20 kil. 315 d'acétate de cui- vre leur ont donné :

Acide coloré en vert.	9kil.	943
Cuivre.	6	792
Substances gazeuses chargées d'un peu d'acide acétique.	3	580
	20kil.	**315**

Ces chimistes ont recueilli cette quantité d'acide à quatre époques différentes de la distillation, en chan- geant chaque fois de récipient.

Le premier acide qu'ils ont obtenu était d'une odeur faible et était un peu coloré ; il pesait 2 kil. 754, et marquait à l'aréomètre 9°.5 — 0.

Le deuxième était d'une odeur bien plus forte et plus coloré. Son poids était de 3 kil. 704 ; il marquait à l'aréomètre 10°.5 — 0.

_____

(1) Pendant l'opération, il se dépose parfois, dans le col de la cor- nue, de petits cristaux blancs, que Vauquelin et Vogel ont reconnu être de l'acétate de cuivre. Ces cristaux, mis en contact avec l'eau, acquièrent la couleur bleue qui caractérise ce sel.

Le troisième, odeur plus vive et empyreumatique, couleur plus forte; il pesait 3 kil. 855, et marquait 4°.5 — 0. Il contenait de l'acide pyro-acétique, et beaucoup plus d'acide acétique que les deux premiers.

Le quatrième, enfin, avait une couleur ambrée et une odeur d'acide faible; il ne contenait point d'oxyde de cuivre, pesait 260 grammes, marquait 5°,0—0, était plus léger que l'eau, contenait moins d'acide que les trois autres, mais, en revanche, une grande quantité d'esprit pyro-acétique. MM. Derosne ont distillé les deux derniers produits à une douce chaleur, et en ont séparé la plus grande partie de l'esprit pyro-acétique; l'acide marquait alors de 6° à 7°—0.

Procédé de M. Pérès.

Comme l'acétate de cuivre est à un prix beaucoup plus élevé que le vert-de-gris et le vinaigre, M. Pérès a proposé, comme moyen d'économie, de prendre du vert-de-gris, de le réduire en poudre, et de l'arroser tous les jours avec du bon vinaigre, jusqu'à ce que l'oxyde de cuivre soit converti en acétate. Si l'on a opéré sur un demi-kilog. de vert-de-gris, on distille le produit avec un kilog. d'acide sulfurique concentré, et à une douce chaleur, et l'on obtient par ce moyen plus d'acide acétique que par la méthode ordinaire.

Le résidu, qui se trouve dans la cornue, lavé et évaporé, donne de très beaux cristaux de sulfate de cuivre; d'où il s'ensuit qu'en opérant ainsi, il n'y a rien de perdu.

Il serait encore plus économique de faire dissoudre dans le vinaigre le résidu cuivreux obtenu par la préparation du vinaigre radical, en distillant l'acétate de cuivre sans addition.

On peut aussi obtenir l'acide acétique pur, en distillant également l'acétate de plomb avec l'acide sulfurique, ou tout autre acétate. Il est bon de faire observer que si l'on emploie l'acétate de plomb, le produit contient un peu de ce sel, dont on le débarrasse en y ajoutant quelques gouttes d'acide sulfurique, et le redistillant.

Procédé de M. Lartigue.

M. Lartigue a donné un procédé pour retirer l'acide acétique de l'acétate de plomb. Ce procédé consiste à décomposer ce sel par l'acide sulfurique étendu d'un peu d'eau, à y ajouter le lendemain de l'oxyde de manganèse, à séparer la liqueur qui surnage le sulfate de plomb, à la débarrasser de l'excès d'acide sulfurique par l'acétate de plomb, jusqu'à ce qu'il ne se fasse plus de précipité, à filtrer la liqueur et à la distiller.

Procédé de M. Baups.

La méthode de M. Baups consiste à distiller ensemble 16 parties d'acétate de plomb cristallisé, 1 partie de peroxyde de manganèse, et 9 d'acide sulfurique concentré.

Procédé de Lowitz.

On distille un mélange de trois parties d'acétate de potasse sur quatre d'acide sulfurique; l'acide qui passe à la distillation contient de l'acide sulfurique, dont on le débarrasse en le redistillant avec de l'acétate de baryte. L'acide que l'on obtient est si concentré, qu'il cristallise dans le récipient. Cette expérience réussit également au moyen de l'acétate de chaux.

Purification de l'acide pyroligneux par l'acide sulfurique.

Le procédé de MM. Terreil et Chateau, pour purifier l'acide pyroligneux brut, est bien simple. Il consiste à traiter cet acide par l'acide sulfurique ordinaire, dans la proportion de 5 à 15 pour 100 d'acide acétique ; on laisse reposer pendant 24 heures, et au bout de ce temps, les goudrons sont entièrement séparés, on décante et l'on obtient, par une simple distillation, de l'acide acétique du commerce.

Acide acétique obtenu par la décomposition des acétates et la distillation.

L'acide sulfurique ayant beaucoup plus d'affinité avec les bases salifiables que n'en a l'acide acétique, il est bien évident qu'en faisant agir cet acide sur ce sel, il doit le mettre à nu et s'emparer de leur base, c'est aussi ce qui a lieu ; telle est aussi la méthode que l'on suit pour obtenir l'acide acétique très pur et très concentré. Il est bien évident que cet acide possédera ces qualités dans un degré d'autant plus fort que l'acétate est plus ou moins privé d'eau, et l'acide sulfurique plus pur et plus concentré. Aussi fait-on bouillir l'acide sulfurique du commerce destiné à

cette opération, afin de le dépouiller de l'acide ni-
treux et de l'eau qu'il pourrait contenir. Quant à
l'acétate, on donne la préférence à celui de soude,
qu'on obtient pur en le faisant cristalliser deux ou
trois fois. Pour le priver d'une grande partie de son
eau de cristallisation, on le réduit en poudre et on le
chauffe dans une bassine, en le remuant constamment avec une spatule de fer, en évitant soigneusement qu'il entre en fusion. Quand il est bien dépouillé de son eau, on le passe à travers un tamis de
soie. Voici maintenant le *modus faciendi ;* on prend :

Acétate de soude en poudre desséché. .	3 kilog.
Acide sulfurique concentré, comme nous l'avons dit, et refroidi jusqu'à 50° environ.	9.7

On introduit ce sel dans une cornue munie d'une
allonge et d'un récipient à trois pointes, afin de pouvoir diviser les produits et séparer les plus concentrés. On verse l'acide dans la cornue, et l'on ferme
la tubulure. Il s'opère une réaction très vive, la
masse s'échauffe, l'acide sulfurique s'unit à la soude
de l'acétate ; l'acide acétique est mis à nu et passé à
la distillation. Quand un huitième de cet acide est
passé, la distillation s'arrête ; il faut alors chauffer un
peu la cornue et régler la chaleur, afin d'éviter les
soubresauts. Malgré les précautions, il passe toujours
un peu d'acide sulfurique, et il se projette un peu
de sulfate de soude. Quand toute la masse est en
fusion, l'opération est finie. On doit rectifier les produits sur un léger excès d'acétate de soude anhydre
pour le dépouiller de l'acide sulfurique. On divise
les produits de cette seconde distillation en deux, et

l'on en retire ordinairement 2 kilog. d'acide acétique
rectifié. D'après le poids de l'acétate de soude employé, celui de l'acide acétique concentré eût dû
n'être que de 1.860; cela prouve qu'il est uni à
0.140 d'eau, et même davantage; car, pendant ces
deux distillations, il y a quelques pertes. Ainsi, cet
acide contient, terme moyen, 20 pour 100 d'eau.

Si l'on veut avoir l'acide dans le plus grand état de
concentration, on met à part le premier tiers de la
rectification, et les deux autres tiers, qui sont beaucoup plus concentrés, sont soumis à la congélation
et égouttés avec soin. En liquéfiant cet acide, le con-
gélant et l'égouttant de nouveau, il est alors à son
maximum de concentration. M. Dumon dit qu'il ne
l'a jamais obtenu au-delà de 17 pour le point de fusion, et de 120 à 120.5 pour celui d'ébullition. M.
Sébille-Auger indique 22 pour le premier, et 119 pour
le second. Nous croyons qu'on lira avec plaisir les
procédés qu'il propose pour obtenir l'acide acétique
cristallisable, et que nous donnons plus loin (p. 237).

Fabrication de l'acide acétique, par l'acétate acide de potasse, par M. MELSENS.

D'après M. Thompson (Liebig, *Traité de chimie organique*, t. 1), on obtient un acétate acide de potasse
contenant six équivalents d'eau de cristallisation.

M. Detmer (*Philosophical magazine*, juin 1841) a
constaté la formation de l'acétate acide de potasse,
lorsqu'on fait passer un courant de chlore dans une
dissolution d'acétate neutre. Il ne donne pas l'analyse
de ce sel, son Mémoire étant fait dans une autre direction.

« En 1839, on a trouvé et analysé un acétate acide d'une composition autre que celle qui lui est assignée par M. Thompson. On n'a pas cherché à reproduire le sel du chimiste anglais, quand on a vu qu'en dosant le potassium dans trois ou quatre cristallisations successives, on obtenait toujours environ 25 pour 100 pour ce corps, tandis qu'un sel à six équivalents d'eau en donnerait moins de 20 pour 100.

« Le bi-acétate de potasse, tel qu'on l'obtient en sursaturant de l'acétate de potasse par de l'acide acétique distillé, en évaporant et en laissant cristalliser, nous paraît mériter, à plus d'un titre, l'attention des chimistes.

« Il se présente sous divers aspects d'après la concentration, le degré d'acidité et la température à laquelle il se dépose. On l'obtient à l'état d'aiguilles prismatiques ou de lamelles qui, desséchées entre des doubles de papier, présentent l'aspect nacré.

« Quand on le fait cristalliser lentement, il se dépose sous la forme de longs prismes aplatis qui, d'après quelques mesures faites par M. De La Provostaye, paraissent appartenir au système prismatique rectangulaire droit.

« Ces cristaux sont très flexibles : on peut les enrouler, ils se clivent dans tous les sens.

« Exposés à l'air, ils se liquéfient; ils sont cependant beaucoup moins déliquescents que les cristaux d'acétate neutre ou d'acétate neutre fritté.

« L'alcool anhydre les dissout mieux à chaud qu'à froid; une dissolution concentrée se prend presque en masse par le refroidissement. Les vapeurs alcooliques sont acides quand on chauffe le sel dans ce véhicule.

« Quand on l'a desséché dans une atmosphère d'air sec, on peut le chauffer à 120 degrés dans le vide; il ne perd que deux ou trois millièmes de son poids par cette opération.

« A 148 degrés environ, il fond et perd quelques traces d'acide, sans doute par l'intervention de l'eau hygrométrique de l'atmosphère. Il se prend en masse cristalline par le refroidissement. Il n'entre en ébullition que vers 200 degrés; mais au fur et à mesure qu'il perd de l'acide acétique cristallisable, son point d'ébullition s'élève jusqu'à 300 degrés, température vers laquelle l'acétate neutre qui reste dans la cornue fond et se décompose.

« Ce sel se présente par la formule brute :

$$C^8 \overset{H^7}{\underset{K}{}} O^8$$

ou

$$C^4 \overset{H^3}{\underset{K}{}} O^4 + C^4 H^4 O^4$$

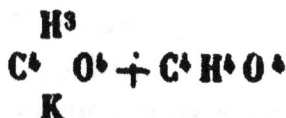

« I. 0^{gr}.970 d'acétate acide de potasse, desséché dans le vide sec, analysés par un mélange d'oxyde de cuivre et d'oxyde d'antimoine, ont donné :

0^{gr}.370 d'eau, d'où . . . . H = 4.30
1 . 052 d'acide carbonique, d'où. C = 29.6

0^{gr}.633 du même sel, ont donné :

0^{gr}.348 de sulfate de potasse, d'où K = 24.8

« II. 1^{gr}.119 d'acétate acide de potasse, desséché à 120 degrés dans le vide, analysés comme précédemment, ont donné :

0^{gr}.441 d'eau, d'où . . . . H = 4.4
1 . 223 d'acide carbonique, d'où. C = 29.0

0gr.825 du même sel ont donné :

0gr.519 de sulfate de potasse, d'où   K = 25.2

		Calcul.	Expérience.	
			I	II
C⁸	48.00	30.3	29.6	29.9
H⁷	7.00	4.4	4.3	4.4
K	39.25	24.8	24.8	25.2
O⁸	64.00	40.5		
	158.25	100.0		

« La formule que nous donnons ci-dessus se confirme par la décomposition que ce sel subit par la chaleur; aussi était-il important de faire l'analyse de l'acide brut obtenu en décomposant le bi-acétate.

1gr.056 d'acide brut recueilli entre 250 et 280 degrés, ont donné :

0gr.641 d'eau, d'où. . . . . H = 6.7
1 . 545 d'acide carbonique, d'où. . C = 39.9

Ces nombres correspondent au calcul.

		Calcul.	Expérience.
C⁴	24	40.0	39.9
H⁴	4	6.7	6.7
O⁴	32	53.3	
	60	100.0	

« Ce moyen de se procurer de l'acide acétique chimiquement pur, sera sans doute préféré dans les laboratoires à l'ancien procédé; il fournit, en acide acétique, environ le tiers du poids de l'acétate acide de potasse employé.

« Ce procédé de fabrication de l'acide acétique pourrait, avec quelques modifications qui rendent inutile la préparation du bi-acétate, devenir un procédé industriel.

« En effet, lorsqu'on soumet à la distillation un excès d'acide acétique, qui ne soit pas trop étendu, sur de l'acétate neutre de potasse, une portion de l'acide se fixe sur la potasse, tandis que l'autre, devenue plus aqueuse, passe à la distillation. Mais au fur et à mesure qu'on chauffe, l'acide qui distille s'enrichit de nouveau ; et enfin on obtient de l'acide cristallisable pur, si l'on prend la précaution de ne pas dépasser la température de 300 degrés, époque vers laquelle l'acide qui distille commence par prendre une teinte légèrement rosée d'abord, et ensuite sent l'empyreume et l'acétone, ce qu'il est très facile d'éviter.

« Voici l'analyse d'un acide obtenu de la sorte ; lorsqu'on se contente de le purifier par une simple distillation en rejetant les premières et les dernières portions :

$1^{gr}.984$ d'acide, bouillant vers 119 degrés, donneront :

1gr.198 d'eau, d'où.	H =	6.7
2 . 880 d'acide carbonique, d'où. .	C =	39.6

Ces nombres correspondent sensiblement à la formule de l'acide monohydraté.

« L'industrie mettra probablement un jour ces faits à profit.

« Dans une fabrique d'acide pyroligneux, en effet, qui débite des acides à divers états de concentration, un appareil monté pour distiller l'acide acétique sur l'acétate de potasse, pourrait les fournir sans que jamais ce sel se détruise. Au moyen de proportions convenablement étudiées et appropriées au besoin d'acide étendu et d'acétate de potasse, on obtiendrait divers hydrates, et environ 1/937,9 pour 100 du poids de l'acétate neutre de potasse employé en acide cristallisable.

« Très probablement, la consommation de l'acide acétique mono-hydraté augmenterait si sa valeur commerciale actuelle diminuait.

« Il constitue un dissolvant précieux quand il s'agit de séparer des résines des matières grasses.

« Il y a cependant une limite de dilution pour l'acide étendu, dont on pourra partir dans une fabrication de ce genre ; elle est basée sur l'expérience suivante :

« Quand on fait passer un courant de vapeur d'eau dans de l'acétate acide, l'acide acétique qui déplace l'eau de l'acétate de potasse neutre, est déplacé à son tour par l'eau quand celle-ci se trouve en excès ».

Préparation de l'acide acétique concentré avec l'acétate de soude et le pyrolignite de chaux, par M. K. CHRISTT, de Prague.

Les acétates qu'on peut se procurer en abondance dans le commerce, pour la fabrication du vinaigre concentré, sont l'acétate de soude, le pyrolignite de chaux (dit sel rouge) et l'acétate de plomb ou sucre de saturne.

La préparation de l'acide acétique avec l'acétate de soude, après que celui-ci a été préalablement fondu pour le débarrasser de son eau de cristallisation, et quand on a employé à cette décomposition une quantité d'acide sulfurique plus forte que celle qui correspond au poids atomique, ne présente aucune difficulté. Dans le cas contraire, on ne recueille

pas tout l'acide, et celui-ci, vers la fin de la distillation, acquiert une saveur d'empyreume à cause de
l'élévation trop considérable de la température.

La décomposition de l'acétate de chaux et de celui
de plomb par l'acide sulfurique est une opération
peu commode et toujours accompagnée d'une perte
d'acide acétique. Ces deux sels doivent être mélangés
intimement à l'acide sulfurique, et abandonnés à
l'état de digestion. De plus, à cause du boursoufle-
ment du gypse et de l'insolubilité du sulfate de plomb,
il faut soutenir à la distillation la température, mais
non pas la laisser s'élever trop haut, pour éviter la
projection ou les soubresauts de la masse, et d'ailleurs, le produit renferme de l'acide sulfureux par
suite des coups de feu qui frappent alors les parois
des vases distillatoires. D'un autre côté, le sel rouge
ou pyrolignite de chaux, tel qu'on le trouve dans le
commerce, renferme toujours des résines et des huiles pyrogénées; le produit en est plus ou moins imprégné, et coloré depuis le jaune jusqu'au brun rougeâtre. Si, avant de distiller, on introduit un corps
oxydant, tel que du peroxyde de manganèse, du
chromate ou du chlorate de potasse, et même de l'a-
cide azotique, on obtient un acide incolore, et après
l'avoir filtré sur de la poudre de charbon de bois,
on peut, dans bien des cas, en faire en cet état des
applications.

Pour remédier aux inconvénients signalés ci-
dessus, on peut chercher à décomposer le sel rouge par
l'acide chlorhydrique, et l'on obtient de cette manière des résultats parfaitement satisfaisants. Si l'on
verse sur ce sel rouge la quantité requise d'acide
chlorhydrique, il se forme une solution de chlorure

de calcium dans l'acide acétique; ce dernier passe à la distillation, et il reste comme résidu une solution concentrée de chlorure de calcium. Le produit ne donne qu'un trouble léger sur l'azotate d'argent, et par conséquent, ne renferme pas de quantité notable d'acide chlorhydrique lorsqu'on n'a pas employé celui-ci en excès.

En se basant sur ces expériences, on peut faire une opération sur une grande échelle : on prend 50 kilog. de sel rouge (renfermant 30 p. 100 d'acétate neutre de chaux), on verse dessus 60 kilog. d'acide chlorhydrique de 20° Baumé, et après avoir abandonné le mélange pendant toute une nuit, on le verse dans un appareil distillatoire en cuivre. Au commencement et à la fin, le chauffage ne doit pas avoir lieu trop vivement, afin que la liqueur, assez consistante, ne s'élève pas par le trop grand échauffement des parois de la cucurbite dans le chapiteau. La distillation de ce mélange, que l'on péut faire avec des quantités assez considérables, marche assez vivement et fournit 50 kilogr. d'acide de 8 degrés Baumé, qui est faible, coloré en jaune, et a une saveur empyreumatique. Mais si on le traite par les agents d'oxydation ci-dessus, ensuite par la poudre de charbon de bois, puis qu'on le rectifie, alors il est parfaitement incolore; neutralisé par la litharge, il donne des cristaux incolores d'acétate de plomb.

Si l'on distille du vinaigre de bois ordinaire de 80 p. 100, il passe d'abord une eau troublée par de l'esprit de bois et une huile pyrogénée. Plus tard, le poids spécifique du produit s'élève peu à peu jusqu'à 1,02, et si au résidu on ajoute un peu de sel de Glauber calciné et de la poudre de charbon, et qu'on distille jusqu'à siccité, on obtient un acide assez concentré qui ne tarde pas à brunir quand il est exposé à l'air. Par l'addition des agents d'oxydation précédents et d'une quantité correspondante d'acide sulfurique, au lieu du sel de Glauber et de la poudre de charbon, on peut l'obtenir incolore et le faire servir à la préparation des acétates purs. Pour préparer de l'acide acétique pur, on sature le vinaigre de bois avec du carbonate de soude, on évapore à siccité et on fond le sel dans une chaudière jusqu'à ce que toutes les parties combustibles soient charbonnées. L'acétate de soude, faiblement coloré en gris qu'on obtient, est ensuite décomposé par la distillation et l'acide sulfurique.

Si l'on décompose l'acétate de plomb par l'acide azotique, au lieu d'acide sulfurique, on évite complétement les circonstances défavorables ci-dessus, et le produit est exempt d'acide azotique.

Pour essayer si l'acide acétique ne contient ni acide azotique, ni acide azoteux, on ajoute à du sulfate de fer pur de l'acide sulfurique, et on le mélange au produit distillé; la liqueur, en cas de pureté, ne doit pas se colorer en rouge-brun. Dans le cas contraire, il faut rectifier l'acide acétique avec addition de sucre de saturne et un peu de peroxyde de manganèse.

Il est presque superflu de dire que l'acide azotique dont on se sert doit être débarrassé, par l'ébullition, du chlore et de l'acide azoteux qu'il peut contenir.

100 d'acétate de plomb et 53 d'acide azotique de 40 degrés Baumé = 1,38 poids spécifique, fournissent 65 d'acide acétique du poids spécifique de 1,06 et 80 d'azotate de plomb cristallisé.

On peut aussi obtenir un acide acétique du poids spécifique de 1,04, en dissolvant l'acétate de plomb dans de l'eau chaude, ajoutant de l'acide azotique, et faisant cristalliser la majeure partie de l'azotate de plomb par un refroidissement lent, puis soumettant les eaux-mères à la distillation.

Si l'on mélange 120 d'esprit du commerce de 35 à 36 degrés Baumé, avec 120 d'acide chlorhydrique marchand de 20 degrés Baumé, et qu'on y ajoute 100 de sel rouge, en abandonnant douze à vingt-quatre heures pendant lesquelles on agite fréquemment, et enfin qu'on soumette le tout à la distillation, on obtient 100 d'éther brut qui, agité avec une solution de 1/50 d'acétate de plomb dans l'eau et soumis à la rectification sur un bain-marie, fournit 90 d'éther acétique du poids spécifique de 0,88. Comme résidu de la distillation on a du chlorure de calcium.

Fabrication de l'acide acétique par le pyrolignite de chaux, par M. Béringer.

M. le professeur Schnedermann a, dans le *Dictionnaire de Chimie pure et appliquée* de MM. Liebig, Poggendorf et Wœhler, vol. III, p. 902, appelé l'attention sur les pertes qu'on éprouve dans la décomposition du pyrolignite de chaux par le sel de Glauber.

« Dans les fabriques, dit-il, où l'on prépare l'acide acétique pur avec l'acide pyroligneux ou vinaigre de bois, on est obligé de saturer ce dernier à chaud, en agitant constamment avec du carbonate de chaux, et enfin, avec l'hydrate de chaux, au moyen de quoi, il se sépare une portion des matières pyrogénées en combinaison avec la chaux, sous la forme d'une masse brune qui se rassemble en partie à la surface où on peut l'enlever. La liqueur neutralisée ayant été abandonnée au repos jusqu'à ce que l'excès de chaux se soit déposé, et tirée au clair, est évaporée dans une chaudière jusqu'à ce qu'elle marque 15 degrés Baumé. On la mélange alors avec une solution concentrée de sel de Glauber, et on la brasse avec soin, au moyen de quoi il se forme un précipité épais de sulfate de chaux et de l'acétate de soude qui reste en dissolution.

« Quelques expériences ont néanmoins démontré que l'acétate de chaux n'était pas complétement décomposé par le sel de Glauber, mais qu'une portion de cet acétate, même quand il y avait un excès de sulfate de soude dans la liqueur, restait sans se décomposer, phénomène qui a peut-être pour cause la formation d'un sel double. Indépendamment de cela, il doit se précipiter une portion de ce sulfate de soude en combinaison avec le sulfate de chaux à l'état de sel double peu soluble ou même insoluble. Il faut donc que la proportion de sel de Glauber employé à la décomposition de l'acétate calcique, soit déterminée par des expériences préalablement faites en petit. Enfin, la portion d'acétate de chaux qui n'est pas décomposée par le sel de Glauber, peut l'être par la soude, et par conséquent la totalité de l'acide acétique se trouver transformée en sel sodique.

« Il était intéressant de savoir, d'un côté, jusqu'à quel point avait lieu cette décomposition incomplète de l'acétate, et de l'autre, l'élimination du sulfate de soude en combinaison avec le sulfate calcique, et cela d'autant mieux que ce cas s'est également présenté dans la décomposition du sulfate de cuivre par l'acétate de chaux. Dans la pratique, cette double perte peut être évitée par la saturation directe de l'acide pyroligneux par le sulfure de sodium; et, en effet, depuis longtemps MM. Heyl et Wœlner, de Berlin, ont établi une fabrique d'acide acétique dans laquelle on obtient cet acide de la plus grande pureté au moyen du sulfure de sodium. A cet égard, les conditions climatériques qu'on rencontre dans le Nord, sont telles que le dégagement d'une quantité assez considérable de gaz hydrogène sulfuré, ne provoque aucun inconvénient au sens même de la fabrique.

« L'acide qu'on extrait de l'acétate de soude purifié est assurément plus pur que l'acide acétique du commerce qu'on fabrique la plupart du temps en Allemagne, au moyen de la saturation de ce qu'on appelle *essigspirit* (vinaigre à 9 pour 100, fabriqué par la méthode accélérée), par la chaux, et en décomposant le sel de chaux par l'acide sulfurique. Un pareil acide ne saurait être exempt d'acide sulfureux, parce que les fabricants évaporent jusqu'à siccité l'acétate de chaux et que les matières organiques, empruntées aux copeaux de hêtre dans les mères à vinaigre, agissent à la distillation comme élément de décomposition sur l'acide sulfurique.

« Une chose remarquable, c'est que les différentes essences de bois, non-seulement fournissent, ainsi que Stoltze l'a déjà démontré, des proportions inégales d'acide, mais de plus que la nature de l'huile empyreumatique ou des produits pyrogénés est très variable, suivant qu'on prend par exemple des copeaux de bois de hêtre ou d'aulne, ce qui est dû probablement aux résines ou autres matières analogues renfermées dans ces bois ».

Préparation manufacturière de la paraffine et de l'acide acétique pur, avec l'acide pyroligneux, par M. R. DE REICHENBACH.

Lorsque je m'occupais, dit M. de Reichenbach, de la carbonisation du bois dans des fours, et du travail des produits bruts de la distillation qui en provenaient, je me suis proposé, parmi divers problèmes, de résoudre celui de la préparation de la paraffine pure sur une plus grande échelle qu'on ne l'a fait jusqu'à présent. Cette matière cireuse, découverte comme on sait, en 1830, par mon père, dans le goudron de bois, en avait été extraite en soumettant au froid le plus violent de l'hiver la portion de goudron qui avait le plus grand poids spécifique ou qui était la moins volatile, filtrant à travers des sacs de grosse toile, et obtenant ainsi sur le filtre une masse molle brun-noir qui consistait en paraffine excessivement impure. La purification s'opérait, dans les premières indications, par des pressées énergiques pour chasser toute l'huile de goudron adhérente, puis par une longue digestion de la matière encore brune dans de l'acide sulfurique concentré, modérément chauffé, pour détruire par la carbonisation toutes les matières empyreumatiques qui s'y trouvaient mélangées.

Cette digestion, puis l'agitation dans l'acide sulfurique chaud, suffit pour préparer quelques décagrammes de paraffine pure; mais lorsqu'il s'agit de purifier avec le même degré de pureté des masses de plusieurs kilogrammes, et de livrer constam-

ment cette matière de la même qualité, ce procédé
donne lieu à un travail extrêmement long et tout à
fait impraticable, parce que la paraffine fondue qui
flotte sous forme oléagineuse à la surface de l'acide
sulfurique, n'est pas facile à mettre en contact intime avec lui, quelque fréquents que soient les bat-
tages ou l'agitation du mélange, et il paraît à peu
près impossible par ce moyen, quand il s'agit de
fortes parties de paraffine, d'obtenir un produit chimiquement pur et d'une blancheur absolue.

Dans de telles circonstances, considérant d'abord
que l'acide sulfurique concentré doit agir d'autant
plus efficacement pour remplir le but proposé que la
température est plus élevée, et en second lieu, qu'on
atteindrait d'autant mieux ce but si l'on amenait
les matières qui doivent se décomposer mutuelle-
ment à l'état de mélange complet, j'ai eu l'idée de
soumettre le mélange entier à une sorte de distillation. J'ai donc rempli une grande cornue en verre
jusqu'à moitié de sa capacité avec de l'acide sulfurique fumant, et à cet acide, j'ai ajouté à peu près
la moitié ou le tiers de son poids de paraffine impure
et parfaitement pressée. J'ai alors commencé à chauffer lentement sur un bain de sable et fait monter la
température jusqu'au moment où il a commencé
enfin à se dégager des vapeurs dont un nuage épais
a rempli la cornue et le récipient. Cet effet n'a pas
duré longtemps, et il n'a pas tardé à se montrer
dans le récipient froid sur une eau légèrement acide
un peu de paraffine solide; bientôt toute la masse
introduite avait passé dans le récipient et était d'une
pureté, d'une transparence et d'une blancheur dont
on avait eu peu d'exemples auparavant. C'est ainsi

qu'on a fait disparaître d'un seul coup toutes les difficultés qui environnaient auparavant le long travail de la digestion, et qu'on peut dès lors, avec des matières brutes abondantes, livrer aisément, en quantité quelconque, de la paraffine bien pure et incolore.

Ce succès si prompt et si heureux m'a confirmé dans la conviction de l'efficacité puissante et remarquable que possède l'acide sulfurique concentré pour détruire jusqu'aux moindres traces des matières empyreumatiques, et j'ai conclu de cette expérience, que ce même acide devait être applicable avec le même succès dans d'autres cas où le problème à résoudre est le même.

C'est principalement sur l'acide acétique, que j'avais entrepris de préparer à l'état de pureté avec l'acide pyroligneux, que j'ai dirigé mon attention, et d'après l'observation que j'avais faite, je n'avais plus de doute qu'en traitant un pyrolignite encore impur par l'acide sulfurique concentré, je ne parvinsse à obtenir un acide acétique pur, incolore et parfaitement exempt d'empyreume.

Pour m'assurer de ce fait, j'ai d'abord fait choix de ce qu'on appelle dans le commerce le sel rouge, c'est-à-dire l'acétate de chaux préparé avec l'acide pyroligneux brut, qui, à l'état parfaitement sec, présente une masse presque noire par le mélange de matières empyreumatiques, et qu'on ne parvient à obtenir tout à fait blanc que par des solutions répétées et des calcinations. L'étude de cette substance offrait donc pour le sujet en question un intérêt pratique, puisque parmi tous les composés de l'acide acétique, c'est indubitablement celui qu'on peut se procurer à meilleur marché. La fabrication de l'acide avec le pyrolignite de chaux n'est pas nouvelle, et elle se pratique, comme on sait, depuis longtemps en Angleterre, sur une grande échelle pour tous les besoins économiques. Mais à ma connaissance, on n'emploie, dans ce pays, à la décomposition de cet acétate, que de l'acide sulfurique hydraté, parce qu'on aurait, dit-on, observé que la distillation avec l'acide concentré présentait des difficultés particulières. Surmonter ces difficultés pratiques m'a donc paru par les motifs allégués, un problème technique d'une grande importance, surtout après m'être convaincu expérimentalement qu'avec de l'acide sulfurique étendu, il n'était pas possible d'obtenir, avec un acétate qui ne fût pas d'une pureté absolue, un acide acétique complètement exempt de tout empyreume.

J'ai donc traité comme ci-dessus, c'est-à-dire du sel rouge brut bien sec par l'acide sulfurique concentré, et la première opération a si bien répondu à mon attente, que j'ai obtenu à peu près moitié dans le récipient par une distillation très ménagée en acide acétique très concentré, limpide, incolore et débarrassé de toute odeur empyreumatique. Mais à dater du moment où la température de la cornue a dû être un peu augmentée pour distiller de nouvelles vapeurs d'acide acétique, on a vu se manifester peu à peu une coloration jaune-brun, et en même temps un trouble particulier dans le produit acide qui distillait. Cette coloration et ce trouble présentaient toutefois un autre caractère que celui que comporte la présence de l'empyreume, puisque l'acide pyroligneux distillé n'est ni trouble, ni coloré. J'ai donc cherché la cause de cet état impur insolite du produit distillé quand on élève la température dans la décomposition d'une petite portion d'acide sulfurique libre par une matière charbonneuse présente et dans la formation d'un peu de soufre, conjecture que corroborait d'ailleurs l'observation que j'avais faite antérieurement, que l'acide acétique trouble et coloré obtenu par le moyen précédent, pouvait être, par une simple rectification, rendu parfaitement limpide et blanc.

Les couches du mélange de pyrolignite de chaux et d'acide sulfurique les plus voisines des parois chauffées du vase, doivent évidemment être les premières à abandonner leur acide acétique devenu libre, à le perdre entièrement et à passer bientôt après à un état de sécheresse sous lequel elles paraissent alors susceptibles d'acquérir une température qui suffit pour amener la réaction mutuelle dont il a été question entre le charbon et l'acide sulfurique. Il m'a semblé qu'il suffirait que cette élévation de température pendant la distillation de l'acide acétique ne se propageât pas dans les parties à l'intérieur de la masse pour atténuer ces conséquences fâcheuses.

J'ai cherché à réaliser cet effet d'une manière simple en interrompant la marche de la distillation aussitôt que le moment critique était arrivé, point où, sans augmenter sensiblement l'énergie d'un feu faible et à l'air libre, il ne passe presque plus rien, et en même temps, j'ai tenté d'agiter et de remuer profondément par des moyens mécaniques le mélange tout entier renfermé dans la cornue ou l'alambic, de manière que les portions extérieures et inférieures vinssent se placer autant que possible à l'intérieur et à la partie supérieure, et celles qui étaient encore peu asséchées, au contraire, dans le fond et à l'extérieur. Lorsqu'après cette opération, qui n'a exigé que quelques minutes, j'ai recommencé avec un feu doux, il a passé de nouveau comme auparavant et pendant longtemps dans le récipient froid, un acide acétique tout à fait limpide et blanc, jusqu'au moment où l'inconvénient précédent s'est montré de nouveau. Cette agitation mécanique ayant été répétée de la même manière encore deux ou trois fois, on a réussi à extraire à l'état parfaitement liquide et incolore, tout l'acide acétique, sauf un très léger résidu qu'on a définitivement chassé par une élévation de température.

L'acide acétique concentré obtenu ainsi avec le pyrolignite brut de chaux, ne pourrait pas, dans tous les cas, distiller parfaitement pur et exempt d'acide sulfurique entraîné mécaniquement. Mais cet inconvénient n'est pas bien grave, puisqu'on sait que, même par l'emploi des acétates les plus purs, il n'est pas possible d'éviter complètement la présence, dans ce cas, d'un peu d'acide sulfureux; et, d'ailleurs, qu'on possède, dans une addition d'un peu de peroxyde de manganèse, de peroxyde de plomb, etc., et une simple rectification sur ces corps, un moyen très efficace pour débarrasser complètement l'acide acétique qui distille des matières étrangères qui y sont mélangées.

Pour pouvoir préparer immédiatement et en grand, avec le pyrolignite de chaux brut, un acide acétique pur et concentré par le moyen qui vient d'être indiqué, il ne s'agit que de donner aux vases distillatoires une forme telle qu'on puisse pratiquer promptement et fortement cette agitation ou ce retournement périodique si important de la masse saline toute entière, au moyen de spatules ou de pelles. A cet effet, j'ai fait construire de grandes capsules en fonte, de quelques décimètres de diamètre, pourvues d'un bord plat et sur lequel j'ai posé un couvercle également plat, sur le milieu duquel est placé un chapeau en cuivre qui permet de refroidir très facilement au moyen d'un courant d'eau. Le couvercle en fer et le chapeau peuvent être relevés ensemble, puis replacés chaque fois qu'on a brassé la masse à l'intérieur, de façon que cet appareil remplit déjà assez bien le but, et qu'il peut fournir, en moyenne par jour, environ 50 kilogrammes d'acide acétique concentré.

Néanmoins, on réussirait encore mieux et plus aisément dans ce travail de distillation avec des vases en fer hémisphériques, sur le bord plat desquels s'ajusterait un couvercle de même forme, tandis que les vapeurs acides s'écouleraient par une ouverture latérale à grande section dans un serpentin en cuivre. Comme, dans ces circonstances, le couvercle serait plus facile à manier, on pourrait le replacer plus vivement après avoir mélangé l'acide sulfurique.

Ce mélange, qui commence par s'échauffer, serait abandonné à lui-même jusqu'à ce que, sans feu, il ne passât plus de vapeur dans le récipient pour s'y condenser. On procéderait de même toutes les fois qu'il s'agirait de lever ce couvercle, qui doit présenter en outre une petite ouverture à coulisse pour l'addition de l'acide.

Quiconque connaît les propriétés de l'acide pyroligneux brut et les conditions dans lesquelles on le produit, conviendra aisément qu'il serait difficile d'offrir un procédé à la fois plus simple et plus rapide pour le débarrasser complètement des matières empyreumatiques qu'il renferme, et pour en extraire un acide acétique concentré. Or, comme l'acide acétique s'obtient ainsi à l'état le plus concentré, et que pour beaucoup d'applications technologiques, il doit être étendu d'eau, je considère cette circonstance toute fortuite comme un avantage de mon procédé, sous le rapport marchand et sous le rapport économique. En effet, dans cet état de concentration, il sera possible d'introduire l'acide acétique comme un nouvel article dans le commerce général, tandis que l'acide ordinaire, le vinaigre, sous la forme la plus concentrée qu'on lui donne, ne peut pas supporter de gros frais de transport. Aussitôt que l'acide acétique pur, de même que l'alcool, les huiles, le sucre, et autres denrées, sera devenu un important article de commerce en gros, alors on pourra envisager sous son véritable point de vue la carbonisation en vases clos ou la distillation sèche des bois, et on s'empressera de tirer parti de grandes masses de produits bruts qu'on laisse perdre comme inutiles et qui ont cependant une grande valeur; on adoptera une marche tout à fait différente quand il ne s'agira plus tant de produire avec l'acide pyroligneux, de l'acide acétique pur, pour les usages généraux, que divers acétates employés dans les arts. Pour ce dernier usage, une double distillation de l'acide pyroligneux brut est parfaitement suffisante, la première additionnée d'environ 10 pour 100 de gros charbon de bois, la seconde avec du charbon en poudre plus fine, et un peu de peroxyde de manganèse et d'acide sulfurique, 2 pour 100 environ de chacun. Une condition importante de la purification complète du vinaigre de bois est de conduire aussi lentement qu'il est possible ces deux distillations, parce qu'elles doivent opérer en même temps, comme digestion et pour favoriser l'oxydation ou le passage à l'état résineux de toutes les essences pyrogénées, ce qui, par l'exclusion de l'air extérieur dans une formation trop rapide de vapeurs, ne réussirait pas. Le vinaigre distillé, obtenu en observant ces conditions, est déjà si incolore et invariable à l'air, qu'il est tout à fait applicable, par exemple, à la fabrication en grand du blanc de plomb; sa saveur ne laisse que bien peu à désirer, et on peut améliorer encore cette saveur en traitant, comme on sait, de nouveau à froid avec du charbon.

Enfin, je ferai remarquer qu'une manière habile de conduire toutes les opérations de la carbonisation des bois, exerce déjà une influence remarquable sur la pureté et la force de l'acide pyroligneux brut qu'on obtient.

Préparation économique de l'acide acétique cristallisable, par M. Sebille-Auger.

Presque tous les acétates purs et anhydres donnent de l'acide acétique cristallisable. L'acétate d'argent en produit de très pur par la distillation sèche, qui contient 20 d'acide réel et 30 d'eau. Mais le prix trop élevé de ce sel ne permet pas de s'en servir.

Le verdet donne de l'acide contenant rarement plus de 55 degrés d'acide réel; 2 parties de verdet ne donnent qu'une partie d'acide réel, qui revient à 12 fr. le kilog.

L'acétate de soude traité par l'acide sulfurique donne l'acide le plus pur ; c'est le meilleur procédé pour l'obtenir.

On prépare de l'acide sulfurique assez pur en le portant à l'ébullition pendant quelques instants ; il peut retenir encore un peu d'acide nitrique. On fait cristalliser à plusieurs reprises l'acétate de soude, et on le dessèche dans une chaudière de fonte, en prenant garde qu'il ne fonde ; on le pile, on achève de le dessécher, on le passe au tamis de crin, et on l'introduit dans une cornue bien sèche, en n'opérant pas sur plus de 3 kilog., qui exigent 9 kil. 700 d'acide sulfurique concentré. Dans ce cas, la cornue doit être de 6 litres au moins. En employant plus d'acide, on décomposerait imparfaitement l'acétate, et on obtiendrait de l'acide sulfurique et de l'esprit pyro-acétique.

On place la cornue au feu sur un triangle en fer ; on la munit d'une allonge droite, à laquelle on fixe un ballon tubulé à pointe, que l'on fixe de la même manière. On assujettit le tout avec du papier, le lut de farine de lin et de colle de pâte pouvant donner à l'acide une odeur désagréable.

La pointe du ballon traverse une planche assez élevée pour que l'on puisse faire entrer cette pointe dans des flacons de 1/2 à 1 kilog., qu'on peut changer à volonté. Il n'est point nécessaire de refroidir avec de l'eau.

Le fourneau doit avoir 10 à 12 centimètres de diamètre de plus que la cornue, et l'envelopper jusqu'au col, et il n'est pas nécessaire d'employer un dôme ; on doit même préserver le col de la chaleur par une plaque de tôle ; le fond de la cornue doit être de 6 à 8 centimètres au-dessus des charbons.

L'appareil étant disposé, on verse l'acide dans la cornue : la réaction s'opère sur-le-champ ; il se dégage beaucoup de chaleur, et, si l'acide sulfurique contient de l'acide nitrique, il se dégage beaucoup de vapeurs rouges qui n'ont pas d'inconvénient, parce qu'elles ne se condensent pas avec l'acide acétique. Environ 1/8 de l'acide acétique se distille sans feu ; quand l'opération se ralentit, on chauffe peu à peu, en évitant de produire des soubresauts (1).

Quand toute la masse est fondue, l'opération est terminée. On essaie de temps en temps s'il ne passe pas d'acide sulfurique. L'opération dure 4 à 5 heures.

Il est très difficile qu'il ne passe pas un peu d'acide sulfurique et même de sulfate de soude. On fait sortir tout de suite le sulfate acide de la cornue, dont il faut bien chauffer le col pour qu'elle ne casse pas.

Pour rectifier l'acide acétique, on y ajoute assez d'acétate de soude pour saturer l'acide sulfurique, et on distille avec les précautions indiquées précédemment : à la fin de l'opération, il y a beaucoup de soubresauts (2).

Les premiers produits sont les plus faibles. Quand la densité est moindre de 1.0766, ou 11°.3 à un bon aéromètre pour 16 degrés centig. de température, l'acide qui passe est cristallisable de 4 à 5° C. Quand la densité est à 1.0622 ou 8°6 à l'aréomètre, l'acide est à son maximum de force, et sa densité ne varie plus. Le produit rectifié est ordinairement de 2 kilog.

---

(1) Peut-être obtiendrait-on de meilleurs résultats encore, et plus facilement, en augmentant la concentration de l'acide sulfurique par une addition de quelques centièmes d'acide dit de *Nordhausen*. P.

(2) On diminuerait sans doute cet inconvénient en laissant dans le liquide un fil de platine contourné en spirale.   P.

d'acide, d'une richesse moyenne de 0.80 ; on ne pourrait obtenir au plus que 1 kil. 860 d'acide pur.

L'acide acétique cristallise en lames minces à la température de 13 degrés centigrades ; on peut l'abaisser au-dessous de ce point, sans qu'il se solidifie, mais alors le plus léger mouvement le fait cristalliser avec dégagement de chaleur ; les cristaux séchés sur du papier joseph, fondent à 22 degrés. Il parait que l'acide cristallisé et refondu ne peut cristalliser qu'à une température plus base que précédemment ; il bout à 119 degrés centig., et distille rapidement quelquefois sans bouillir ; liquide, il s'enflamme et brûle comme l'alcool ; il a beaucoup d'affinité pour l'eau, dont il contient une proportion qu'on ne peut lui enlever qu'en le combinant avec une base ; le chlorure de calcium ne lui en enlève pas. Le sulfate de soude anhydre dissous à chaud dans l'acide acétique riche à moins de 0.20, lui prend de l'eau et cristallise, tandis que ce sulfate cristallisé dissous à chaud dans l'acide acétique de 0.85 de richesse lui cède son eau et se précipite anhydre.

On peut employer le sulfate de soude pour amener à une richesse de 0.20 du vinaigre ou des acides pyroligneux qui ne contiennent que 0.05 à 0.06 ; mais il faut les distiller pour séparer le sulfate de soude.

Il faut tâcher d'obtenir cet acide en une seule distillation, car à chacune il s'en décompose un peu qui donne au produit une couleur empyreumatique.

L'acide cristallisable revient à 16 fr. le kilog. ; il a été vendu 96 fr., et plus tard on l'a donné à 24, prix trop peu élevé pour les chances de l'opération.

Si on ne veut pas obtenir de l'acide d'une pureté parfaite, on peut le préparer en grande quantité et à peu de frais avec de l'acide pyroligneux purifié, d'une richesse de 0.40, obtenu par la décomposition de l'acétate de soude à froid par l'acide sulfurique.

On se sert de l'alambic en cuivre muni d'un tuyau d'argent et d'un condensateur de même métal ; on le charge d'acide purifié de sulfate de soude par une première distillation, on en sépare la première moitié du produit qui est trop faible ; on continue la distillation presqu'à siccité et l'on fait de même deux autres distillations ; puis on démonte l'appareil que l'on nettoie et qu'on recharge avec la totalité ou une partie des derniers produits des trois distillations, dont la moyenne est déjà de 0.55, et d'une densité de 10.656 ou 10°2 ; on distille en fractionnant les produits, dont la densité monte jusqu'à 10.766 ou 11°3 à 16° centig. de température. Arrivée à ce terme, elle décroit, tandis que la force de l'acide augmente ; on change les récipients, et les produits sont d'autant plus facilement cristallisables que leur densité est moindre. Cet acide ne revient pas en fabrique à 2 fr. le kilog.

Le même appareil peut donner en grand de l'éther acétique. Voici le procédé décrit par M. Sébille, par le moyen duquel il en a obtenu économiquement de très pur.

On introduit dans l'alambic 30 kilog. d'acétate de soude pur, desséché et tamisé, et 43 litres d'alcool à 33 degrés ; on mêle bien, on verse dessus 9 kilog. d'acide sulfurique concentré et blanc, et on agite avec soin ; on place le couvercle, auquel on adapte un tube à trois branches pour introduire dix-huit autres kilog. d'acide. Il se dégage beaucoup de chaleur, et l'éther se produit sans feu et coule d'abord en filet.

Quand il ne coule plus que par goutte, on échauffe en distillant presque à siccité ; on obtient 56 kilog. d'éther impur à 19 degrés Cartier, que l'on distille avec 8 kilog. d'acide sulfurique ; on distille les 48 kil. 5 d'éther à 24° Cartier, auquel on ajoute environ 1 kilog. de chaux éteinte ; après quelque temps, on décante et on redistille les 47 kilog. de liquide obtenu en séparant les premières portions qui sont jaunes et louches et ne pèsent que 23° Cartier ; la densité augmente jusqu'à 27°, et on continue la distillation jusqu'à ce que le liquide passe brun et acide. On obtient 4 kilog. d'éther à 26° Cartier, ou 0,900, qui ne contient qu'une faible quantité d'eau et d'alcool ; si on voulait l'avoir très pur, il faudrait le distiller avec 1 ou 2 kilog. d'acide acétique concentré, le laver et le rectifier sur le chlorure de calcium.

L'éther acétique, obtenu comme nous venons de le dire, ne revient qu'à 6 fr. le kilog.

Acide acétique cristallisable ; autre procédé.

M. Despretz a lu à la Société philomatique le procédé suivant, que des fabricants d'acide acétique tiennent secret :

On fait dessécher l'acétate de plomb ; ce sel se liquéfie ; on remue jusqu'à ce qu'il soit à l'état pulvérulent, degré de dessiccation qui détermine l'évaporation d'un peu de son acide.

On prend alors cet acétate et on le distille à la cornue avec de l'acide sulfurique concentré. Le produit que l'on obtient ainsi est de l'acide acétique immédiatement cristallisable.

CINQUIÈME PARTIE
FABRICATION DES ACÉTATES

Les acétates sont le résultat de la combinaison de l'acide acétique avec les bases salifiables; ils ont pour caractère d'être complètement décomposés par la chaleur, à l'exception de celui d'ammoniaque qui se sublime. Le produit de cette décomposition consiste en gaz acide carbonique, oxyde de carbone et hydrogène carboné, un peu d'eau, de l'huile goudronnée, et de l'*acétone*, connu sous le nom d'*esprit pyro-acétique;* le résidu est un carbonate de la base de l'acétate. Il y a cependant une remarque importante à faire : c'est que l'acide acétique est dégagé très facilement par la chaleur, et sans aucune altération des oxydes de la 2me section, ce qui constitue les acétates de chaux, de baryte, de strontiane, de soude, de potasse et de lithine. Quant aux acétates des métaux des 3me et 4me sections, ils donnent, par la distillation, de l'acide acétique et de l'acétone; ce sont les acétates de manganèse, d'étain, de fer, de cadmium et de zinc, qui appartiennent aux métaux de la 3me section; et les acétates d'antimoine, d'arsenic, de chrome, de cérium, de cobalt, de columbium, de cuivre, de bismuth, de molybdène, de nickel, de plomb, de tellure, de titane et de tungstène qui constituent la 4me section. Enfin, les acétates des deux dernières sections (acétates de mercure, d'osmium, d'argent, d'or, de platine, d'iridium, de

palladium et de rhodium), à une température peu
élevée, donnent de l'acide acétique et de l'acide carbonique. Les acétates neutres se dissolvent très facilement dans l'eau ; l'on doit en excepter les acétates
de molybdène et de tungstène qui y sont insolubles, et ceux d'argent et de protoxyde de mercure
qui y sont très peu solubles ; plusieurs autres acétates sont déliquescents. La base des acétates neutres contient le tiers des proportions d'oxygène de
l'acide acétique. Les acétates, à l'exception de celui
d'ammoniaque, n'ont pas un excès d'acide ; mais il
y en a de basiques à divers états de saturation. Pour
constater les proportions d'acide acétique contenu
dans les acétates, on le dégage au moyen de l'acide
sulfurique, on distille et l'on établit la quantité de
base qu'il sature.

Les acétates qui sont susceptibles d'éprouver la fusion ignée cristallisent par le refroidissement, en
paillettes écailleuses à texture feuilletée et à reflets
brillants et nacrés, qui peuvent servir souvent à les
faire reconnaître. Lorsque les acétates se trouvent à
l'état de dissolution étendue, ils se décomposent quelquefois spontanément, avec moisissures, et la base
se convertit en sous-carbonate. Cet effet se manifeste
dans les sels appartenant à la 1re section.

Enfin les acétates sont très faciles à reconnaître :
1° par l'odeur de vinaigre qu'ils répandent quand on
les traite par l'acide sulfurique ; 2° par les précipités
blancs, lamelleux et nacrés, qu'ils donnent par le nitrate d'argent et le nitrate de protoxyde de mercure ;
3° par la propriété qu'a l'acide de donner lieu à des
sels solubles avec toutes les bases ; 4° par celle de se
volatiliser sans subir aucune altération.

Nous allons maintenant décrire les principaux acétates en suivant l'ordre alphabétique.

Acétate d'alumine.

L'acétate d'alumine est un sel incolore, incristallisable, d'une saveur très styptique et très astringente, très soluble, attirant l'humidité de l'air; c'est un des acétates dont l'acide peut se dégager au-dessus de la chaleur rouge sans éprouver de décomposition; évaporé à siccité, il se convertit en sous-acétate qui est insoluble, et en acide acétique; à l'état supposé anhydre, il est composé de :

Acide acétique.	74.86
Alumine.	25.14
Acétate d'alumine.	100.00

On obtient ce sel en dissolvant dans l'acide acétique pur de l'alumine en gelée en excès et en évaporant à siccité, si la solution est claire. Quant à celui qu'on emploie dans les arts, on le prépare en décomposant par l'acétate de plomb une solution d'alun : il se forme un précipité de plomb et de l'acétate d'alumine soluble, plus, un peu d'acétate de potasse qui ne nuit nullement aux couleurs que l'on se propose de fixer. L'on a proposé de substituer l'acétate de chaux à l'acétate de plomb; mais l'acétate d'alumine que l'on obtient ainsi, est mêlé à du sulfate de chaux qui peut nuire à quelques opérations tinctoriales. L'acétate d'alumine est très employé pour fixer les couleurs sur les indiennes, etc.

Acétate d'ammoniaque.

Ce sel est connu dans les pharmacopées sous le nom d'*esprit de Mendererus*. Il existe dans l'urine putréfiée et le bouillon gâté ; il est liquide ; lorsqu'on l'évapore rapidement, il perd une partie de son ammoniaque et se sublime en aiguilles déliées ; il a une saveur piquante, on l'obtient en saturant l'acide acétique par l'ammoniaque.

Ce sel est sudorifique et antispasmodique. On le donne dans 150 ou 200 grammes de véhicule, à la dose de 8 à 45 grammes. Il est très recommandé dans le typhus, les fièvres putrides, malignes, dans la petite vérole, les gouttes rentrées, à la fin des rhumatismes aigus, etc. Ce sel est préconisé contre les effets de l'ivresse : on le donne à la dose de vingt-quatre à trente gouttes dans un verre d'eau.

Acétate d'argent.

Ce sel est en lames nacrées, blanches, flexibles, ayant la forme des écailles de poisson ; il est anhydre ; l'eau à froid n'en dissout pas 1/200 de son poids ; on l'obtient en décomposant une solution de nitrate d'argent par l'acétate de soude ; par l'action du calorique, il donne de l'acide acétique cristallisable, et l'on trouve dans la cornue de l'argent réduit et quelques traces de charbon ; il est composé de :

1 at. oxyde d'argent. . . .	1451.0	69.5
1 at. acide acétique.. . . .	643.2	30.5
	2094.2	100.0

Acétate de baryte.

Ce sel est incolore et inodore, soluble dans presque son poids d'eau bouillante et dans 100 parties en poids d'alcool; Mitscherlich a observé que lorsqu'on le fait cristalliser à une température au-dessous de 15° C., il retient une quantité d'eau dont l'oxygène est à celui de la base comme 33 à 1; ces cristaux sont alors efflorescents et semblables à ceux de l'acétate de plomb; tandis que si on le fait cristalliser à une température d'au moins 15°, son eau de cristallisation ne renferme que les mêmes proportions d'oxygène, et la base et les cristaux prismatiques que l'on obtient s'effleurissent également à l'air. Ce sel est composé de :

1 at. baryte..	956.88
1 at. acide acétique.	643.52
2 at. eau.	112.48
	1712.88

L'acétate sec se compose de :

Baryte.	59.8
Acide acétique.	40.2
	100.00

Exposé à une chaleur rouge, l'acétate de baryte se décompose.

Acétate de bismuth.

Ce sel est inodore et incolore, cristallise en paillettes, et précipite par l'eau, propriété qu'il perd quand on y ajoute de l'acide acétique. Pour obtenir ce sel neutre, on mêle deux solutions chaudes et concentrées de nitrate de bismuth et d'acétate de potasse ou de soude.

Acétate de chaux.

L'acétate de chaux est inodore et incolore; il est très soluble dans l'eau et même dans l'alcool ; il cristallise en aiguilles prismatiques soyeuses qui, par l'action du calorique, perdent leur eau de cristallisation et s'effleurissent; on l'obtient en saturant l'acide acétique par la chaux ou le sous-carbonate; il est composé de :

Acide acétique.	00.98
Chaux.	39.02
Acétate de chaux.	100.00

Acétate de cobalt.

On obtient ce sel en faisant dissoudre l'oxyde de cobalt dans l'acide acétique; la solution de cet acétate est rouge; par son évaporation à siccité, l'on a pour résidu une masse violette qui attire l'humidité de l'air.

Acétate de cuivre.

L'acide acétique peut s'unir avec l'oxyde de cuivre en diverses proportions, et celui-ci à divers degrés d'oxydation; ainsi l'on distingue jusqu'à cinq variétés d'acétate neutre de cuivre; mais comme ces sels sont presque toujours extraits du sous-acétate de cuivre, qui est le plus anciennement connu, ce sera celui aussi que nous décrirons le premier.

Sous-acétate de deutoxyde de cuivre, verdet, vert-de-gris.

En France, ce sel est fabriqué dans les départements de l'Aude et de l'Hérault. Le procédé généralement suivi consiste à prendre des plaques de cuivre minces, à les battre et à les chauffer à environ 50 degrés. On les trempe alors dans du vin chaud ou du vinaigre. On place sur le sol une couche de bon marc de raisin, et par-dessus une couche de plaques de cuivre, et successivement. Au bout d'un mois ou d'un mois et demi, suivant le degré de spirituosité du marc, les plaques sont couvertes d'une couche verdâtre. On les enlève, et on les place l'une à côté de l'autre transversalement; on les arrose plusieurs fois avec de l'eau acidulée par le vinaigre, et quelquefois avec de l'eau. Cette couche de sel se gonfle, et l'on voit se former une efflorescence blanchâtre qui offre sur les bords de longues aiguilles, et qui se sépare facilement de ces plaques : c'est alors que le vert-de-gris est fait. On le racle, et on laisse reposer les plaques quelque temps, pour reprendre ensuite cette opération. Il est bon de faire observer qu'en hiver, tant qu'elle dure, on chauffe l'atelier de manière à entretenir la température à 20 degrés.

Ce sel est vert, insoluble en partie dans l'eau, et indécomposable par l'acide carbonique. Traité par l'eau, l'acétate neutre s'y dissout, et l'oxyde hydraté se précipite. Par l'action du calorique, le métal est réduit. Le sucre en solution dans l'eau dissout le sous-acétate de cuivre dans les proportions de 1 partie de ce sel pour 48 de sucre; cette liqueur est alors verte et indécomposable par l'ammoniaque, l'acide hydrosulfurique, etc. Il est composé, d'après Proust, de :

Acétate de cuivre neutre....... . . 43
Hydrate de cuivre.. . . . . 37.5
Eau. 15.5
                                     ─────
                                     96.0

Le vert-de-gris est employé dans la peinture; en médecine, il entre dans la composition de quelques médicaments, etc.

Acétate de protoxyde de cuivre.

Lorsqu'on distille l'acétate du deutoxyde de cuivre neutre, il se sublime un sel en paillettes nacrées, ou cristaux lanugineux blancs qui sont l'acétate de protoxyde de cuivre, dont les proportions peuvent être de 20 pour 100 si la chaleur a été ménagée. Ce sel, mis en contact avec de l'eau, se décompose et passe à l'état d'acétate de deutoxyde, tandis qu'il se dépose du cuivre réduit. L'air humide produit sur lui la même action.

Acétate neutre de deutoxyde de cuivre, cristaux de Vénus, verdet cristallisé.

On prépare ce sel en faisant dissoudre le vert-de-gris dans le vinaigre, filtrant la dissolution et la faisant cristalliser. L'acétate de cuivre a une saveur styptique et sucrée; il est soluble dans l'eau et dans l'alcool, et cristallise en rhombes très réguliers. Le calorique le décompose; il s'en dégage de l'acide acétique coloré par un peu d'oxyde qu'il entraine, et il se sublime en même temps, suivant la remarque de Vogel, un peu de cet acétate anhydre, qui est en cristaux d'un blanc satiné, et qui est un acétate de protoxyde de cuivre, comme nous l'avons déjà fait connaître. Ce sel est composé de :

Acide acétique. 51.29
Deutoxyde de cuivre. 39.5
Eau. 9.06
                                         ———
                                         99.85

M. Dumas donne les proportions suivantes :

$$
\begin{array}{lll}
\text{1 at. acide acétique} & = 643.52 \text{ ou bien } 56.48 & \Big\}\ 100 \\
\text{1 at. oxyde de cuivre} & = 495.6 \qquad\qquad 43.52 & \\
& \qquad\quad \overline{1139.12} \qquad\quad 90.01 & \Big\}\ 100 \\
\text{2 at. eau. . . . .} & \qquad\quad 112.62 \qquad\quad\ 8.99 & \\
& \qquad\quad \overline{1251.74} &
\end{array}
$$

Nous renvoyons pour ce sel à la préparation du vinaigre dit radical.

Acétate de cuivre sesquibasique.

Ce sel cristallise irrégulièrement ; il est insoluble dans l'alcool et soluble dans l'eau ; cette solution chauffée dépose un sel basique ; chauffé à une température qui ne va pas au-delà de 100° C., il perd la moitié de son eau, et sa couleur verte devient plus intense.

Pour obtenir ce sel, on prend une solution bouillante et concentrée d'acétate neutre de deutoxyde de cuivre, dans laquelle on verse de l'ammoniaque, par petites portions, jusqu'à ce que le précipité qui se forme soit redissous ; par le refroidissement, ce sel se précipite en masse ; on le presse entre du papier de trace et on le lave à l'alcool. Quand on traite par l'eau le vert-de-gris du commerce, et qu'on soumet la liqueur à l'évaporation, il se précipite au commencement une masse bleue non cristalline qui est ce même acétate. D'après M. Dumas, ce sel est composé de :

2 at. acide acétique	= 1287.04 ou bien 46.39	}	100
3 at. oxyde de cuivre	= 1486.8	53.61	
Sel anhydre	= 2773.84	80.43	} 100
12 at. eau..	= 674.9	19.57	
Sel cristallisé	3448.74		

Acétate de cuivre bibasique.

Ce sel est en paillettes bleues ; si on le traite par l'eau, il est converti en acétate neutre et en acétate sesquibasique ; une température de 60° C. suffit pour le décomposer ; il se dégage 24.5/100 d'eau, et il reste un mélange d'acétate neutre et d'acétate tribasique entre lesquels l'acide acétique se trouve également partagé, et contenant chacun de l'eau de cristallisation. D'après M. Dumas, ce sel est formé de :

1 at. acide acétique. . .	= 643.2 ou bien 27.85	
2 at. oxyde de cuivre..	= 991.2	42.92
1 at. eau.	= 674.4	29.23
	2309.3	100.00

Acétate de cuivre tribasique.

La production de ce sel a lieu quand on traite le vert-de-gris par l'eau ; quand on fait macérer l'acétate sesquibasique avec l'hydrate de cuivre, et lorsqu'on verse dans une solution d'acétate neutre de deutoxyde de cuivre, de l'ammoniaque dans des proportions telles que le précipité formé soit redissous. Ce sel est insoluble dans l'eau ; un grand nombre de lavages à l'eau bouillante le changent en acétate bien plus basique encore et en acétate soluble. D'après M. Dumas, il est composé de :

1 at. acide acétique. . =	643.52 ou bien	27.98
3 at. oxyde de cuivre. =	1486.80	64.67
3 at. eau . . . . =	108.52	7.35
	2208.84	100.00

Acétate de cuivre très basique.

On obtient ce sel lorsqu'on chauffe une dissolution étendue d'acétate neutre, ou mieux encore celle de l'acétate sesquibasique ; alors ce sel se précipite ; quand la solution de ce dernier acétate est très étendue, il suffit d'une chaleur de 20° à 30° C. pour le décomposer et produire l'acétate très basique qui est d'un brun noirâtre et brûle à l'air avec une légère détonation et en lançant des étincelles. D'après M. Dumas, cet acétate est composé de :

1 at. acide acétique. . =	643.52 ou bien	2.49
48 at. oxyde de cuivre. =	23788.80	92.27
24 at. eau . . . . =	1349.80	5.24
	25782.12	100.00

Résumé de la composition des acétates de cuivre.

	Acide acétique.	Oxyde de cuivre.	Eau.
Acétate neutre.. . .	56.48	43.52	8.99
— sesquibasique.	46.39	53.61	19.57
— bibasique.. .	27.85	42.92	29.22
— tribasique.. .	27.98	64.67	7.35
— très basique..	2.49	92.27	5.24

Vinaigrier. 15

Acétate de glucine.

Ce sel a été étudié par Vauquelin ; il offre un aspect gommeux et est en lames transparentes, d'une saveur astringente et sucrée, et soluble dans l'eau acidulée.

On l'obtient en dissolvant jusqu'à saturation du carbonate de glucine encore humide dans l'acide acétique, filtrant et évaporant ; ce sel est composé de :

Acide acétique. 66.64
Glucine. 33.36
                                    ———
                                    100.00

Acétates de fer.

On en connaît deux espèces : l'acétate de protoxyde de fer et l'acétate de sesquioxyde. Nous allons les examiner successivement.

1° Acétate de protoxyde de fer.

Ce sel, à l'état de pureté, offre une masse rayonnée blanche dont la dissolution dans l'eau est verte ; pour l'obtenir, on traite par la chaleur, et sans le contact de l'air, la tournure de fer par l'acide acétique concentré ; ou bien l'on décompose le sulfate de protoxyde de fer bien pur par l'acétate de plomb, etc.; comme ce sel n'est pas employé dans les arts, en son état de pureté, mais à l'état de mélange avec le suivant, nous ne nous en occuperons pas davantage.

2° Acétate de sesquioxyde de fer.

L'acétate de sesquioxyde de fer neutre est incristallisable ; il est très soluble dans l'eau, de laquelle il se sépare, par une évaporation lente, en une espèce de gelée d'un rouge-brun très foncé, soluble dans l'alcool et l'éther, et attirant l'humidité de l'air. Si l'on évapore l'acétate de fer à siccité, à une très-douce chaleur, on obtient un sous-acétate de cette base ; si la chaleur est un peu plus élevée, la décomposition est complète, et l'on n'a plus que l'oxyde de fer pour résidu.

Ce sel est préparé en grand pour les arts, dans les fabriques d'acide pyroligneux, en traitant les copeaux de fer par ce dernier acide. Mais, comme le sel obtenu contenait au moins 2/100 de goudron, ce qui nuisait à la couleur, on y a substitué le vinaigre distillé marquant 3 degrés B. Pour cela, on place les copeaux de fer dans un tonneau à double fond, ayant une chantepleure à la partie inférieure, et on y verse l'acide acétique. Au bout de quelque temps, il se dégage du gaz hydrogène en assez grande quantité, qui provient de la décomposition de l'eau dont l'oxygène se porte sur ce fer pour l'oxyder. La liqueur qui s'écoule par la chantepleure est reversée dans le tonneau, et au bout de trois à cinq jours, suivant la température, la formation de ce sel est terminée. On soutire la liqueur qui marque alors 10 degrés, et on la concentre jusqu'à 14 ou 15 degrés ; c'est en cet état que cet acétate est livré au commerce sous le nom de *bouillon noir*. Pour en obtenir 100 parties, l'on emploie 10 parties de vieille ferraille. D'après M. Dumas, ce sel est composé de :

3 at. acide acétique. . .	1930.56 ou bien	66.355
1 at. peroxyde de fer. .	978.41	33.645
1 at. d'acétate de fer. .	2908.97	100.000

L'acétate de fer est très employé dans les manufactures de toiles peintes, etc., pour les couleurs rouille, et comme base des couleurs noires.

Acétate de magnésie.

Ce sel est incolore, difficilement cristallisable, ayant une apparence gommeuse, très amer et douceâtre, légèrement déliquescent et très soluble dans l'eau et l'alcool ; il est composé de :

Acide acétique. 71.28
Magnésie.. . . . . 28.72
                                       ———
                                       100.00

On l'obtient en dissolvant le carbonate de magnésie dans l'acide acétique, filtrant et évaporant la liqueur.

Acétate de manganèse.

Ce sel cristallise en tables rhomboïdales rouges, transparentes, inaltérables à l'air, d'une saveur astringente et métallique ; il est soluble dans l'eau et dans l'alcool. On l'obtient en dissolvant du carbonate de manganèse dans l'acide acétique, ou bien en décomposant le sulfate de manganèse par l'acétate de chaux. Ce sel est composé de :

Acide acétique. 58.45
Oxyde de manganèse.. . . . . 41.55
                                       ———
                                       100.00

L'acétate de manganèse est employé pour mordancer les toiles, et principalement pour y fixer l'oxyde de manganèse. Quant à l'acétate de tritoxyde de cette base, qui est très soluble et peu stable, il est d'usage en teinture pour donner une couleur rouge-brun.

Proto-acétate de mercure.

Ce sel a été étudié par Margraaff. Il est blanc, cristallisé en lames minces micacées, ayant un aspect gras ; il noircit à la lumière ; il suffit d'une chaleur légère pour le décomposer ; il se dégage alors de l'acide carbonique, et l'on obtient de l'acide acétique très concentré, et du mercure à l'état métallique ; ce sel est composé de :

1 at. protoxyde de mercure..	2631.6	80.46
1 at. acide acétique..	643.2	19.54
	3274.8	100.00

On obtient ce sel en dissolvant le protoxyde de mercure dans l'acide acétique ou bien en précipitant une solution de proto-nitrate de mercure par l'acétate de potasse. Mais ce dernier procédé ne saurait donner ce sel pur et exempt de sulfate de potasse, sans le lavage, qui en altère la nature ; c'est ainsi cependant qu'il est préparé pour la médecine.

Deuto-acétate de mercure.

Ce sel a été étudié par Proust. Il est en lames minces, jaunâtres, nacrées, demi-transparentes ; il est anhydre, incristallisable et déliquescent ; 100 parties d'eau bouillante en dissolvent presque son poids ; à la température de 10 degrés, elle en dissout 25 ; l'eau le décompose et le convertit en sur-acétate soluble et en sous-acétate jaunâtre et insoluble. Il est composé de :

1 at. deutoxyde de mercure..	1365.8	68.12
1 at. acide acétique..	643.2	31.88
	2009.0	100.00

On le prépare en faisant dissoudre le deutoxyde de mercure, encore humide, dans l'acide acétique.

Acétate de nickel.

Ce sel a été étudié par Bergmann. Il est en cristaux rhomboïdaux, d'un vert très intense et efflorescent; il est très soluble dans l'eau et insoluble dans l'alcool. Il est composé de :

Acide acétique.	57.71
Oxyde de nickel	42.29
	100.00

Pour l'obtenir, il suffit de dissoudre dans l'acide acétique l'oxyde de nickel, ou son carbonate nouvellement précipité.

Acétate de plomb.

L'acide acétique est susceptible de s'unir en diverses proportions à l'oxyde de plomb. Nous allons les faire connaître.

Sous-acétate de plomb.

C'est un acétate de plomb tribasique, également connu sous le nom d'*extrait de saturne*.

On prépare ce sel en faisant bouillir un excès de litharge en poudre très fine avec du vinaigre, ou bien par l'ébullition d'une dissolution d'acétate de plomb avec cet oxyde. M. Thénard donne les proportions suivantes :

Acétate de plomb.	1
Oxyde de plomb calciné.	2
Eau.	25

On fait bouillir pendant vingt minutes.

Le Codex de Paris donne la formule suivante :

Acétate de plomb cristallisé.	3
Litharge en poudre fine calcinée.. . . .	1
Eau distillée.	9

On fait bouillir jusqu'à ce que l'oxyde ou la litharge soient dissous, et que la liqueur marque 30 degrés à l'aréomètre ; en cet état, il porte le nom d'*extrait de saturne*. Si on continue l'évaporation, il cristallise en lames blanches et opaques, d'une saveur sucrée, verdissant le sirop de violette ; il est inaltérable à l'air, soluble dans l'eau et décomposable par tous les sels neutres et par l'acide carbonique, qui y produisent un précipité blanc ; la gomme, le tannin, ainsi que la plupart des substances animales le décomposent. Il est formé de :

Acide acétique..	100
Protoxyde de plomb.	656
	756

Ce sel est très utile dans la teinture et pour préparer le blanc de plomb, le blanc de céruse, etc. En médecine, quelques gouttes dans l'eau constituent *l'eau de saturne* connue également sous le nom d'*eau de Goulard*, d'eau *végéto-minérale*, etc. A l'intérieur, son emploi exige une main prudente à cause de ses effets délétères.

Il y a un autre sous-acétate de plomb qui contient :

Acide acétique..	100
Protoxyde de plomb.	1608

Acétate de plomb neutre, sel ou sucre de saturne.

Cet acétate est en longs prismes tétraèdres, terminés par des sommets dièdres, d'une saveur très sucrée et astringente, ne rougissant pas le sirop de violette, plus efflorescent à l'air que le précédent ; l'eau bouillante en dissout plusieurs fois son poids, et cette solution bout à la même température que l'eau ; le calorique dégage une grande partie de l'eau de ce sel ; le sulfate soluble et l'acide sulfurique le décomposent et le précipitent à l'état de sulfate de plomb ; l'acide acétique le décompose partiellement, et il se précipite un peu de carbonate de plomb. L'acétate neutre peut dissoudre un poids égal au sien de protoxyde de plomb. D'après M. Dumas, il est composé de :

1 at. protoxyde de plomb. .	1395.0	68.5	100
1 at. acide acétique.	643.5	31.5	
	2038.5	85.8	100
6 at. eau.	337.5	14.2	
	2376.0		

Cet acétate se prépare en faisant bouillir de la litharge en poudre fine et calcinée avec de bon vinaigre, en agitant constamment le mélange, filtrant et faisant cristalliser par l'évaporation. On emploie de préférence le vinaigre de bois pur, marquant au plus 8 à l'aréomètre, et l'on concentre jusqu'à 48 ou 55 degrés. Le résidu de la litharge, non attaqué par l'acide acétique, se compose de plomb, de substance terreuse et même d'argent. L'acétate de plomb est très employé dans les arts ; en médecine, il est considéré et employé comme astringent, dessiccatif et sédatif.

Fabrication de l'acétate neutre de plomb avec l'acide pyroligneux, par M. le professeur SCHNEDERMANN.

Pour fabriquer, avec l'acide pyroligneux, de l'acétate neutre de plomb pur cristallisé, il faut, comme on sait, que cet acide soit débarrassé, autant que possible, des matières pyrogénées ou empyreumatiques qu'il renferme, puisque de faibles quantités de celles-ci suffisent, non-seulement pour communiquer à l'acétate une coloration en brun, mais aussi pour s'opposer plus ou moins à sa cristallisation. Dans les fabriques d'acide pyroligneux, on se contente souvent de préparer un acétate de plomb impur, mélangé à une grande quantité de substances pyrogénées, en dissolvant de la litharge dans cet acide distillé une seconde fois, et d'évaporer la solution jusqu'à ce qu'elle se prenne en masse par le refroidissement. Ce produit, qu'on emploie à la préparation de l'acétate d'alumine dans les teintures et les ateliers d'impression sur étoffe, n'est pas suffisamment pur pour un grand nombre de couleurs, et est tout-à-fait impropre quand il s'agit de nuances délicates et pures, parce que les substances pyrogénées que l'acétate d'alumine ainsi préparé renferme toujours, les altèrent et les ternissent. Pour préparer de l'acétate d'alumine propre à produire ces nuances, on se sert aussi bien que pour le jaune de chrome, etc., d'acétate de plomb pur, qu'on prépare ordinairement dans nos pays avec l'acide acétique fabriqué par l'acétification de l'alcool. A l'aide du procédé suivant, comparativement simple et économique, on parvient à fabriquer avec l'acide pyroligneux un acétate de plomb presque complètement pur.

15.

L'acide pyroligneux brut est distillé à la manière ordinaire pour le débarrasser de la majeure partie des matières pyrogénées qu'il renferme. En cet état, on le sature avec de la chaux éteinte qu'on ajoute en excès, en laissant la liqueur, qu'on agite fréquemment, exposée à l'air pendant vingt-quatre heures. La chaux précipite ainsi une grande partie des matières pyrogénées, en formant avec elles une masse insoluble brune ou brun-jaune. L'exposition à l'air favorise cette précipitation, parce que les matières pyrogénées ne se combinent guère avec la chaux que lorsque, par l'action de l'air, elles ont éprouvé un changement qui leur fait prendre une couleur plus foncée.

La solution d'acétate de chaux est séparée du dépôt par décantation ou tirée au clair, et le dépôt lavé avec de l'eau qu'on réunit à la liqueur. Celle-ci est encore très fortement souillée par les matières pyrogénées, et est, en conséquence, colorée en brun. On la chauffe jusqu'à la température de l'ébullition, et on y ajoute pendant qu'elle est chaude, par petites portions, une solution aqueuse et limpide de chlorure de chaux, tant que sa couleur pâlit par l'ébullition. Une très grande portion des matières pyrogénées encore présentes sont ainsi détruites, et la liqueur prend enfin une couleur brun-jaunâtre; après quoi, une nouvelle addition de chlorure de chaux n'y produit plus de décoloration.

Cette liqueur est alors évaporée à siccité, et le résidu gris jaunâtre, qui consiste en acétate de chaux et une faible proportion de chlorure de calcium, est décomposé par l'acide sulfurique. On prend, à cet effet, pour trois parties de résidu, environ deux parties d'acide ordinaire du commerce (qu'il conviendrait de doser plus exactement encore dans les travaux en grand), et pour opérer la décomposition, on étend l'acide avec son égal volume d'eau, plus ou moins, suivant le besoin, on mélange au résidu et on distille dessus l'acide acétique dans une cornue en fonte, qui est ce qu'il y a de mieux en grand pour cette opération ; ou bien on mélange l'acide avec le résidu, on laisse quelque temps en repos sans chauffer ; on étend alors avec de l'eau, et on laisse déposer le sulfate de chaux afin d'obtenir une liqueur parfaitement claire, sans employer la distillation. Un avantage de ce dernier procédé, c'est que l'acide n'est que peu ou point étendu d'eau, et que cette eau n'y est versée que par petites parties, pour qu'il n'y ait pas une élévation de température trop considérable, et mélangée intimement par le broyage avec le résidu finement divisé.

On abandonne donc le mélange pendant un peu de temps dans un vase couvert, puis on l'étend avec de l'eau, et après la précipitation du sulfate de chaux, on tire au clair la liqueur. Si l'acide sulfurique était, avant le mélange avec le résidu, étendu d'une grande porportion d'eau, le sulfate de chaux qui se formerait affecterait une structure cristalline, poreuse et boursouflée ; il ne se déposerait pas aussi bien et renfermerait, dans ses mailles ou cavités, une grande quantité du liquide.

La liqueur obtenue par l'un ou l'autre de ces moyens et qui n'est plus que faiblement colorée, renferme, indépendamment de l'acide acétique, une petite proportion d'acide chlorhydrique provenant de la décomposition du chlorure de calcium, et, la plupart du temps, un peu d'acide sulfureux ; et même celle préparée par le dernier procédé contient du sulfate de chaux en dissolution. On la sature à chaud avec de l'oxyde de plomb jusqu'à ce qu'elle ne manifeste plus qu'une légère réaction acide. De cette manière, il se forme avec l'acétate de plomb un peu de chlorure de ce métal, et dans le dernier mode, aussi du sulfate de plomb, sels qui se déposent sous forme de précipité blanc. Une petite portion de l'oxyde de plomb se trouve ainsi perdue ; on peut, toutefois, recueillir ce précipité pour en extraire le plomb ou pour tout autre usage. La liqueur claire décantée sur ce précipité est évaporée et mise à cristalliser. On obtient ainsi des cristaux d'acétate de plomb colorés encore en jaune, mais suffisamment purs pour la plupart des applications. Par des dissolutions et des cristallisations répétées, on peut, sauf une faible proportion de chlorure de plomb, l'obtenir parfaitement pur.

Acétate de plomb sexbasique.

On produit ce sel en précipitant l'acétate de plomb tribasique par l'ammoniaque, sous forme d'une poudre blanche ; sa saveur douce a disparu et est devenue astringente ; ce sel est très peu soluble ; il est formé, d'après M. Dumas, de :

1 at. acide acétique	643.2	7.14
3 at. oxyde de plomb	8367.6	92.86
	9010.8	100.00

Acétate de potasse, terre foliée de tartre, sel diurétique, sel essentiel du vin, etc.

Ce sel existe dans la sève de tous les végétaux : on le prépare en faisant dissoudre du sous-carbonate de potasse très pur et très blanc dans de l'acide acétique concentré et incolore, en y conservant un léger excès d'acide pendant tout le temps de l'évaporation ; quand la liqueur est réduite à la moitié de son volume, on y ajoute un peu de charbon animal, l'on filtre et l'on fait évaporer à siccité dans une bassine d'argent, de platine ou de porcelaine. Cet acétate, ainsi obtenu, est très blanc, en petits feuillets, d'une saveur piquante, très déliquescent, soluble dans l'eau et dans l'alcool, et susceptible de cristalliser par une évaporation lente. L'acétate de potasse fondu est un sel anhydre qui est composé de :

1 at. acide acétique..	= 643.52 ou bien	52.25
1 at. potasse.	= 587.91	47.75
	1231.43	100.00

L'acétate de potasse est employé en médecine comme fondant et diurétique, contre les engorgements des viscères, l'hydropisie, l'ictère, les fièvres intermittentes, etc.; la dose est de 2 à 15 grammes par jour.

Acétate de soude, terre foliée cristallisée.

Ce sel a les mêmes propriétés que le précédent et se prépare de même ; il cristallise facilement, et, ce qui est remarquable, c'est que lorsque l'acide contient un peu de goudron, les cristaux de cet acétate sont très gros ; il est soluble dans l'alcool, mais moins que l'acétate de potasse ; trois parties d'eau froide en dissolvent une ; il est efflorescent ; il a une saveur amère et piquante ; il éprouve la fusion aqueuse, ensuite la fusion ignée ; sans se décomposer, au-delà de ce point, il se convertit en carbonate de soude, en acide pyro-acétique et en charbon. Suivant M. Dumas, il est composé de :

1 at. acide acétique.	=	643.52 ou bien 62.20	} 100
1 at. soude.	=	390.95 37.80	
Acétate de soude sec.	=	1034.47 ou bien 60.51	} 100
12 at. eau.	=	674.88 39.49	
		1709.35	

Cet acétate sec sert à préparer l'acide acétique très concentré, connu sous le nom de cristallisable.

Acétate de strontiane.

Ce sel se prépare comme l'acétate de baryte ; il se dissout très facilement dans l'eau, et ce qu'il y a de remarquable, c'est que sa dissolution donne à 15 degrés des cristaux dont la base contient 2 fois autant d'oxyde que l'eau de cristallisation, tandis que, si la cristallisation a lieu à une température au-dessous de ce point, l'oxygène de l'eau est quatre fois plus fort que celui de la base.

Acétate de zinc.

Ce sel cristallise en lames hexagones un peu efflorescentes ; il est très soluble dans l'eau et est employé en médecine comme astringent ; on l'obtient en dissolvant l'oxyde de zinc dans l'acide acétique, etc., etc.

Acétate de zircone.

Étudié par Klaproth, il est pulvérulent, incristallisable, d'une saveur astringente, très soluble dans l'eau et l'alcool ; on le prépare en dissolvant dans l'acide acétique la zircone nouvellement précipitée et évaporant à une douce chaleur, à siccité.

Sel volatil de vinaigre.

Ce sel, aussi connu sous le nom de sel essentiel de vinaigre, n'est autre chose que du sulfate de potasse concassé, dont on remplit un flacon en cristal, et qu'on arrose ensuite avec du vinaigre radical : on peut l'aromatiser aussi avec une essence quelconque.

Fabrication de l'acide acétique et des acétates purs avec l'acide pyroligneux, au moyen de la baryte.

M. F. Kuhlmann, de Lille, a été le premier qui ait proposé de préparer l'acide acétique pur et les acétates avec l'acide pyroligneux au moyen de la baryte.

« Lorsqu'on sature l'acide pyroligneux brut par du carbonate naturel de baryte ou du sulfure de baryum, on obtient, dit ce savant chimiste manufacturier, un acétate qu'il convient de griller avec modération pour ne pas lui faire subir une décomposition, mais en élevant cependant assez la température pour que sa dissolution laisse précipiter les parties goudronneuses. Il importe, dans tous les cas, de rester, pour cette calcination, au-dessous de la chaleur rouge. Cette opération peut, au besoin, être répétée plusieurs fois.

« L'acétate de baryte ainsi obtenu est décomposé par 1 équivalent d'acide sulfurique; la décomposition n'est bien complète que lorsque la dissolution d'acétate n'est pas trop concentrée.

« Le résultat consiste en sulfate artificiel de baryte et en acide acétique faible, mais présentant cependant une densité suffisante pour trouver directement différents emplois dans l'industrie. Ainsi il peut être immédiatement employé à la fabrication de la céruse, à celle de l'acétate de plomb et des autres acétates.

« Lorsque, pour opérer la décomposition de l'acétate de baryte par l'acide sulfurique, on emploie des dissolutions d'acétate trop concentrées, le sulfate de baryte ne se sépare pas sous la forme ordinaire ; il retient alors de l'acide acétique et présente un aspect gélatineux demi-transparent, qui se détruit assez difficilement.

« Pour avoir de l'acide plus pur, on peut opérer la transformation de l'acétate de baryte en acétate de soude au moyen d'une addition convenable de sulfate de soude. De cette façon, on a encore l'avantage d'éviter complètement la formation d'un sulfate double de soude et de chaux qui se produit dans la fabrication actuelle où l'acide est converti d'abord en acétate de chaux.

« Il est inutile d'ajouter que, lorsqu'on veut obtenir de l'acide acétique plus concentré, il suffit de distiller l'acétate de baryte, ou cet acétate transformé en acétate de soude, avec de l'acide sulfurique, comme cela se pratique aujourd'hui. »

M. C.-F. Richter, de Berlin, a repris plus récemment cette question, et nous empruntons au *Technologiste*, t. XIX, p. 244, une note sur ce sujet, publiée par ce chimiste.

On a proposé et essayé diverses méthodes pour préparer l'acide acétique pur et exempt d'empyreume, ainsi que les acétates purs au moyen de l'acide pyroligneux, mais sans arriver au but proposé. Le moyen le plus économique et le plus simple est toujours la carbonisation de l'empyreume, mais il reste seulement à résoudre le problème de savoir comment on doit conduire cette carbonisation pour ne pas détruire l'acide acétique. La préparation de l'acétate de chaux et celle de l'acétate de soude ne fournissent pas à cet égard de résultat satisfaisant, parce que la chaux est une base trop faible, de façon que l'acide acétique dans cette combinaison ne résiste pas sans se décomposer en partie à la chaleur nécessaire pour brûler les huiles empyreumatiques et est détruit partiellement, ce qui diminue beaucoup le rendement en sel pur. L'acétate de soude se comporte de même, malgré qu'il supporte sans se décomposer une température plus élevée, parce que la décomposition de l'empyreume en devient d'une difficulté d'autant plus grande, que l'acétate de soude se fond et que le carbonate de soude qui provient des acides empyreumatiques détruits, reste dissous dans la liqueur, de façon qu'il est toujours disposé à se décomposer de nouveau et à se combiner avec de nouvelles quantités d'acide empyreumatiques qui deviennent libres, au point qu'il faut élever la température et soutenir longtemps la calcination, circonstances dans lesquelles il n'est pas possible d'éviter une décomposition partielle de l'acétate de soude. Enfin, la matière fondue épaisse laisse difficilement échapper les vapeurs empyreumatiques ; et en agitant continuellement, il se forme, par le refroidissement, des croûtes épaisses qui retiennent encore des matières empyreumatiques et rendent le travail difficile et laborieux.

Tous ces inconvénients sont évités, suivant M. C.-F. Richter, de Berlin, en combinant l'acide acétique à la baryte. La baryte est une base assez puissante pour que, dans cette combinaison, l'acide acétique résiste très bien à la calcination ; de plus l'acétate de baryte ne fond pas et le peu de carbonate de cette base qui se forme est tout à fait indifférent vis-à-vis des acides résiniques.

Pour préparer l'acétate de baryte, suivant ce chimiste, on introduit de la whiterite (carbonate de baryte naturel) broyée en poudre fine dans l'acide pyroligneux tant qu'il y a effervescence, et la solution encore un peu acide est neutralisée par le sulfure de baryum ou la baryte caustique. Après que la liqueur s'est complétement éclaircie par le repos, on l'évapore dans une bassine plate, et les cristaux qui se forment sont enlevés à l'écumoire et déposés sur une surface inclinée et placée près de la bassine où on les laisse égoutter.

Pour calciner ces cristaux égouttés, on se sert d'une grande bassine profonde de 10 centimètres et offrant une surface de 30 à 36 décimètres carrés, engagée dans la maçonnerie de telle façon que son fond soit chauffé bien uniformément, mais sans devenir rouge. C'est dans cette bassine qu'on étale les cristaux sur une épaisseur de 5 centimètres environ, en agitant continuellement et ayant surtout bien soin qu'il ne s'attache rien au fond, et en chauffant jusqu'à ce qu'il ne se dégage plus de vapeurs empyreumatiques, et qu'un échantillon donne avec l'eau une solution incolore.

Les cristaux dans cette calcination s'effleurissent en une poudre assez homogène qui, du moment qu'on a atteint le but indiqué par l'essai, doit être enlevée du feu et refroidie dans une autre bassine en remuant constamment ; autrement les particules excessivement fines de charbon provenant de l'empyreume détruit, opèrent aisément comme un pyrophore et peuvent déterminer une combustion secondaire.

Afin de s'opposer à une trop grande pulvérisation pendant la calcination, on peut avec avantage mélanger à la fonte 2 pour 100 d'acétate de soude qui, en fondant, rend l'acétate de baryte humide et permet en outre de neutraliser non plus avec le sulfure de baryum ou la baryte caustique, mais immédiatement avec le carbonate de soude. La masse calcinée est enfin lessivée avec l'eau et l'acétate blanc de baryte qu'on obtient par l'évaporation sert à préparer aisément tant l'acide acétique que les autres acétates.

SIXIÈME PARTIE

DÉCOLORATION, CONSERVATION ET MOYENS PROPRES A RECONNAITRE LES DEGRÉS DE PURETÉ ET DE CONCENTRATION DES VINAIGRES.

Décoloration partielle des vinaigres.

Dans le midi de la France, en Espagne et divers autres lieux, on ne prépare guère que des vinaigres rouges. On les décolore, ou mieux on convertit cette couleur rouge en une couleur ambrée, en ajoutant au vinaigre un vingt-cinquième de son poids de lait chaud, agitant bien la liqueur et la filtrant au bout de quelques jours. Le lait, en se coagulant, entraîne la plus grande partie de la matière colorante.

On obtient les mêmes résultats en délayant, dans 40 kil. de vinaigre rouge, 1 kilog. de levain de boulanger, agitant de temps en temps le mélange, et filtrant au bout de quelques jours.

Décoloration totale des vinaigres.

Un grand nombre d'expériences ont démontré le pouvoir décolorant du charbon animal. Lorsqu'on veut décolorer complétement le vinaigre rouge ou jaune, il suffit de l'agiter avec du charbon animal et de le filtrer au bout de quelques heures. Il est bon de faire observer que, le charbon animal contenant du phosphate de chaux, l'acide acétique en dissout une partie, qui se dépose bientôt, en partie, en cristaux. On obvie à cet inconvénient en opérant cette décoloration avec du charbon animal dépouillé de ce phosphate au moyen de l'acide sulfurique étendu d'eau.

Autre.

On prend 50 grammes de charbon animal qu'on lave bien à l'eau bouillante et ensuite à l'eau froide ; on l'agite ensuite avec un litre de bon vinaigre rouge, de deux heures en deux heures, sans cela le charbon se dépose et cesse d'agir. Au bout de trois jours, la décoloration est complète ; on laisse alors déposer, et l'on décante ou l'on filtre.

Du degré de concentration des vinaigres, des moyens propres à le reconnaître.

Les vinaigres obtenus, soit par la fermentation acétique, soit par la carbonisation du bois, ont un degré de force qui est relatif à la quantité de matière sucrée contenue dans la liqueur en fermentation, ou bien à la quantité d'eau dont est étendu l'acide sulfurique que l'on fait agir sur l'acétate de soude. Le moyen de reconnaître ce degré de force serait très aisé, si la densité de l'acide acétique augmentait ou décroissait par la soustraction ou l'addition de l'eau. Mollerat (1), qui s'est livré à une série d'expériences très curieuses sur ce sujet, a démontré que la densité de l'acide acétique n'était pas une preuve de sa

(1) Observations sur l'acide acétique ; *Annales de Chimie*, t. LXVIII.

force. Ainsi, deux qualités d'acide acétique numérotées 1 et 2 marquaient également 9 à l'aréomètre pour les sels de Baumé, à la température de + 12°.5 R., et leur poids spécifique était de 106,30. Cependant, malgré leur similitude,

Nº 1 était composé de :

Acide acétique..............	0.87125
Eau......................	0.12875
	1.00000

Cent parties saturaient 250 parties de sous-carbonate de soude cristallisé. Cet acide cristallisait entre 10 et 11 degrés R., et fondait difficilement, même à 18 degrés : c'est le plus pur que Mollerat ait pu obtenir.

Nº 2 était formé de :

Acide...................	0.41275
Eau....................	0.58725
	1.00000

Cent parties ne saturaient que 118 parties de sous-carbonate de soude cristallisé. Cet acide ne cristallisait pas à plusieurs degrés au-dessous de 0.

Il est aisé de voir qu'en soumettant l'acide acétique à l'examen par l'aréomètre, les nºs 1 et 2 marqueront la même force, quoique le dernier soit un composé de 100 parties du nº 1 sur 112.2 d'eau (1). Si cette quantité d'eau est moindre, la densité de cet acide augmente ; à son *maximum*, elle est de 108.0 ; il contient alors un peu plus du tiers d'eau en poids.

_____

(1) Cette similitude de densité, quoiqu'il y ait une grande quantité d'une liqueur beaucoup plus dense que l'autre, nous paraît dépendre de ce que ces deux liqueurs, en s'unissant, acquièrent divers degrés de dilatation, desquels dépendent ces variations de densité.

Voyez les propriétés de l'acide acétique, pages 29 à 40.

Pour rendre ces notions plus claires, nous allons retracer le tableau des mélanges fait par Mollerat.

TABLEAU *des expériences faites sur 110 grammes d'acide acétique n° 1, marquant à l'aréomètre 9 degrés R.; poids spécifique 106.30; sa richesse étant la saturation de 250 sous-carbonate de soude cristallisé sur 100 d'acide.*

	Eau ajoutée.	Aréomètre.	Poids spécifique.
1.	10 gram.	10.6	107.42
2.	11	11	107.20
3.	10	11.3	107.91
4.	10.5	10.9	107.63
5.	12	10.6	107.42
6.	11.5	10.4	107.28
7.	31	9.4	106.58
8.	11	9	106.37
9.	37	9	106.30

Chaque addition d'eau, dans le mélange, élève la température ; à chaque fois, on la laisse redescendre à 12°.5.

Mollerat s'est convaincu que :

1° L'ascension de l'aréomètre indique la force de l'acide acétique, jusqu'à ce que le mélange soit formé de :

Acide acétique	0.6725614
Eau	0.3274386

Ce terme est marqué sur l'aréomètre par 11°3 à la température de 12°5 R., et le poids spécifique 107.91.

2° La force de ce même acide depuis 11.3 se reconnaît par l'abaissement régulier de l'aréomètre dans le mélange.

En Angleterre, on fait usage d'un acétimètre en verre, d'après Fahrenheit. Cet instrument se compose d'une boule d'environ 8 centimètres de diamètre, au-dessous de laquelle on en trouve une autre petite, lestée par du mercure ou du plomb. La première boule est surmontée d'un tube en verre de 8 centimètres de long, contenant une bande de papier sur le milieu de laquelle est tracée une ligne transversale. Cette ligne est surmontée d'une petite coupe pour recevoir les poids. Les expériences qui ont servi à la construction de cet acétimètre se rapprochent beaucoup de celles de Mollerat.

L'acétimètre de M. Taylor a pour base les degrés de force d'un acide de preuve, appelé par ce manufacturier n° 24.

Poids spécifique.	Acide réel en 100 parties.
100.85.	5
101.70.	10
102.57	15
103.20.	20
104.70.	30
105.80.	40

Acétimètre des marchands de vinaigre de Paris.

Cet instrument se compose de deux boules : l'inférieure, qui est la plus petite, est lestée avec le mercure ; la supérieure est cylindrique, elle a environ 4 centimètres de longueur sur 5 centimètres de circonférence. Elle est surmontée d'un tube très délié d'environ 9 centimètres de longueur. Ce pèse-vinaigre se compose seulement des 4 premiers degrés du pèse-acide ; le 0 en haut de la tige indique l'eau ; le chiffre 1, un degré du pèse-acide ; il en est de même des 2e, 3e et 4e chiffres.

Ces quatre degrés, avons-nous dit, sont chacun divisés en dixièmes (qui, par conséquent, sont des dixièmes de degré du pèse-acide); ainsi, par exemple, s'il enfonce dans le vinaigre jusqu'à 2 (en encre rouge) plus 5, on dira : ce vinaigre pèse 2 degrés 5 dixièmes. Or, comme les vinaigres de table diffèrent peu par leur concentration, cet instrument, tout défectueux qu'il est, sert aux marchands comme d'un moyen approximatif. J'ai examiné un grand nombre de vinaigres du commerce, et j'ai trouvé qu'ils marquaient, terme moyen, 2 degrés 5 à ce pèse-vinaigre, ce qui équivaut à 3 degrés du pèse-sel de Baumé. J'avais terminé cet examen, lorsque je voulus m'assurer s'ils ne contenaient pas d'acide sulfurique ; je suis forcé d'avouer que j'en ai rencontré dans quatre, d'une manière bien sensible.

Le poids spécifique moyen du vinaigre de bois destiné à la préparation des aliments, est de 100.9 ; en cet état, son degré d'acidité est le même que celui du vinaigre de vin de 101.4. Ces vinaigres, sous le même poids spécifique, contiennent chacun 5 centièmes d'acide acétique absolu, et quatre-vingt-quinze d'eau.

D'après tout ce que nous avons exposé, il est bien évident que les pèse-vinaigres sont des moyens inexacts pour déterminer la force acide des vinaigres. Descroizilles, auquel les arts chimiques et industriels doivent plusieurs instruments et plusieurs procédés importants, en avait imaginé un pour reconnaître la force des alcalis par la quantité d'acide qu'ils peuvent neutraliser. Cet habile chimiste, convaincu de l'infidélité des pèse-vinaigres, fit la même application à l'acide acétique que celle qu'il avait faite aux alcalis, avec cette différence que, dans l'essai des soudes ou potasses, il remplit son alcalimètre d'une liqueur acide (acide sulfurique), tandis que dans l'acétimètre, il introduit une solution de soude, avec laquelle il sature le vinaigre à essayer. Les détails dans lesquels Descroizilles est entré pour décrire son acétimètre n'étant pas susceptibles d'analyse, nous allons les rapporter tels qu'il les a exposés dans sa notice sur le *Polymètre chimique*. Nous nous bornerons à dire que l'acide acétique le plus concentré que l'on ait pu obtenir, contient, d'après M. Thénard, 11.92 d'eau et 88.08 d'acide acétique réel ; son poids spécifique est de 106.3, et il exige, pour se saturer, deux parties et demie de sous-carbonate de soude cristallisé pour une de cet acide. Ce point établi, il sera facile de déterminer la force d'acidité des vinaigres par la quantité de sous-carbonate de soude qu'ils satureront.

Description de l'acétimètre de DESCROIZILLES.

Comme l'alcalimètre et le Bertholimètre, auxquels il est uni dans le polymètre chimique, l'acétimètre est un tube de verre de 20 à 25 centimètres de longueur, et de 14 à 16 millimètres de diamètre ; il est fermé par le bout inférieur, où il est supporté par un piédestal, tandis que le bout supérieur, entièrement ouvert, est muni d'un rebord saillant.

Il offre une échelle ayant quarante-huit divisions, chiffrées de deux en deux, et subdivisées chacune en deux moitiés, non compris l'espace entre son extrémité inférieure et le fond du tube ; ce qui, depuis l'extrémité supérieure marquée 0, offre une capacité de 50 millimètres ou 100 demi-millièmes de litre. On y voit en outre, vis-à-vis du 4me degré de l'échelle descendante, une ligne circulaire entre laquelle et le fond du vase l'espace offre la capacité d'un centilitre ou de dix millilitres, qui y sont marqués, parce que, comme on le verra, c'est une dose fixe pour l'essai du vinaigre et pour l'essai préalable de la liqueur acétimétrique.

Pour faire usage de cet instrument, deux choses sont indispensables, savoir : une infusion de tournesol et une dissolution de soude caustique, qui est la liqueur acétimétrique.

Liqueur acétimétrique.

L'instrument que Descroizilles appelle la couloire, et qui facilite beaucoup la préparation de cette liqueur, est un manchon de 85 millimètres de diamètre sur 160 de longueur ; ses deux extrémités sont renforcées à l'extérieur par un fil d'archal, autour duquel le fer-blanc est roulé. L'une de ces extrémités est coiffée par un morceau de toile un peu claire, et qui est fixée au moyen de trois ou quatre tours d'un gros fil bien noué ; ce qui offre l'aspect d'un petit tamis très profond. Avant de fixer cette toile, il sera bon de la tailler circulairement, en lui donnant 11 centim. de diamètre, et de la faufiler tout autour pour empêcher que les fils ne s'échappent.

Outre la couloire, il faut encore, en fer-blanc, une espèce d'entonnoir dont les parois, très peu inclinées, se terminent par une douille de 40 millimètres de longueur, et ayant à son extrémité 16 millimètres de diamètre. Cet entonnoir est fixé au milieu de la hauteur d'un manchon de 90 millimètres de diamètre et de 80 millimètres de hauteur, également renforcé à ses deux extrémités. Il est destiné à recevoir la couloire garnie de sa toile.

Il faut enfin, et toujours en fer-blanc, une rondelle plate ou grille ronde, qui doit être placée dans l'entonnoir et sous la toile. Cette grille doit être percée d'une centaine de trous de 2 millimètres de diamètre ; il faut avoir soin que la douille de l'entonnoir soit à 2 ou 5 millimètres au-dessus du niveau inférieur du manchon dans lequel elle est fixée : par ce moyen le tout pourra, au besoin, se placer à plat sur une table ou sur une assiette.

Ce petit appareil de coulage est destiné à être monté sur une carafe ou sur une bouteille ordinaire à vin. Il s'y maintient parfaitement au moyen de sa douille, qui est de grosseur convenable, et au moyen de son fond très peu incliné vers la douille.

Il faut avoir aussi une seconde grille destinée à être posée sur le marc de la lessive, dans la couloire, afin qu'il ne s'y forme point d'enfoncement irrégulier lorsqu'on y versera de l'eau pour le laver. L'appareil est renfermé dans une boîte cylindrique en ferblanc, formée de deux pièces, dont l'une sert de couvercle à l'autre ; la plus grande est, en outre, destinée à faire chauffer de l'eau, comme nous allons l'expliquer.

Pour la caustification de la soude, mettez environ 4 décilitres d'eau ou 8 mesures de 50 millilitres cha-

cune, mesurées dans le millilitrimètre, dans la
grande pièce de la boîte cylindrique de fer-blanc, et
posez-la sur un triangle au-dessus d'un petit fourneau, dans lequel vous aurez allumé quelques charbons (ou faites chauffer sur le fourneau à lampe
alcoolique du petit alambic pour l'essai des vins).
L'eau étant chaude à n'y pouvoir tenir le doigt, reti-
rez-la de dessus le feu, et introduisez-y, avec précaution, un demi-hectogramme de chaux très vive
et très récemment sortie du four (un demi-hectogramme équivaut au poids de deux pièces neuves de
5 fr.); la chaux se délite avec bouillonnement, pendant lequel il faut prendre des précautions pour ne
rien perdre. Ajoutez à cette crème de chaux 4 autres
décilitres d'eau, ou 8 mesures de 50 millilitres chacune, mesurées dans le millilitrimètre, et de suite
2 hectogrammes de sel de soude du commerce, agi-
tez le tout avec une cuillère jusqu'à ce que le sel
vous paraisse entièrement dissous, puis laissez refroidir tout-à-fait. Après cela procédez au coulage dans
l'appareil ci-dessus décrit, et dont vous aurez préalablement mouillé la toile. Si les premières portions
de liqueur sont troubles, réservez-les sur la couloire.
Lorsque la totalité du mélange y aura été versée, et
lorsqu'il ne passera plus rien, mettez à la surface de
la masse de la substance salino-terreuse ou marc, la
seconde grille dont nous avons parlé, et versez-y de
l'eau par portions d'un décilitre chaque fois; ayez soin
de ne verser de nouvelle eau que lorsque l'écoulement
occasionné par la mise précédente aura tout-à-fait
cessé. La saveur de la lessive alcaline doit diminuer
graduellement jusqu'à ce qu'enfin ce ne soit plus que
de l'eau insipide.

Ordinairement, sur 8 décilitres d'abord mis avec la chaux et la soude, il n'en passe que 4 ; de sorte que, pour en avoir enfin 8, il faut en ajouter 4 l'un après l'autre pour les réunir aux 4 premiers. Après cela, le marc doit être presque insipide ; mais vous pouvez l'épuiser tout à fait de soude caustique, en y passant encore, l'un après l'autre, 2 décilitres d'eau, que vous garderez, si vous le voulez, pour commencer une nouvelle opération.

D'autre part, ayez de la liqueur alcalimétrique composée d'acide sulfurique et d'eau, et versez-en dans le tube jusqu'à la ligne circulaire dont il a été parlé plus haut, c'est-à-dire le volume de dix millilitres ou d'un centilitre ; renversez ensuite du tube dans un verre ordinaire cette quantité de liqueur alcalimétrique, puis rincez le tube avec une quantité d'eau à peu près égale, et réunissez cette rinçure à la liqueur qui est dans le verre. Le tube étant encore plus exactement rincé et secoué, emplissez-le jusqu'au bout de l'échelle avec de la lessive caustique obtenue par le procédé décrit ci-dessus, puis servez-vous-en pour saturer l'acide qui est dans le verre.

Cette saturation a lieu sans effervescence, de sorte qu'il faut être très attentif lorsqu'on y procède.

Laissez donc tomber lentement la lessive dans le verre, et opérez-en le mélange, au moyen d'un petit brin de bois, que vous en retirerez de temps en temps pour le poser sur des gouttelettes d'infusion de tournesol, disséminées sur une assiette. A l'instant même du contact, la belle couleur bleue de cette infusion sera changée en rouge clair, et cela aura lieu tant qu'il restera la plus petite portion d'acide à saturer ; mais au moment même où vous

aurez strictement atteint cette saturation, les gouttelettes touchées conserveront leur couleur bleue, sauf
leur dégradation d'intensité, en raison de la proportion de liqueur saturée qui s'y trouve mêlée.

Relevez alors l'instrument, et voyez combien de
millilitres de lessive il en est sorti. C'est ce que
vous indiquera l'échelle acétimétrique ou le millilitrimètre descendant.

Supposons donc que, par cette première épreuve,
vous ayez consommé 11 millilitres de votre lessive
alcaline pour 10 de la liqueur acide. Vous dites : Je
veux que cette liqueur alcaline soit délayée dans une
quantité d'eau telle, qu'au lieu de 11 millilitres, il
en faudra 20. Il n'est donc question que de faire un
mélange de 11 parties de lessive et de 9 d'eau pure ;
à cet effet, remplissez-en le millilitrimètre jusqu'au
haut de l'échelle, puis videz-le dans une petite bouteille, ou fiole, ou petit flacon. Mettez-en encore
5 millilitres dans le tube, puis ajoutez-y de l'eau
pure jusqu'à ce que les 50 millilitres soient complets ;
versez ensuite ce mélange avec les 50 autres millilitres de lessive ; mélangez bien, et vous aurez 100
millilitres de liqueur acétimétrique dans la proportion désirée, car 55 sont à 100 comme 11 est à 20.
Essayez cependant encore, avec ce mélange, une
nouvelle saturation, pour vous assurer de l'exactitude du mélange partiel déjà fait, afin de pouvoir
ensuite procéder au mélange de toute votre lessive,
avec 9 vingtièmes ou 45 centièmes d'eau.

A cet effet, donc, mesurez de nouveau 10 millilitres de la liqueur alcalimétrique ainsi composée,
et mettez-la dans un verre où vous mettrez aussi
la rinçure du millilitrimètre. Remplissez après cela

cet instrument jusqu'au haut de son échelle, et procédez à la saturation avec les précautions recommandées.

Nous avons supposé que 11 vingtièmes de la première lessive seraient nécessaires : il est clair qu'alors il faut ajouter 9 centilitres d'eau. Mais aussi il peut arriver qu'on ait d'abord une première lessive, dont 7 vingtièmes suffisaient ; alors on ajoute 13 vingtièmes d'eau pure. Il est donc bien entendu que les proportions d'eau à ajouter doivent varier comme la force des lessives premières.

Ayant ainsi gradué la liqueur acétimétrique, tellement que, pour sa saturation, elle exige strictement un volume égal de liqueur alcalimétrique, des précautions sont encore nécessaires pour la conserver à l'abri de l'influence atmosphérique, qui y apporterait de l'acide carbonique, et qui pourrait changer la proportion de l'eau. Introduisez-y donc 5 grammes de chaux effleurie à l'air et bien divisée. Mettez à la bouteille un bouchon qui, bien appuyé, puisse la boucher exactement et laisser une bonne prise lorsqu'on voudra la déboucher. Secouez fortement pendant une minute, et laissez la chaux se déposer. Ayez ensuite une boîte longue, pouvant au besoin servir à encaisser la bouteille, et pratiquez une échancrure à la partie supérieure et centrale d'un de ses petits côtés. Vous y coucherez diagonalement la bouteille, dont le goulot entrera dans l'échancrure. Par ce moyen, le dépôt de chaux se mettra de niveau au fond et sur le côté parallèle au niveau de la liqueur d'épreuve, dont il sera facile de soutirer chaque fois la quantité d'un centilitre.

Il faudra, une fois pour toutes les épreuves d'une même journée, agiter préalablement la bouteille, et laisser à la chaux le temps de se déposer.

Si le sel de soude du commerce était constamment le même, l'on pourrait facilement donner les doses respectives de ce sel et d'eau, justement suffisantes pour faire la liqueur acétimétrique avec autant de facilité qu'on le fait pour la liqueur alcalimétrique. Mais l'acide sulfurique concentré du commerce est toujours approximativement le même, et il n'en est pas ainsi, à beaucoup près, du sel ou souscarbonate de soude.

Ce sel est souvent altéré par la présence du sulfate de soude, et dans des proportions si variables que, donnant 36 degrés ordinairement, on en trouve des qualités qui ne marquent que 20, et d'autres qui donnent tous les degrés intermédiaires entre 36 et 20.

Le sel de soude le plus pur varie lui-même, selon qu'il se trouve à l'abri du contact d'un air plus ou moins chaud; en effet, lorsqu'il n'a été séché qu'autant qu'il le faut pour ne plus mouiller le papier sur lequel on le pose, et pour conserver sa forme cristalline, il contient approximativement 0.53 de son poids en eau de cristallisation; mais si on l'abandonne à l'action de l'air ambiant, il perd une partie variable de cette eau, de manière qu'au lieu de 36 et 37 degrés alcalimétriques, il en donne jusqu'à 50 et plus.

Quand il s'agit d'essayer un vinaigre, commencez par disséminer autour d'une assiette des gouttelettes d'infusion de tournesol. A cet effet, laissez-en tomber une ou deux gouttes au centre de cette assiette, puis plongez-y l'extrémité d'un petit morceau de bois, gros et long comme une allumette, ou, ce qui vaut mieux, un petit morceau d'étain fin, ayant cette forme et cette longueur. Il s'y attachera un peu d'infusion bleue, que vous poserez au fur et à mesure autour des bords de l'assiette. Chaque gouttelette, ainsi posée, équivaut au plus au vingtième d'une goutte tombée.

Introduisez ensuite dans l'acétimètre 1 centilitre de vinaigre à essayer, puis versez-le dans le verre destiné à l'essai. Passez après cela à peu près autant d'eau dans l'acétimètre, et versez aussi cette rinçure dans le verre.

Ayez en outre un peu de vinaigre ordinaire dans une très petite bouteille ou dans un petit flacon à goulot renversé : cela vous servira à en extraire quelques gouttes pour le contrôle de chaque essai, comme il va être ultérieurement expliqué.

Procédez à la saturation en laissant filer lentement la liqueur acétimétrique, et favorisant sa combinaison au moyen de l'agitation avec un petit morceau de bois. Touchez de temps en temps une des gouttelettes de tournesol ; elles rougiront tant qu'il restera du vinaigre à saturer. Cependant le rouge sera moins vif en raison de ce que le point de saturation commencera à approcher. Vous serez sûr d'avoir saisi ce point aussitôt que les gouttelettes du tournesol ne changeront plus de couleur. Mais vous ne serez certain de ne l'avoir pas outre-passé que lorsque, laissant tomber dans le verre quelques gouttes de vinaigre pur, elles rendront à la liqueur la propriété de rougir de nouveau les gouttelettes de tournesol. C'est là ce qu'on appelle le contrôle d'un essai ; mais, s'il on fallait plus que 10 gouttes pour produire cet effet, ce serait une preuve que vous auriez mis trop de liqueur acétimétrique, car 10 gouttes représentent approximativement la cinquantième partie du volume du vinaigre de chaque essai, et il faudrait recommencer celui-ci. Si, au contraire, vous trouvez l'essai juste, il ne s'agit plus que de voir le degré acétimétrique obtenu; et, pour cela, il suffit de voir la ligne où se trouve le niveau de la liqueur dans l'acétimètre. Ce degré, pour les bons vinaigres ordinaires, varie de 10 à 15; c'est-à-dire que 10 millilitres de vinaigre ordinaire exigent, pour leur saturation, 10 à 15 millilitres de liqueur alcali-acétimétrique, dont les 10 millilitres exigent, pour leur propre saturation, 1 gramme d'acide sulfurique concentré.

La couleur rouge donnée par le vinaigre aux gouttelettes de tournesol n'est pas durable. Aussitôt que les gouttelettes touchées se sont desséchées à l'air, elle est remplacée par la couleur bleue primitive de cette infusion. On a beau les recouvrir ensuite avec de l'eau pure, la couleur rouge ne revient plus, à moins qu'on ne les touche de nouveau avec du vinaigre non encore neutralisé. Il paraît résulter de là, ou que le vinaigre s'évapore totalement, ou mieux encore qu'il se décompose par un si grand contact à l'air atmosphérique, qui le change peut-être d'abord en acide carbonique, lequel bientôt se dissipe.

On pourrait soupçonner que le vinaigre se combine avec l'oxyde métallique qui entre dans la couverte de l'assiette; mais des acides beaucoup plus énergiques ne produisent pas cet effet.

Descroizilles a essayé la force des acides obtenus des bois par la distillation, ou autrement, par leur carbonisation en vases clos. Voici le résultat de quelques-uns de ces essais :

Acide pyroligneux ou vinaigre de bois,
ayant reçu une première purification. . 15 degrés.
Acide purifié une seconde fois. 12
Acide purifié et concentré par les procédés
qui donnent ce qu'on appelle le vinaigre
radical. 132

Ce dernier acide marquait 10 degrés au pèse-liqueur de Baumé pour les sels.

Pureté et falsification des vinaigres.

Le vinaigre de bois, pour être plus pur, ne doit être formé que d'acide acétique et d'eau, et celui des substances fermentescibles ne doit contenir aucun acide étranger. Mais la fraude se glisse dans tous les arts : au lieu de donner de la force aux vinaigres faibles par l'addition de l'eau-de-vie ou de quelque substance sucrée, quelques marchands, peu scrupuleux, ont préféré y ajouter quelqu'un des acides dits minéraux, et particulièrement l'acide sulfurique. Cette fraude n'est pas nouvelle. Demachy, dans son *Art du Vinaigrier*, l'a signalée dans quelques vinaigres de Paris, mais principalement en Champagne et surtout à Saint-Dizier, et chez les marchands colporteurs de vinaigre. On a vu assez souvent, sur la frontière d'Espagne, des fabricants de vinaigre qui recueillaient le résidu de la distillation des vins rouges, y ajoutaient un quart de vin et un quart de vinaigre, et au bout de huit jours l'acidulaient convenablement au moyen de l'acide sulfurique. On raconte même un accident singulier arrivé à un de ces indi-

vidus qui, avait placé dans une grande cuve 10 kilogrammes d'huile de vitriol (acide sulfurique) avec
vingt-cinq fois autant de vinaigre. Pour commencer à
faire le mélange, pour le distribuer sur toute la partie
qu'il avait préparée, il remua avec ses jambes pendant
quelque temps. Le malheureux éprouva des douleurs
très vives dans ces parties, sur lesquelles, malgré l'application des cataplasmes, l'acide sulfurique agit avec
tant de force, que toute la peau tomba, et qu'il s'é-
tablit une suppuration qui dura plusieurs jours.

Il est aisé de distinguer la nature de l'acide avec
lequel on a augmenté l'acidité du vinaigre. Si c'est
l'acide sulfurique, il suffit de verser quelques gouttes
du vinaigre suspect dans du nitrate ou de l'hydrochlorate de baryte, pour voir se former aussitôt un
précipité blanc abondant, qui est du sulfate de baryte. On peut s'en convaincre ainsi pour le vinaigre
de bois purifié et distillé. On pourrait obtenir cependant le même effet du vinaigre de bois purifié et non
distillé, comme on en trouve quelquefois dans le
commerce, parce que ce vinaigre contient alors du
sulfate de soude, qui décompose l'hydrochlorate de
baryte, pour former un hydrochlorate de soude et un
sulfate de baryte. Les vinaigres de vin contiennent
aussi un peu de sulfate de potasse, et l'hydrochlorate
de baryte y produit, par conséquent, un léger précipité qui est bien plus abondant quand il y a addition d'acide sulfurique. Au reste, les vinaigres auxquels on a ajouté de cet acide ou bien des acides
hydrochlorique ou nitrique (1), ont une saveur par-

____

(1) L'acide nitrique étant plus cher que l'acide sulfurique, on emploie ce dernier de préférence.

tioulière, sont moins odorants, et agacent fortement les dents. Descroizilles a donné un procédé, pour faire connaître l'acide sulfurique dans le vinaigre, que nous croyons devoir rapporter. Cet habile manufacturier conseille de toucher une goutte d'infusion de tournesol ou bien du papier de tournesol, avec le vinaigre suspect. S'il est pur, la couleur bleue reparaît après la dessiccation ; si, au contraire, elle persiste, c'est une preuve qu'il y a addition d'un acide étranger. Cet essai par le tournesol peut indiquer, d'une manière approximative, les quantités d'acide ajouté. En effet, dit Descroizilles, après qu'on s'est convaincu de la falsification du vinaigre et avoir déterminé son degré acétimétrique, on procède à un nouvel essai de saturation en faisant tomber par intervalles, un demi-millilitre de liqueur acétimétrique, en touchant chaque fois une goutte d'infusion de tournesol avec le vinaigre que l'on essaie (1). Quand la saturation du vinaigre est exacte et que le tournesol n'est plus rougi, si cet essai a donné douze degrés, on a sur l'assiette vingt-quatre gouttelettes rougies. On fait alors chauffer légèrement cette assiette pour les dessécher, et l'on compte combien il en reste de rouges. S'il en reste huit, et si la huitième est un peu rouge, on peut conclure que ce vinaigre doit un tiers de sa force acide à un acide étranger. Si l'on a déjà reconnu que c'est le sulfurique, on calcule la quantité de liqueur acétimétrique qui a été employée pour les saturer, et dès lors on trouve les proportions d'acide sulfurique qui ont été ajoutées par litre.

(1) On doit ranger pour cela, sur une assiette, une trentaine de gouttelettes de teinture de tournesol.

Ces essais et ces calculs nous paraissent un peu trop difficiles pour ceux qui sont étrangers à la chimie.

On peut reconnaître l'acide nitrique et chlorhydrique dans le vinaigre en le saturant de sous-carbonate de soude, filtrant et faisant cristalliser. Si c'est l'acide chlorhydrique, on trouvera, avec l'acétate de soude, un sel d'une saveur très salée et en cristaux cubiques, tandis que l'autre sel cristallise en prismes. On peut déterminer les proportions d'acide chlorhydrique en dissolvant ces sels et y versant du nitrate d'argent (1). Par le précipité obtenu on calculera le poids de l'acide hydrochlorique d'après la connaissance des principes constituants du chlorure d'argent.

Si la sophistication est faite par l'acide nitrique, ce qui est très rare à cause du prix élevé de cet acide, on obtient un nitrate de soude cristallisé en prismes rhomboïdaux et un acétate. Le premier sel a une saveur fraîche, piquante et amère, il fuse sur les charbons comme le salpêtre. On peut déterminer la quantité d'acide nitrique en desséchant bien ces deux sels dans l'eau, et les traitant par l'alcool très concentré, qui dissout l'acétate de soude sans toucher au nitrate. Par le poids de celui-ci, on juge de la quantité d'acide nitrique d'après ses principes constituants.

Composition du nitrate de soude.

Acide nitrique.	63.36
Soude.	36.64
	100.00

(1) Ce réactif est si sensible qu'il indique, par un précipité blanc caillebotté insoluble dans l'acide nitrique, 0.0000125 de cet acide dans l'eau.

Composition du chlorhydrate de soude.

Acide chlorhydrique.. 100
Soude. 86.38

En admettant, d'après la théorie la plus moderne, que le chlorhydrate de soude est un chlorure de sodium qui passe à l'état de chlorhydrate en se dissolvant dans l'eau, 100 parties de ce sel seraient composées de :

Chlore. 60
Sodium.. 40
                                    ————
                                      100

Or, il faudrait réduire encore le chlore par le calcul en acide chlorhydrique, en admettant que cet acide est composé en poids de :

Chlore. 36
Hydrogène. 1

Moyen de reconnaître le vinaigre falsifié avec l'acide sulfurique.

Il est une fraude déplorable qui consiste, avons-nous dit, à relever le goût acide du vinaigre en y ajoutant de l'acide sulfurique. On a conseillé, pour reconnaître cette fraude, d'ajouter au vinaigre suspecté un peu d'amidon, et de le faire bouillir pendant vingt à trente minutes.

L'acide sulfurique, comme on le sait, convertit l'amidon en fécule, et l'acide acétique, comme nous l'a appris M. Payen, ne jouit pas de la même propriété. Il en résulte que, si le vinaigre est pur d'acides minéraux, l'amidon s'y conserve avec les caractères ordinaires de l'eau d'amidon ou empois, ce qu'on reconnaît, en ajoutant à la liqueur refroidie de l'iode, qui produit une coloration bleue ; s'il n'apparaît aucune coloration, c'est que l'amidon a été saccharifié, ce qui est l'un des caractères de la présence de l'acide sulfurique libre.

M. Nomminger fait observer qu'il n'est pas indifférent d'employer l'iodure de potassium au lieu de l'iode libre. Avec l'iodure de potassium, la couleur peut ne pas apparaître, malgré la présence de l'amidon.

Jamais un seul caractère ne suffit pour conc' ro en matière de chimie légale. Il faut accumuler les preuves. Un des moyens de démontrer la présence de l'acide sulfurique libre, est de concentrer le vinaigre et de l'évaporer à sec, au bain-marie ou simplement sur une feuille de papier de bonne qualité (qui laisse peu de cendre). L'acide sulfurique, se concentrant, hâte la carbonisation du papier et produit une tache noire. Ce caractère grossier est applicable à la recherche d'une fraude qui serait sans intérêt si elle s'exerçait sur des proportions trop minimes (*Répertoire de Chimie*).

Procédé pour reconnaître la présence de l'acide sulfurique libre dans le vinaigre, par M. BOETTGER.

On sait qu'il n'est pas rare de trouver dans le commerce le vinaigre ordinaire de table falsifié par des acides minéraux énergiques, notamment par l'acide sulfurique, et que ce n'est que par un procédé un peu minutieux qu'on a pu, jusqu'à ce jour, démontrer avec certitude une falsification de cette nature ;

en effet, les réactifs ordinaires, tels que le nitrate et l'acétate de baryte, ne pouvaient ici rendre que peu de services, puisque tous les vinaigres contiennent de petites quantités de sulfates faciles à reconnaître par l'addition des réactifs qui viennent d'être indiqués. Or, le procédé connu de M. le professeur Runge, qui consiste à démontrer, à l'aide d'une dissolution de sucre, la présence de l'acide sulfurique libre dans le vinaigre, remplit parfaitement bien son but dans les mains d'un chimiste instruit et suffisamment exercé aux expériences; mais il n'en est pas moins un peu long et peu sûr pour l'industriel et les personnes étrangères à la chimie. Nous pensons donc que le procédé suivant, aussi simple que conduisant facilement et sûrement au but, sera accueilli avec quelque intérêt.

On a fait l'observation que tous les vinaigres, sans exception, vinaigres de vin, d'eau-de-vie, de cidre ou de bière, peu importe, sont, malgré la petite quantité de sulfate qu'ils peuvent contenir, complétement indifférents à l'action d'une dissolution concentrée de *chlorure de calcium*. Si, par conséquent, on ajoute à un vinaigre quelconque non falsifié un petit nombre de gouttes d'une dissolution concentrée de chlorure de calcium, on ne voit pas le moindre trouble, encore bien moins la formation d'un précipité, parce que la quantité totale des sulfates qui se trouvent dans les vinaigres ordinaires est si faible, qu'elle ne décompose une dissolution saturée de chlorure de calcium, ni à la chaleur de l'ébullition, ni à une température moyenne.

Mais il n'en est plus du tout de même dans le cas de la présence de l'acide sulfurique libre dans le vi-

naigre. En effet, si à 8 grammes (2 drachmes) environ de vinaigre avec lequel on a mélangé à dessein la
millième partie à peine d'acide sulfurique libre, on
ajoute un fragment de chlorure de calcium cristallisé, de la grosseur d'une noisette, et qu'on chauffe
alors le vinaigre jusqu'à l'ébullition, on voit, aussitôt qu'il est complétement refroidi, se former un
trouble considérable, et peu de temps après, un précipité abondant de sulfate de chaux. Ce fait ne se
produit jamais, ainsi que je l'ai dit, lorsqu'on s'est
servi pour cette épreuve du vinaigre ordinaire non
falsifié par l'acide sulfurique.

Si la proportion de l'acide sulfurique dans le vinaigre est plus grande que 1/1000 (on sait qu'il en
est toujours ainsi lorsque le vinaigre a été falsifié à
dessein par des fabricants ou des débitants avides),
on voit un précipité ou, pour le moins, un trouble se
produire dans le vinaigre, même avant son complet
refroidissement.

Dans le cas où le vinaigre contiendrait de l'acide
tartrique libre ou du tartrate acide de potasse, ou
qu'il aurait été mélangé à dessein avec ces substances, le même traitement par le chlorure de calcium
ne fournirait aucune réaction semblable.

On sait, en effet, que ni l'acide tartrique libre, ni
le tartrate acide de potasse, ne peuvent décomposer
le chlorure de calcium, même à la chaleur de l'ébullition. Ainsi, la réaction indiquée plus haut pour reconnaître l'acide sulfurique, ne serait, même avec la
présence de l'acide tartrique ou du tartrate acide de
potasse dans le vinaigre, ni moins manifeste, ni
moins sûre.

Procédé acétimétrique de MM. FRESENIUS *et* WILL.

Le procédé de MM. Fresenius et Will est basé sur la perte de poids qu'éprouve le bicarbonate de soude quand on le plonge dans de l'acide acétique ou du vinaigre par le dégagement de son acide carbonique et sa transformation en acétate de soude. Ce procédé est fort simple et n'exige que l'emploi d'une balance bien exacte, et l'habitude de faire des pesées délicates.

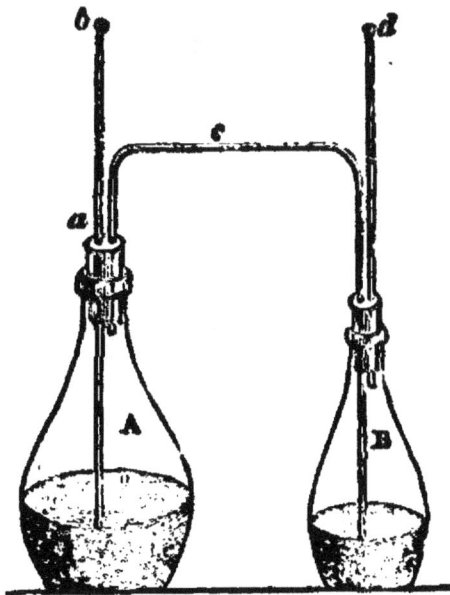

Fig. 12.

L'appareil se compose de deux flacons A et B, fig. 12. Le premier peut avoir une capacité de 60 à 70 centimètres cubes, et le second, qui est plus petit, une capacité de 50 à 60. Tous deux sont pourvus de bouchons parfaitement sains, percés de deux trous au travers desquels passent les tubes *a, c, d*. L'extrémité inférieure du tube *a* descend presque sur le fond du flacon A, et son extrémité supérieure est fermée par une petite pelote de cire *b*; *c* est un tube deux fois courbé à angle droit, dont l'un des bouts dépasse légèrement le bouchon du flacon A, mais dont l'autre descend presque jusqu'au fond du flacon B. Le tube *d* de ce dernier flacon ne dépasse que légèrement le bouchon.

Pour faire l'essai d'un acide acétique ou d'un vinaigre, on procède de la manière suivante :

On charge le flacon A avec de l'acide sulfurique ordinaire, jusqu'à la moitié environ de sa capacité, puis on verse dans le flacon B la quantité de l'acide dont on veut faire l'essai, et dont on a pris très exactement le poids, par exemple 0 gr. 751 pour l'acide acétique supposé sec, et on étend d'eau jusqu'à ce que le flacon soit à peu près rempli à moitié de sa capacité

On met alors dans un tube à expérience une quantité de bicarbonate de soude suffisante pour saturer le poids de l'acide contenu dans le flacon B, et on suspend au-dessus de l'acide au moyen d'un fil qu'on maintient à l'aide du bouchon.

Dans cet état, on pèse tout l'appareil aussi exactement qu'il est possible, et dès que cette pesée est opérée, on rend, avec précaution, le fil libre. Le tube, chargé de bicarbonate de soude, tombe doucement dans l'acide, et on replace et ajuste étanche le bouchon aussi promptement qu'il est possible.

Aussitôt, il se dégage de l'acide carbonique, parce que le bicarbonate de soude est décomposé, qu'il se forme de l'acétate de soude et que la totalité de l'acide carbonique devient libre. Cet acide passe par le tube *c* et est amené par ce tube dans l'acide sulfurique concentré contenu dans le flacon A qui le dépouille de toute son humidité et s'échappe finalement par le tube a.

Lorsque toute effervescence a cessé, l'opérateur, en exerçant avec la bouche, sur le tube a, un effet de succion, aspire tout l'acide carbonique qui remplit encore l'appareil et qui est remplacé par de l'air atmosphérique qui pénètre par le tube d. Si l'appareil s'est un peu échauffé, on le laisse refroidir, puis on le soumet de nouveau à une pesée exacte; la perte de poids indique la proportion centésimale de l'acide réel qui est présent dans l'acide dont on fait l'essai.

Essais quantitatifs du vinaigre, par M. H. FLECK.

Les méthodes proposées par Gay-Lussac pour faire l'essai des composés chimiques, et par lesquelles on détermine quantitativement les parties constituantes qui entrent dans la décomposition de ceux-ci, non pas par le poids mais par la mesure des réactifs qu'on emploie, ont imprimé à l'analyse chimique une direction qui, dans ses conséquences, a singulièrement simplifié les procédés analytiques, et ont été accueillies dans la science toutes les fois qu'il a été possible, par des moyens simples, de constater le commencement et la fin d'une réaction, et d'évaluer ainsi le rapport numérique de ces parties constituantes d'après le volume des liqueurs d'épreuve employées.

On a proposé aussi, et déjà on a adopté en oxacidimétrie, des méthodes de ce genre, surtout en acé-

timétrie, pour doser du vinaigre et déterminer, avec
une exactitude et une facilité plus ou moins grandes,
sa richesse en centièmes en acide acétique pur.

Berzelius a, le premier, attiré l'attention sur l'ammoniaque liquide comme réactif propre à doser quantitativement l'acide acétique libre. M. Otto a tenté
de mettre cette idée à la portée des praticiens, en
imaginant un acétimètre simple, et d'introduire un
mode d'essai du vinaigre qui, quoique entaché de
plusieurs sources d'erreur, pourra être adopté assez
généralement dans la pratique. Cette méthode se
fonde sur la propriété dont jouit l'acide acétique libre
de chasser les alcalis carbonatés (potasse, soude) l'a-
cide carbonique, et de se combiner avec ces alcalis
à l'état d'acétates neutres qui n'ont plus d'action sur
le papier de tournesol. Mais quand on veut atteindre
toute la précision désirable, ce procédé présente des
obstacles qui, quand il s'agit de les surmonter entièrement, le rendent, au total, inapplicable pour les
praticiens. Ces obstacles reposent sur la pureté, le
plus souvent imparfaite, des alcalis, sur la difficulté
qu'on éprouve à se les procurer à l'état chimiquement pur, et de reconnaître cette pureté, sur les
nombreuses sources d'erreur qui peuvent provenir
d'une balance trop peu sensible ou de poids mal vé-
rifiés et peu sûrs. Telles sont, du moins, les sources
principales des débats qui s'élèvent fréquemment
entre les fabricants et les consommateurs, quand
on ne trouve pas que la richesse d'un vinaigre correspond aux conditions prescrites ou exigées.

Le mode d'essai du vinaigre de M. Otto rencontre,
dans son application aux usages généraux, des obstacles provenant principalement de la difficulté qu'il

y a pour préparer une liqueur d'épreuve aussi rigoureusement définie que l'exige cette méthode. Une source d'erreur qui n'est pas sans importance, indédépendamment de la détermination inexacte du poids spécifique de la liqueur ammoniacale qui peut avoir lieu, consiste dans l'abaissement en ammoniaque du titre de la liqueur d'épreuve, soit par une conservation prolongée, soit par une fermeture imparfaite des vases, soit par une ouverture fréquente de ceux-ci, au point qu'après un séjour de six mois, pendant lesquels on a ouvert de temps à autre un flacon, la liqueur qu'il renferme ne marque plus que 1,464 p. 100 d'ammoniaque, tandis qu'elle aurait dû renfermer 1,369, et qu'un vinaigre qui ne contiendrait exactement que 5,528 p. 100 d'acide acétique hydraté, marque alors 6,5 pour 100 à l'acétimètre de M. Otto.

Restant fidèle au principe qui sert de base à cette méthode de M. Otto, et qui simplifie d'une manière si extraordinaire le mode d'essai du vinaigre, on peut se servir, au lieu d'une liqueur ammoniacale, de *l'eau de chaux*, et on trouve dans ce réactif tout autant de rapidité et de sûreté pour faire les essais acétimétriques, en même temps qu'il offre au praticien, par la facilité avec laquelle on se le procure et sa force presque complètement constante aux températures moyennes, un moyen commode pour le dosage du vinaigre. La pierre calcaire rendue vive par la cuisson se combine, comme on sait, quand on l'éteint avec une certaine quantité d'eau, pour former un hydrate de chaux en poudre blanche, qui, amené à l'état de bouillie ou de lait de chaux, se dissout dans l'eau et fournit ce qu'on appelle l'eau de chaux.

100 parties d'oxyde de calcium chimiquement pur exigent 32,14 parties d'eau pour donner 132,14 parties d'hydrate de chaux (chaux éteinte). Si l'on introduit cet hydrate dans une grande quantité d'eau, il s'y délaie et donne une liqueur blanche, opaque, ou lait de chaux qui laisse, par un long repos, déposer la majeure partie de la matière pulvérulente non dissoute, et fournit de l'hydrate de chaux en dissolution claire ou eau de chaux. Si cette eau a été préparée avec de la pierre calcaire calcinée, elle renferme, indépendamment de l'hydrate de chaux, des quantités plus ou moins fortes de sels alcalins solubles, dont on peut la débarrasser en décantant les premières portions claires qui surnagent au dépôt, jusqu'à ce qu'une solution d'argent ne produise plus de trouble dans l'eau de chaux aiguisée avec l'acide azotique. Plus la pierre calcaire a de densité, plus sa structure est cristalline est uniforme, plus aussi elle est exempte de matières étrangères, de façon que le marbre de Carrare, dont il est facile de se procurer des fragments, fournit, dès la première solution de son hydrate, une eau de chaux qui trouble bien peu la solution d'argent. Du reste, je me suis assuré, par de nombreuses expériences, que la présence des chlorures alcalins ne nuisait en rien à la solution de la chaux. Si l'on stratifie le marbre entre des lits de charbon de bois, et qu'on l'expose à une vive chaleur dans un four, il abandonne son acide carbonique et son aspect translucide; il paraît entièrement blanc, semblable à la craie, et quand on l'humecte avec de l'eau, il s'échauffe vivement en augmentant promptement et notablement de volume. Par cette extinction dans l'eau, il se réduit en une

poudre blanche qu'on agite, après son refroidissement, dans un flacon avec de l'eau de pluie ou de l'eau de rivière bien douce, et qu'on laisse déposer; on décante, avec attention, la première portion de la liqueur claire, on remplit avec de nouvelle eau, on agite de nouveau longtemps, on abandonne le flacon pendant vingt-quatre heures au repos, après l'avoir muni d'un bon bouchon bien ajusté et qui ferme bien. 60 à 65 grammes de marbre blanc suffisent, après avoir été calcinés et éteints, pour préparer au moins 32 litres d'eau de chaux, quantité qui suffit pour une centaine d'essais. Si l'on a calciné et éteint 125 gr. de marbre, et introduit dans un flacon de 4 à 6 litres, on peut, six à huit fois de suite, verser cette même quantité d'eau sans avoir à craindre que la solution de chaux qu'on obtient soit le moins du monde affaiblie, et que l'essai du vinaigre en soit rendu infidèle.

Les données peu concordantes qu'on trouve sur la solubilité de la chaux dans l'eau nous ont déterminé à entreprendre à ce sujet quelques expériences exactes, surtout sur la composition d'une solution de chaux entre 4° et 25° C. On sait que la solubilité de la chaux diminue à mesure que la température augmente, de façon que 1 partie de chaux ne se dissout, suivant Dalton, que dans 1270 parties d'eau à 100° C., et ainsi qu'on l'a constaté, dans 736,5° parties à + 4°. Mais entre les températures données de 4° et de 25°, la différence de solubilité est tellement faible que, dans le procédé acétimétrique dont il est ici question, il n'en résulte aucun changement qui mérite qu'on en tienne compte. L'oxyde de calcium dissous dans l'eau pour former l'eau de chaux, présente toutefois entre ces températures les rapports de solubilité suivants :

	Solubilité.	Poids spécifique de l'eau de chaux.
à + 4° C.	1 : 780.5	1.00221
12.5	1 : 767.0	1.00208
15.0	1 : 778.4	1.00203
18.0	1 : 783.3	1.00200
23.0	1 : 789.4	1.00173

On a adopté pour température normale, pour ces essais, + 15° C., et on a neutralisé 100 centimètres cubes de cette eau de chaux par 7,2 centimètres cubes d'acide chlorhydrique, dont la richesse en acide avait été déterminée par une solution de soude exactement titrée par l'acide tartrique, et dont la quantité s'élevait, sur 100 centimètres cubes, à 2 gr. 326 d'acide chlorhydrique anhydre. 7,2 centimètres cubes de cet acide normal correspondaient donc à 0 gr. 167472 d'acide chlorhydrique pur, et celui-ci saturé par 100 centimètres cubes d'eau de chaux, correspondait à 0 gr. 12846 d'oxyde de calcium. Cette quantité d'oxyde de calcium exige 0 gr. 27527 d'acide acétique hydraté (vinaigre radical) pour sa saturation, par conséquent aussi 2 c.c. 75 de vinaigre, renfermant 10 pour 100 d'acide acétique; or, puisque 100 centimètres cubes d'eau de chaux correspondent à 2 c.c. 75 de vinaigre à 10 pour 100 d'acide, il est clair que la proportion centésimale en acide acétique dans le vinaigre est déterminée par la quantité d'eau de chaux qu'on emploie à sa neutralisation, dès qu'on divise le nombre de centimètres cubes de cette dernière qu'on a dépensés par le nombre 10, puisque sous les 10 centimètres cubes représentent 1 pour 100 de vinaigre radical dans le vinaigre.

Les faibles différences qui résultent d'un poids spécifique un peu plus élevé du vinaigre ne peuvent pas, relativement à la quantité moindre que 2,75 centimètres cubes qu'on dépense, être prises en considération dans un essai, puisque, pour chaque augmentation de 1 pour 100 en richesse, elles s'élèvent à peine à 0,002. Les différences dans le pouvoir de saturation de l'eau de chaux, depuis la température de 4° jusqu'à celle de 25°, n'ont pas une importance plus grande, car on trouve dans 100 centimètres cubes d'eau de chaux :

	Différences.
à + 4° C., 0gr·13371 de chaux.	0gr·00725
à + 15° C., 0gr·12846 —	0gr·00178
à + 25° C., 0gr·12668 —	

D'où résulte qu'entre + 4° et + 15° C. la différence de l'acide acétique saturé par l'excès de chaux s'élève à 0gr.01553, et pour 1° C., à 0gr.00141 de vinaigre radical, = 0,51 centimètres cubes d'eau de chaux, ou 0,051 pour 100 d'acide acétique dans le vinaigre, et qu'entre + 15° et + 25°, la quantité d'acide acétique qui correspond à la différence en chaux, s'élève au plus à 0gr.00381, ce qui fait, pour 1° C., 0,13 centimètres cubes d'eau de chaux, = 0,013 pour 100 d'acide acétique dans le vinaigre. Il faut donc, dans les essais qui exigent une grande exactitude, pour chaque degré du thermomètre centigrade au-dessous de + 15° C., compter en *plus* 0,051 pour 100 d'acide acétique, et par chaque degré au-dessus de + 15°, admettre dans le calcul 0,0013 pour 100 en *moins* que ne l'a indiqué l'acétimètre. Si, par exemple, on a fait un dosage à + 19° C., et qu'on ait trouvé 5,350 pour 100 par la richesse centésimale du liquide en acide, cette quantité s'élève, en réalité, à 5,350 — (4 × 0,013) = 5,298 pour 100; d'un autre côté, si l'essai du vinaigre a été fait à + 10° C., et qu'il ait donné 5,230 pour 100, alors le vinaigre renferme 5,230 + (5 × 0,031) = 5,503 pour 100 d'acide acétique hydraté.

L'acétimètre dans lequel on fait ces sortes d'essais est un tube gradué, qui, depuis le bas jusqu'au dernier trait de lime, contient 103,25 centimètres cubes d'eau, à la température de + 15° C. L'espace rétréci depuis le fond du tube jusqu'à une certaine hauteur, contient 0,5 centimètre cube, et est rempli de teinture de tournesol, qu'on prépare en faisant bouillir une partie de tournesol dans huit parties d'eau de pluie et filtrant au papier. De ce point jusqu'en haut, il a une capacité de 2,75 centimètres cubes qu'on remplit avec le vinaigre dont on veut faire l'essai, et qui fait passer au rouge la teinture de tournesol placée au-dessous. Si l'on soumet à l'essai un vinaigre renfermant plus de 10 pour 100 d'acide acétique, on n'en verse que jusqu'à la moitié de l'espace libre, et on remplit l'autre moitié avec de l'eau. Il est évident dans ce cas que le nombre de centimètres cubes d'eau de chaux employée qu'on lira sur l'échelle au-dessus de la teinture doit être multiplié par 2 avant d'opérer la division par 10. Cette échelle, à partir de la teinture, présente une capacité de 100 centimètres cubes, nombrés de 10 en 10, de façon, avec la notation des dizaines seulement, qu'on n'ait plus besoin de diviser par 10, ce qui veut dire que ces nombres ne représentent pas des centimètres cubes.

C'est dans cette capacité qu'on verse de l'eau de chaux destinée à faire l'essai, jusqu'à ce que les dernières gouttes fassent passer au bleu la couleur rouge de la liqueur. On favorise cette réaction en agitant vivement et à plusieurs reprises, opération qu'on exécute en fermant le tube avec le pouce et le renversant sens dessus dessous. La liqueur s'échappe avec lenteur de la portion rétrécie du tube, et on tient celui-ci retourné jusqu'à ce que celle-ci en soit entièrement déplacée; on redresse et on retourne de nouveau jusqu'à ce que la coloration de la liqueur soit devenue uniforme. L'eau de chaux doit, ainsi qu'on l'a déjà fait remarquer précédemment, être parfaitement limpide, et on fera bien de la décanter du flacon, au moyen d'un siphon, effilé à la lampe par un bout. Un petit tube court, aussi effilé et qui traverse le bouchon, sert à la rentrée de l'air dans le flacon. En soufflant par ce petit tube, on presse sur le liquide contenu dans le flacon, et on le fait remonter dans le siphon, par lequel il s'écoule en filet continu. On peut, en ouvrant ou fermant le petit tube avec un bouchon de cire, régler de telle façon l'écoulement de l'eau de chaux qu'on puisse doser l'acide acétique jusqu'à une goutte près de cette eau.

On laisse ce siphon constamment monté sur la bouteille à eau de chaux, en bouchant seulement les ouvertures des deux tubes avec des bouchons de cire après chaque opération, puis, lorsqu'on veut en faire une nouvelle, on ouvre le siphon et on laisse perdre l'eau de chaux qu'il renferme avant de faire écouler cette eau dans l'acétimètre. Dans ces circonstances, on n'a pas à craindre que cette eau de chaux s'affaiblisse et perde son titre par l'absorption de l'acide carbonique de l'air, car l'eau qui repose sur le dépôt de chaux hydratée en reprend tout autant qu'elle en perd par l'absorption de l'acide carbonique ; il n'y a que par un séjour très prolongé ou une négligence à boucher les tubes que la couche de carbonate de chaux qui, par son poids spécifique, se précipite au fond, peut acquérir assez d'épaisseur pour s'opposer au contact entre l'eau et la chaux hydratée sous-jacente. Dans ce cas, il est nécessaire, douze heures avant un essai, d'agiter avec soin le flacon à l'eau de chaux et de l'abandonner pendant tout ce temps au repos. On peut renouveler cette précaution toutes les fois que l'eau de chaux est restée en repos pendant plusieurs semaines et qu'on se propose de faire un essai. Du reste, quand le bouchon de liège est bien élastique, qu'il est appliqué exactement sur les parties du goulot, que les tubes sont bien ajustés dans les trous du bouchon, et qu'en outre on lute avec du plâtre, il n'y a pas à craindre que l'eau de chaux soit de si tôt hors de service. On pourrait encore la conserver dans un lieu d'une température égale, ou du moins où les changements de température ne seraient ni brusques ni fréquents, et où l'on ne serait pas obligé de l'extraire trop fréquemment pour faire des essais. En observant toutes ces prescriptions, l'eau de chaux remplira, sous tous les rapports, les conditions qu'un chimiste peut désirer dans une liqueur d'épreuve.

Si le vinaigre que l'on veut essayer est tellement chargé en couleur, ainsi que cela arrive fréquemment avec l'acide pyroligneux, qu'on ne puisse pas savoir, ou ne savoir qu'imparfaitement, les changements de couleur qui s'opèrent dans la liqueur, on fait agir de

temps à autre une goutte du contenu de l'acétimètre
sur du papier de tournesol rougi (du papier blanc à
filtre plongé dans une teinture de tournesol, qu'on
fait passer au rouge avec du vinaigre et sécher), jusqu'à ce qu'il commence à devenir bleu, phénomène
auquel on reconnaît le terme de la réaction.

On ne connaissait guère, jusqu'à présent, que l'a-
réomètre pour contrôler le titre du vinaigre (1), mais
l'acétimètre qu'on vient de décrire fournit un moyen
sûr de soumettre à ce contrôle les liquides que fournit le vinaigrier et de s'assurer immédiatement de
leur richesse en acide acétique. Il permet aussi de
reconnaître l'accroissement successif de cette richesse
dans la fabrication de ce produit, mais nous reviendrons plus tard sur ce sujet.

Il ne paraît pas impossible de modifier ce mode
d'essai du vinaigre, en ce sens qu'on prendrait un
volume déterminé d'eau de chaux, qu'on neutralise-
rait par un certain volume de vinaigre à essayer.
Cette manière de considérer le problème permettrait
de dresser une autre échelle qui fournirait également de fort bons résultats et rendrait possible le
dosage en volume des vinaigres concentrés du commerce.

Comme 100 centimètres cubes d'eau de chaux correspondent à 0gr.275 d'acide acétique hydraté, on
voit que 0gr.5 de cet acide hydraté exigent 181,81
centimètres cubes d'eau de chaux pour leur saturation. Si l'on fait réagir ainsi l'acide acétique dans un

---

(1) On se sert aussi fréquemment en France de l'acétimètre de
Descroizilles, qui est établi sur des principes analogues à son alcalimètre, et dont nous avons donné la description à la page 278 et suivantes.   F. M.

vase, dans le col très étroit duquel on trace ou introduit l'échelle, afin de pouvoir lire directement la quantité de vinaigre employée, cette échelle a besoin d'être divisée ainsi qu'il suit :

			Centimètres cubes.
100 pour 100 d'acide acétique	=		0.500
90	—	—	= 0.555
80	—	—	= 0.625
70	—	—	= 0.714
60	—	—	= 0.833
50	—	—	= 1.000
40	—	—	= 1.250
30	—	—	= 1.333
20	—	—	= 2.500
19	—	—	= 2.632
18	—	—	= 2.777
17	—	—	= 2.941
16	—	—	= 3.125
15	—	—	= 3.333
14	—	—	= 3.571
13	—	—	= 3.833
12	—	—	= 4.166
11	—	—	= 4.545
10	—	—	= 5.000
9	—	—	= 5.555
8	—	—	= 6.250
7	—	—	= 7.142
6	—	—	= 8.333
5	—	—	= 10.000
4	—	—	= 12.500
3	—	—	= 16.666
2	—	—	= 25.000
1	—	—	= 50.000
0.5	—	—	= 100.000

= 181c.c.81 d'eau de chaux.

Les obstacles qu'on rencontre d'un côté pour établir une échelle aussi précise, et dans laquelle on n'a pas tenu compte du poids spécifique variable de l'acide acétique, et de l'autre la difficulté de sa lecture à cause de la petite étendue des différences, ne permettent guère d'établir un appareil sur ce dernier principe.

Acétimétrie, par MM. Salleron et Réveil (1).

La méthode de MM. Salleron et Réveil est basée sur la neutralisation du borate de soude par l'acide contenu dans le vinaigre. Mais comme il peut se faire que la liqueur contienne d'autres acides que l'acétique, il est nécessaire, avant toute opération, de l'essayer par les réactifs qui accusent la présence de ces acides.

On pourra encore, si l'on veut, évaporer à siccité une quantité donnée de vinaigre, et peser le résidu que l'on doit trouver égal à 2 centimètres environ; mais cette précaution n'est pas indispensable au point de vue de l'acidité que l'on veut constater, si ce n'est pour déceler la présence de certaines substances, telles que le tartrate de potasse, etc., que l'on aurait pu employer pour augmenter la densité. Le sel marin est décelé par le nitrate d'argent, et les sulfates par l'eau de baryte; l'évaporation peut servir utilement à en constater la dose, lorsqu'on en a découvert la présence par ces deux réactifs.

Lorsqu'on s'est assuré que le vinaigre ne contient pas d'acides minéraux, il s'agit de rechercher la proportion réelle de l'acide acétique, et c'est ici que commence en réalité le procédé de MM. Salleron et Ré-

(1) Extrait du *Traité théorique et pratique de la fermentation*, par M. N. Basset, p. 546.

voil. Le carbonate de soude donne lieu à un dégagement d'acide carbonique trop prolongé pour la rapidité de l'opération, la soude caustique passe à l'état de carbonate au contact de l'air, etc. Ces raisons les ont déterminés à faire usage de la dissolution de borax, dont la décomposition ne donne lieu à aucun dégagement gazeux.

La liqueur d'épreuve ou acétimétrique est donc formée par une solution aqueuse de borate de soude, colorée en bleu assez intense par le tournesol, qui a la propriété de virer au rouge au contact des acides. Elle est composée de telle manière que 20 centimètres cubes de cette dissolution neutralisent exactement 4 centimètres cubes de la *liqueur alcalimétrique de Gay-Lussac.*

Chacun connait la composition de cette liqueur, laquelle est formée de 100 grammes d'acide sulfurique monohydraté ($SO^3 HO = 1842,70$ de densité), étendus d'eau distillée, de façon à occuper 1 décimètre cube ou 1 litre en volume.

La liqueur d'épreuve pour l'acétimétrie contient 45 grammes de borax par litre, plus une quantité suffisante de tournesol. Pour la titrer et la ramener à la condition que nous venons d'indiquer, on mesure 4 centimètres cubes de liqueur alcalimétrique dans un tube gradué, et l'on verse par dessus la liqueur acétimétrique (solution bleue de borax), jusqu'à ce que la *teinte bleue violacée* ait disparu, après le passage de la teinte rouge. Si la quantité de liqueur d'épreuve, qui produit ce résultat, est moindre que 20 centimètres cubes, on doit ajouter de l'eau à la liqueur pour que cette quantité de 20 centimètres cubes neutralise très exactement 4 volumes de liquour acide de Gay-Lussac ; dans le cas contraire, on ajoute un peu de soude caustique, afin d'obtenir une proportion exacte.

L'éprouvette graduée et la pipette de l'acétimètre Salleron servent avantageusement à titrer la liqueur d'épreuve, l'éprouvette portant gravés des traits qui indiquent 4 centimètres cubes, d'une part, pour l'acide, et d'autres divisions par centimètres pour la solution de borax.

La liqueur ainsi titrée, il s'agit de s'en servir pour la vérification d'un vinaigre quelconque.

L'acétimètre se compose des objets suivants :

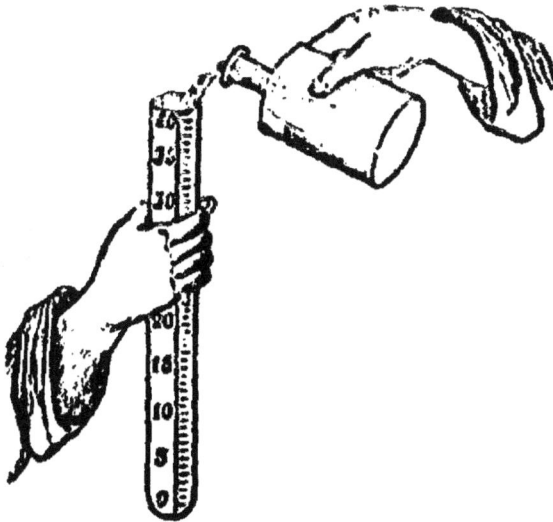

Fig. 13.

Fig. 14.

1° Un tube de verre (fig. 13) fermé d'un bout et portant à sa partie inférieure un premier trait marqué 0. Au-dessous de ce premier trait est gravé le mot *vinaigre*, afin d'indiquer la quantité de vinaigre qu'il faut employer. Au-dessus de 0 sont gravées des divisions 1, 2, 3, etc., qui représentent la richesse acide du vinaigre ;

2° Une petite éponge fixée à l'extrémité d'une baleine pour essuyer les parois intérieures du tube après chaque expérience ;

3° Une pipette portant un seul trait marqué 4 c, c destinée à mesurer avec précision et facilité la quantité de vinaigre nécessaire à chaque essai ;

4° Un flacon de liqueur dite *acétimétrique titrée*, au moyen de laquelle on dose la richesse acide du vinaigre (fig. 14).

Usage de l'instrument. — On plonge la pipette dans le vase qui contient le vinaigre, on aspire et l'on pose le doigt sur l'extrémité supérieure du tube. La pipette contient trop de vinaigre, il faut en laisser écouler jusqu'à ce que le niveau se soit abaissé devant le trait marqué 4 c, c. Pour laisser descendre le liquide lentement et juste de la quantité nécessaire, on soulève légèrement le doigt appuyé sur le bout de la pipette, afin d'y laisser rentrer l'air petit à petit (fig. 14). Quand le liquide affleure exactement le trait, on arrête l'écoulement en appuyant le doigt plus fortement.

On introduit alors la pipette dans l'acétimètre, et l'on y laisse tomber le vinaigre. Il faut avoir le soin de ne laisser couler que la quantité de liquide qui tombe naturellement de la pipette ; il reste toujours dans le bec de cette dernière une goutte de vinaigre qui ne doit pas être comptée.

Quand on a opéré avec ces précautions, le niveau s'élève dans l'acétimètre exactement au trait 0. On verse alors par dessus le vinaigre de la liqueur acé-

Vinaigrier.   18

timétrique, fig. 13. Le mélange se colore immédiatement en *rouge*.

Cette couleur rouge devient de plus en plus foncée ; on remarque qu'après une certaine addition de liqueur, les couches supérieures du liquide restent bleues, tandis que les couches inférieures sont encore rouges.

On agite le mélange en fermant le tube avec le doigt et en le retournant sens dessus dessous à plusieurs reprises. (Il faut avoir soin de ne pas laisser tomber le liquide pendant l'agitation, sans quoi il faudrait recommencer l'expérience.) Après l'agitation, la teinte générale du mélange est uniforme, mais elle devient légèrement violacée; après une nouvelle addition de liqueur, cette couleur violette se prononce davantage ; enfin, il arrive un moment où quelques gouttes de plus amènent la teinte *bleue violacée*, signe auquel on reconnaît la neutralisation complète de l'acide contenu dans le vinaigre. On cesse donc de verser, et on lit quelle est la division qui se trouve au niveau du liquide : c'est la richesse acide du vinaigre, c'est-à-dire la quantité d'acide acétique pur qu'il renferme exprimée en centièmes de son volume. Ainsi, 8 degrés veulent dire que 1 hectolitre de vinaigre contient 8 litres d'acide acétique *pur*.

Par acide acétique *pur*, nous comprenons l'acide acétique cristallisable monohydraté ($C^4 H^3 O^3$, HO avec 1063 de densité), c'est-à-dire le plus concentré que l'on ait pu obtenir (85 acide anhydre et 15 d'eau sur 100).

L'acétimètre ne porte que 25 degrés. Il ne peut donc servir à l'essai d'un vinaigre contenant plus de 25 pour 100 d'acide, si l'on n'a le soin d'étendre celui-ci d'une proportion d'eau connue. Ainsi, quand on veut essayer un liquide dont l'acidité est supposée supérieure à 25 degrés, il faut le couper avec une, deux ou trois parties d'eau ; en multipliant par 2, par 3 ou par 4 le degré indiqué par l'instrument, on trouve la richesse du liquide acide.

Rien, en vérité, de plus simple et de plus ingénieux que ce procédé dont le mérite est incontestable. Il n'est pas besoin, pour en faire usage, d'être habitué aux manipulations chimiques, et il n'exige qu'un peu de bon sens et d'attention. Grâce à cette méthode et à sa vulgarisation, il est à croire que l'on verra bientôt disparaître du commerce des vinaigres une des fraudes nombreuses qui en étaient la cause : en tout cas, il n'est plus permis de se tromper sur la quantité d'acide réel contenue dans les vinaigres, ce qui est déjà un point capital, et nous ne doutons pas un instant que dans peu de temps la méthode de MM. Salleron et Réveil ne devienne d'un usage général.

Procédé acétimétrique simple, par M. J.-J. POHL.

Le dosage des acides acétiques étendus, par le procédé ingénieux de MM. Fresenius et Will, a été dans ces derniers temps remplacé, non sans raison, par le procédé de titrage que M. Mohr a fait connaître dans son *Manuel des méthodes chimico-analytiques par liqueurs titrées*, publié en 1855, qui permet d'arriver plus sûrement et plus promptement au but.

L'expérience a démontré néanmoins que pour les vinaigriers, le commerçant en vinaigres et les consommateurs, le titrage lui-même des vinaigres offre des difficultés en ce que pour épargner un calcul bien simple, mais néanmoins pénible pour le praticien, on exige une pesée exacte d'une quantité de liquide relativement petite, de 5 gr.1. Or, peu de personnes ont à leur disposition une balance assez sensible pour cette pesée délicate, et dans les ateliers de fabrication du vinaigre, ou dans les celliers où on l'emmagasine, une balance de ce genre est bientôt perdue. Enfin, il est rare de rencontrer dans ces ateliers ou ces celliers des individus qui aient une habileté ou une patience suffisantes pour opérer des pesées rigoureuses.

M. Pohl a donc cherché à supprimer la pesée du produit donné en usage actuellement, et imaginé le procédé acétimétrique suivant, qui se distingue par une exactitude bien suffisante pour la simplicité de son application, et qui, en outre, n'exige aucun calcul compliqué.

Une pipette de la forme à peu près des pipettes ordinaires contient jusqu'à un certain trait *a* assez de liquide pour qu'on puisse en faire écouler exactement 5 centimètres cubes à la température de 15° C.; on fait donc écouler dans un grand verre à boire les 5 centimètres cubes du liquide qu'on veut doser, et à ce volume de liquide on ajoute 5 à 6 gouttes environ de teinture de tournesol, puis on titre par la méthode ordinaire à l'aide d'une burette à pression divisée en cinquièmes de centimètres cubes. Enfin, à l'aide d'un aréomètre pour les liquides plus pesants que l'eau, où le 0 indique la densité de l'eau à 15° C., et donne directement au moins les 0.005, on cherche quelle est la densité du vinaigre, avec les précautions nécessaires. C'est avec les données numériques ainsi obtenues qu'on entre alors dans la table suivante qui a été calculée par l'équation que voici :

$$p = \frac{5.1\,C}{5\,D} = 1.02\,\frac{C}{D}$$

dans laquelle p est la proportion centésimale que l'on cherche en acide acétique anhydre ($C^3 A^3 O^3$), C le nombre de centimètres cubes de la solution normale de soude qu'on a dépensée pour obtenir la neutralisation, et D la densité qu'on a trouvée au vinaigre. Cette table présente pour entrée verticale les densités mesurées, puis pour entrée horizontale le nombre des centimètres cubes de solution de soude qu'on a dépensé, et l'on trouve immédiatement à l'entrecroisement de la colonne et de la ligne la proportion centésimale et pondérale de l'acide acétique anhydre que renferme le produit soumis à l'épreuve (1).

(1) La table donnée par M. Pohl s'étend depuis 0 cent. cub. 1 jusqu'à 90 centimètres cubes de solution de soude. Nous l'avons réduite à celle de 10 à 90 cent. cubes, parce qu'il suffit du déplacement de la virgule ou d'un chiffre pour les quantités de solution de 1 à 9 et de deux chiffres pour celles de 0.1 à 0.9 cent. cubes.   F. M.

TABLE

Pour mesurer la richesse des Vinaigres.

DENSITÉ.	CENTIMÈTRES CUBES.								
	10	20	30	40	50	60	70	80	90
1.005	10.15	20.30	30.45	40.60	50.75	60.90	71.04	81.20	91.34
1.010	10.10	20.20	30.30	40.40	50.50	60.60	70.70	80.80	90.90
1.015	10.05	20.10	30.15	40.20	50.25	60.30	70.34	80.39	90.44
1.020	10.00	20.00	30.00	40.00	50.00	60.00	70.00	80.00	90.00
1.025	9.95	19.90	29.85	39.80	49.76	59.71	69.66	79.61	89.50
1.030	9.90	19.81	29.71	39.61	49.52	59.42	69.32	79.22	89.13
1.035	9.86	19.71	29.57	39.42	49.28	59.13	69.00	78.84	88.70
1.040	9.81	19.62	29.42	39.23	49.04	58.85	68.66	78.46	88.27
1.045	9.76	19.52	29.28	39.04	48.81	58.57	68.33	78.09	87.85
1.050	9.71	19.43	29.14	38.86	48.57	58.28	68.00	77.71	87.43
1.055	9.67	19.36	29.00	38.67	48.34	58.01	67.68	77.34	87.01
1.060	9.62	19.25	28.87	38.49	48.12	57.74	67.36	76.98	86.61
1.065	9.58	19.15	28.73	38.31	47.89	57.46	67.04	76.62	86.19
1.070	9.53	19.07	28.60	38.13	47.67	57.20	66.73	76.26	85.83
1.075	9.49	18.98	28.46	37.93	47.44	56.93	66.42	75.94	85.39
1.080	9.44	18.89	28.33	37.78	47.22	56.66	66.11	75.55	85.00
1.085	9.40	18.80	28.20	37.60	47.01	56.41	65.81	75.21	84.61
1.090	9.36	18.72	28.07	37.43	46.79	56.45	65.61	74.86	84.22
1.095	9.32	18.63	27.95	37.26	46.58	55.89	65.21	74.52	83.84
1.100	9.27	18.55	27.82	37.09	46.37	55.64	64.91	74.18	83.46

Pour qu'il ne reste aucune obscurité sur l'emploi de cette table, on présentera les exemples suivants :

1° Soient 5 centimètres cubes d'un vinaigre d'une densité de 1.055 et qui a été titré par une dépense de 30 centimètres cubes de solution normale de soude. On cherche dans la 1re colonne de la table la densité 1.055, puis dans la colonne des centimètres cubes, le nombre 30, et au croisement de la ligne avec la colonne on trouve le nombre 29.00, qui indique immédiatement la richesse centésimale en acide acétique anhydre du vinaigre examiné.

2° Le produit soumis à l'épreuve a une densité de 1.040 et a nécessité pour sa neutralisation 26.4 centimètres cubes de solution normale de soude ; la table donne :

Pour 20	centimètres cubes	19.62
6	—	5.88
0.4	—	0.39
		25.89

c'est-à-dire qu'il renferme 25.89 pour 100 d'acide acétique anhydre.

On voit par cette table que des densités de 0.005 en 0.005 suffisent pour les vinaigres faibles sans qu'il soit nécessaire d'avoir recours à des interpolations. Pour des acides qui dépassent 50 pour 100, il peut néanmoins en résulter une erreur de 0.4 pour 100. Or, sans ces sortes d'épreuves, il faut, pour obtenir des résultats plus précis, lire avec la plus grande attention les densités marquées par l'aréomètre, et procéder à une très facile interpolation, qui s'exécute aisément au moyen de la différence entre deux nombres consécutifs, et qui correspond à des dixièmes dans la densité parmi lesquels se trouve la densité cherchée.

Quand, par exemple, on a trouvé la densité 1.032 pour un acide acétique qui a nécessité l'emploi de 75 centimètres cubes de solution normale de soude pour sa neutralisation, la table donne pour la densité 1.030, la proporiton centésimale 47.47 ; mais comme la différence qui correspond aux densités 1.030 et 1.035 est pour 70 centimètres cubes égale à 0.32 pour 100, il en résulte que la richesse acétimétrique pour la densité plus exacte de 1.032 est 74.81 pour 100.

Jusqu'à présent on a supposé que les expériences avaient lieu à 15° C., mais il peut arriver qu'on soit obligé de faire ces sortes de dosages à une température notablement différente. Pour la quantité en volume mesurée, on peut fort bien négliger la correction de température ; mais pour la détermination de la densité, une petite correction paraît nécessaire. Or, il résulte des faits eux-mêmes que les densités pour des acides acétiques d'une richesse de 5 à 65 pour 100, déterminées par l'aréomètre en verre, varient en moyenne pour chaque degré centigrade de 0.000555. Pour faire la correction désirée on multiplie donc le nombre 0.000555 par la différence entre la température observée et la température normale, et on ajoute le produit de la densité trouvée lorsque la température observée est plus élevée que 15° C., et on la soustrait dans le cas contraire.

On demandera peut-être si le procédé acétimétrique proposé n'est pas par trop inexact, quand on le compare à celui employé jusqu'à présent. Une considération bien simple démontre le contraire. Au moyen de la pipette dont on a fait choix, on mesure avec une exactitude à 0ᶜ·ᶜ·01 près le liquide qu'on veut essayer, et en supposant même une erreur de 0.005 dans la détermination de la densité, l'erreur maxima supposée dans la proportion de l'acide acétique, en admettant que la méthode de titrage ordinaire soit parfaitement exacte, sera comme il suit :

Pour 5 pour 100 d'acide acétique 0.12 pour 100.
10 — 0.15
25 — 0.22
50 — 0.35
75 — 0.40

Ce qui démontre parfaitement qu'on peut employer en toute confiance le procédé proposé.

Pour éviter tout malentendu, faisons remarquer en terminant que déjà M. Mohr a tenté pour titrer certains vinaigres, de substituer la mesure au poids, mais qu'il n'a pas tenu compte de la densité si variable des produits du commerce, et par conséquent que son mode de dosage manque sous le point de vue général de l'exactitude nécessaire.

Conservation du vinaigre.

Le vinaigre doit être conservé dans des vases fermés, sinon il arrive : 1° que lorsqu'il a le contact de l'air, il perd la plus grande partie de l'éther acétique qu'il contient, et qui, avec le temps, se convertit en acide acétique; 2° lorsqu'il est resté plusieurs jours à l'air sans être couvert, surtout en été, il s'y forme un nombre d'anguilles qui sont douées d'une grande agilité et qui sont quelquefois assez grosses pour être distinguées à la vue simple.

Conservation des vinaigres de bière.

On fabrique, en Allemagne, une grande quantité de vinaigres de bière et de substances farineuses fermentées qui sont ordinairement très faibles et ne se conservent pas longtemps. Pour y obvier, on les chauffe jusqu'au point de l'ébullition, en faisant passer dans les tonneaux, qui en sont remplis, des vapeurs acides provenant du vinaigre qu'on distille dans une cornue, à cet effet. Ce procédé est également suivi dans quelques parties de la France. On sait aussi que les vinaigres communs se conservent mieux quand on les a fait bouillir, parce que la chaleur tue les animalcules infusoires qui s'y trouvent en si grande abondance et décompose le mucilage aux dépens duquel ils vivaient.

SEPTIÈME PARTIE

VINAIGRES COMPOSÉS.

On connaît sous ce nom les vinaigres simples tenant en dissolution une ou diverses substances. Ces vinaigres sont employés comme assaisonnements ou bien comme cosmétiques ou moyens thérapeutiques. Nous allons les énumérer en partie.

VINAIGRES DE TABLE.

Vinaigre à l'estragon.

Feuilles mondées d'estragon.	500 gram.
Bon vinaigre rouge ou blanc.. . . .	6 kilog.

Introduisez le tout dans un matras et laissez-le digérer à une douce chaleur pendant quelques jours, passez avec expression, et filtrez.

Ce vinaigre est très employé comme assaisonnement.

Vinaigre à la moutarde.

Moutarde en poudre fine..	60 gram.
Bon vinaigre.	500 —

Faites digérer ensemble pendant quelques jours et filtrez. Ce vinaigre conserve l'odeur et la saveur de la moutarde; il peut être employé comme assaisonnement. Si le vinaigre que l'on y destine est rouge, il est décoloré en partie, et clarifié par l'albumine que contient la moutarde.

Vinaigre framboisé.

Framboises mondées de leur calice et
légèrement écrasées.. . . . .   3 kilog.
Excellent vinaigre.. . . . .   2 —

Laissez macérer pendant quatre jours, passez sans
expression et filtrez au bout de quelques jours.

Ce vinaigre est employé comme assaisonnement;
il sert aussi pour faire le sirop de vinaigre à la framboise.

On prépare de la même manière les vinaigres des
autres fruits.

VINAIGRES DISTILLÉS AROMATIQUES.

Vinaigre de lavande.

Distillez dans un alambic, dont la cucurbite sera
en grès, du vinaigre avec des fleurs de lavande jusqu'à ce que vous ayez obtenu les trois quarts du vinaigre (1).

Le vinaigre de lavande est aromatique; il n'est
d'usage que pour la toilette. Etendu d'eau, on s'en
sert pour se laver; il rafraîchit et donne du ton aux
fibres de la peau.

On prépare de la même manière les vinaigres de
romarin, de sauge, de serpolet, etc., qui sont tous
également employés pour la toilette.

(1) La quantité de vinaigre employée doit être telle qu'on cesse
d'en verser dans la cucurbite lorsque les fleurs commencent à surnager. Il est bon aussi de les laisser macérer dans cet acide pendant
quelque temps.

Observations.

La menthe, la sauge, le serpolet, le romarin, la sarriette, le thym, la lavande, etc., distillés avec l'eau, donnent une huile volatile dans laquelle réside l'odeur de ces plantes. Cette huile est très soluble dans l'alcool, et moins dans l'acide acétique. D'après cela, lorsqu'on voudra préparer aussitôt des vinaigres de lavande, de sauge, de romarin, de menthe poivrée, de menthe ordinaire, de sarriette, de thym, de serpolet, on n'aura qu'à faire dissoudre 4 grammes de l'une de ces huiles essentielles dans 125 grammes d'alcool à 36, et y ajouter ensuite 250 grammes de vinaigre de Mollerat. On pourra rendre ces vinaigres bien plus aromatiques en augmentant la dose de ces huiles essentielles.

VINAIGRES DE TOILETTE.

Vinaigre à la rose.

Roses pâles..	1 kilog.
Vinaigre distillé..	4
Alcool à la rose..	1

On distille les roses avec le vinaigre dans une cornue de verre au bain de sable ; et, lorsque l'on a passé les trois quarts de la liqueur, on arrête la distillation, afin de ne pas brûler les fleurs ; on ajoute au vinaigre obtenu l'alcool à la rose, et l'on conserve ce produit, dans un flacon bouché à l'émeri. On peut donner à ce cosmétique la couleur de la rose en colorant l'alcool au moyen d'un peu de cochenille.

Vinaigrier.

Vinaigre à la fleur d'oranger.

Fleurs d'oranger récentes et non mondées. . . . . 750 gram.
Vinaigre distillé.. . . . . 4 kilog.
Alcool à la fleur d'oranger. . . . . 500 gram.

Le procédé est le même que pour le précédent. Ces deux vinaigres sont très estimés pour la toilette. On peut également les obtenir en ajoutant à deux parties de bon vinaigre de bois une partie d'alcool aromatisé par l'essence de rose ou par le néroli.

On prépare de la même manière les vinaigres à l'œillet, au citron, à la bergamote, au cédrat, etc.

Vinaigre à l'orange.

Zestes d'oranges.. 20
Alcool à l'orange ou bien extrait d'orange. . . . . 1 kilog.
Vinaigre distillé.. 4

On opère comme pour le vinaigre à la rose.

Le vinaigre à l'orange est une solution du néroli, ou bien huile essentielle de l'orange dans l'alcool et l'acide acétique ou vinaigre. Il est donc certain qu'on peut abréger cette opération en mêlant ensemble :

Néroli. . . . . 90 gram.
Alcool à l'orange à 36°.. . . . . . . 1 kilog.
Bon vinaigre de bois.. 4

On peut se passer de distiller ce vinaigre.

Vinaigre au girofle.

Girofle. . . . . 185 gram.
Alcool à 36°.. . . . . 1 kilog.
Bon vinaigre de bois. 4

On concasse le girofle, et on le met à infuser pendant huit jours dans l'alcool; on ajoute ensuite le vinaigre, et l'on distille dans une cornue de verre au bain de sable.

Vinaigre à la cannelle.

Cannelle de la Chine...........	250 gram.
Alcool à 36°.............	1 kilog.
Vinaigre de bois...........	4

On distille comme pour le vinaigre au girofle. Il est inutile de dire que l'on peut préparer aussi ces vinaigres en faisant dissoudre les huiles essentielles de ces substances dans l'alcool, et en y ajoutant ensuite le vinaigre.

Crème de vinaigre.

Essence de bergamote........	45 gram.
— de citron..........	30
— de néroli..........	15
— de rose..........	26 décig.
Huile de muscade...........	8 gram.
Storax en larmes..........	8
Vanille..............	2 gousses.
Benjoin..............	8 gram.
Huile de girofle..........	4
Alcool à 36°..........	1 kilog.
Acide acétique concentré ou bien vinaigre radical..........	2 kil. 500

On unit toutes ces substances à l'alcool, et, après deux jours, on distille au bain-marie; on ajoute à la liqueur qui aura passé, le vinaigre radical.

On peut donner à ce vinaigre une couleur rose, si on le désire; mais il vaut mieux qu'il n'en ait point.

La crème de vinaigre, préparée comme nous venons d'en donner la recette, a une odeur des plus suaves ; elle peut être considérée comme un très bon cosmétique. Lorsqu'on veut s'en servir, on en met une cuillerée dans un verre que l'on achève de remplir d'eau. Nous regardons ce cosmétique comme étant préférable à l'eau de Cologne.

Vinaigre dentifrice.

Racine de pyrèthre.	60 gram.
Cannelle.	8
Girofle.	8
Vinaigre blanc.	2 kilog.
Esprit de cochléaria.	60 gram.
Eau vulnéraire spiritueuse rouge.. .	125
Résine de gayac	8

On fait infuser le tout dans le vinaigre, à l'exception de la résine de gayac qu'on dissout dans l'eau vulnéraire et qu'on ajoute à la liqueur. Au bout de quinze jours, on filtre. C'est un très bon odontalgique.

Vinaigre aromatique et antiméphitique, de BULLY.

Alcool à 33 degrés..	4 litres ½
Eau.	3 ½
Essence de bergamote.	30 gram.
— de citron.	30
— de romarin.	25
— de Portugal..	11
— de lavande.	8
— de néroli.	4
Alcool de mélisse.	500

On agite le tout dans une bouteille et, après 24 heures de repos, on ajoute :

Teinture spiritueuse de baume de Tolu.
— — de storax cala-
mite. . . . . } 60 gram. de chacune.
— — de benjoin. . . .
— — de girofle. . . .

Vinaigre blanc, fort. . . . . 2 litres.

On agite de temps en temps et l'on filtre ; on ajoute ensuite :

Vinaigre radical. . . . . 90 gram.

Vinaigre de Cologne.

On ajoute à chaque litre d'eau de Cologne 30 grammes de vinaigre radical très concentré.

Vinaigre virginal.

Benjoin en poudre. . . . . 60 gram.
Alcool. 250
Vinaigre blanc. . . . . 1 kilog.

On fait digérer l'alcool sur le benjoin pendant six jours ; on coule, et on ajoute le vinaigre sur le résidu après six autres jours d'infusion ; on décante le vinaigre ; on l'unit à la teinture de benjoin, et on filtre le lendemain. Ce vinaigre, étendu d'eau, est un excellent cosmétique (1).

Vinaigre rosat.

Roses rouges mondées de leur onglet,
et sèches.. . . . . 500 gram.
Très bon vinaigre blanc ou rouge. . . 8 kilog.

(1) En ajoutant au lait virginal suffisante quantité d'acide acétique concentré, on obtient le vinaigre de turbith.

On laisse macérer pendant quinze jours dans un vase fermé, en ayant soin de l'agiter de temps en temps; on filtre et l'on conserve dans un vase bien bouché.

Ce vinaigre est plus particulièrement employé pour la toilette.

Vinaigre de fard.

Cochenille en poudre.........	8 gram.
Bolle laque en poudre.	90
Alcool................	185
Vinaigre de lavande distillé........	500

On fait infuser dix jours, en ayant soin d'agiter souvent la bouteille, on coule et l'on filtre.

Ce vinaigre est employé comme fard.

Rouge liquide économique.

On fait infuser dans l'alcool le coton dont on s'est servi pour appliquer le fard sur les joues, et l'on y ajoute une quantité suffisante d'acide acétique concentré.

Vinaigre de turbith, à la sultane, de storax, etc.

Ces vinaigres ne sont que des dissolutions de benjoin, de storax, de baume de la Mecque, etc., dans l'alcool, auxquelles on ajoute plus ou moins de vinaigre radical. Nous en avons donné la recette à la page précédente, sous le nom de *vinaigre virginal*.

VINAIGRES MÉDICINAUX.

Vinaigre dit des Quatre-Voleurs.

Sommités de grande absinthe . . .		
— de petite absinthe.. . . .		
— de romarin..	30 gram.	
— de sauge.	de chacun.	
— de menthe.		
— de rue.		
Fleurs de lavande..	125 gram.	
Calamus aromaticus..		
Cannelle.		
Girofle.	15 gram.	
Noix muscades.	de chacun.	
Gousses d'ail récentes et coupées par tranches.		
Camphre.	30 gram.	
Vinaigre rouge.	8 kilog.	

On fait digérer le tout, à une douce chaleur ou au soleil, dans un vase fermé pendant trois semaines ; on coule avec expression, et l'on filtre. On y ajoute alors le camphre, que l'on a fait dissoudre auparavant dans 125 grammes d'alcool. Ce vinaigre a joui d'une très grande réputation dans les maladies considérées comme pestilentielles. On assure que la recette en est due à quatre voleurs qui l'employèrent avec succès lors de la peste de Marseille, et qui furent, à cause de cela, grâciés. Quoi qu'il en soit, on l'a employé pour se préserver de la contagion, en s'en lavant les mains et le visage, et en faisant des fumigations avec cet acide.

À l'intérieur, il jouit des mêmes vertus que le vinaigre thériacal.

Vinaigre des Quatre-Voleurs composé,
de VERGNES *aîné.*

Cannelle.	
Girofle.	
Macis.	30 gram.
Noix muscades.	de chacun.
Camphre.	
Ail.	60 gram.
Huile volatile d'absinthe.	26 décigr.
— de romarin.	26 —
— de rue.	26 —
— de sauge.	26 —
— de menthe	26 —
— de lavande.	26 —
Vinaigre radical.	1 kilog.
— des Quatre-Voleurs, d'après le	
Codex.	1 kilog.

On concasse toutes ces substances et on les laisse macérer pendant 8 jours; on passe avec expression, on filtre et l'on conserve dans un flacon bien bouché.

Vinaigre radical aromatique, de VERGNES *aîné.*

Ail.	60 gram.
Camphre.	30
Huile volatile d'absinthe.	
— de romarin.	
— de menthe.	
— de rue.	26 décigr.
— de lavande.	de chacun.
— de sauge.	
— de girofle.	
Vinaigre radical.	375 gram.

On le prépare de la même manière que le précédent.

Vinaigre alexipharmaque de HERLINI.

Racine d'angélique.		
— de bistorte.	11 gram.	
— de zédoaire.	de chacun.	
— de pyrèthre.		
Feuilles de scordium.		
— d'absinthe.	1 poignée	
— de chardon bénit.	de chacun.	
Baies de laurier.	30 gram.	
— de genièvre.	30	
Bon vinaigre blanc.	suffis. quant.	

On pilonne le tout et on le met infuser pendant 4 jours; on le coule et on le conserve dans un flacon en verre.

La dose est de une à deux cuillerées, avec ou sans véhicule, pour relever les forces.

Vinaigre antiscorbutique.

Cochléaria frais.	60 gram.
Raifort sauvage frais.	45
Racines de gentiane sèches.	125
Zestes d'écorce d'oranges amères. . .	nº 6.
Vinaigre blanc.	4 kilog.

On pilonne comme pour le précédent et on le laisse infuser pendant 28 jours dans un vase clos; on coule et l'on ajoute :

Esprit ardent de cochléaria. . . . . 60 gram.

La dose est de 4 à 15 gr., contre le scorbut.

Vinaigre camphré.

Ce vinaigre peut dissoudre d'autant plus de camphre qu'il contient moins d'eau; en conséquence, on peut préparer un bon vinaigre camphré en prenant :

19.

Camphre. . . . . 23 gram.
Alcool. 60
Bon vinaigre. 500

Ce vinaigre peut remplacer le vinaigre des quatre voleurs.

Vinaigre camphré de SPIELMAN.

Camphre. . . . . 4 gram.
Alcool. . . . . 20 gouttes.
Vinaigre fort. . . . . 300 gram.

On réduit le camphre en poudre en le triturant dans un mortier et y ajoutant l'alcool; on le dissout ensuite dans le vinaigre. On emploie cette préparation dans les fièvres ataxiques, adynamiques, ainsi que sur les parties gangrenées, et en fumigations.

Vinaigre bézoardique de Berlin.

Racines d'angélique..	
— de menthe.	
— de valériane.	15 gram.
Fleurs de camomille.	de chacun.
Baies de genièvre..	
— de laurier.	
Safran oriental.	4 gram.
Camphre..	4
Vinaigre blanc.	3 kilog.

On réduit ces substances en poudre, et on les met infuser dans le vinaigre pendant 15 jours, en agitant de temps en temps le vase. Au bout de ce temps, on passe avec expression et l'on filtre.

Ce vinaigre est employé dans les fièvres malignes, la peste, la fièvre jaune, le scorbut et les maladies contagieuses, à la dose de 4 à 8 gr. chaque fois.

Vinaigre de colchique de REUSS.

Vinaigre à 3 degrés.	375 gram.
Racines de colchique fraîches et récoltées en automne.	30
Alcool.	185

On coupe par tranches très minces la racine de colchique et on la laisse infuser dans le vinaigre pendant 8 jours; on exprime ensuite et l'on y ajoute l'alcool.

Vinaigre de café.

Café torréfié et pulvérisé.	90 gram.
Vinaigre de vin..	375

On fait bouillir pendant cinq minutes, on ajoute 45 grammes de sucre en poudre, et l'on filtre.

C'est un bon contre-poison de l'opium; on le prend chaud par cuillerées. Il est également bon contre le *delirium tremens* des buveurs.

Vinaigre fébrifuge, dit Eau prophylactique, de SYLVIUS LEBOE.

Racines de pétasite.	60 gram.
— d'angélique.	30
— de zédoaire.	30
Feuilles de rue de jardin.	
— de mélisse.	60 gram.
— de scabieuse.	de chacun.
— de souci.	
Noix cueillies avant leur maturité. .	1 kilog.
Citrons frais.	500 gram.
Vinaigre distillé..	6 kilog.

On pulvérise les racines et les feuilles, on coupe les citrons par tranches, et l'on pilonne les noix au mortier; on met ensuite le tout macérer dans le vinaigre pendant une nuit, et le lendemain, on distille jusqu'à siccité, sans cependant brûler le résidu.

Sylvius avait fait de ce vinaigre une espèce de panacée contre toutes les fièvres, tant intermittentes que rémittentes.

Vinaigre dit antiputride et curatif.

Lavande.	
Sauge.	
Thym.	
Baume.	
Sarriette.	1 poignée
Estragon.	de chacun.
Verveine odorante.	
Romarin.	
Hyssope.	
Marrube blanc.	
Pimprenelle.	
Ail.	1 gousse.
Girofle.	n° 20.
Cannelle.	30 gram.
Sel marin.	60
Bon vinaigre blanc.	6 kilog.

On pile les diverses substances, et on les met infuser ensuite pendant un mois, avec le vinaigre, dans un vase de verre bien bouché; au bout de ce temps, on coule avec expression et l'on filtre.

L'auteur de cette recette, consignée dans la Bibliothèque Physico-Economique, la recommande en frictions sur les tempes et dans les mains, contre les spasmes, les faiblesses; il présente aussi ce vinaigre comme un préservatif des maladies des animaux, et principalement contre la clavelée. Il serait à désirer que l'expérience confirmât une telle assertion.

Dans le même journal, on trouve un autre mode de traitement contre la clavelée, qui consiste à prendre :

Orvale (ou sauge) des prés..	2 poignées
Racines de persil.	de chacune.
Lentilles.	

On fait bouillir pendant un quart d'heure dans 4 litres d'eau, on laisse infuser deux heures, on coule et l'on ajoute à la liqueur filtrée à travers un linge fin :

Camphre dissous dans un jaune d'œuf.	30 gram.
Vinaigre.	30
Miel.	125

On donne cette boisson tiède à la dose d'un grand verre pour les forts moutons, d'un petit pour les brebis, et d'un demi-verre pour les agneaux.

Pendant ce temps, les troupeaux ne doivent point aller aux champs.

Préservatif contre les maladies épizootiques.

Ce préservatif consiste à tenir nuit et jour les bêtes au grand air, à leur passer un séton mobile au fanon, et à leur faire avaler tous les deux jours et pendant dix jours, un litre de vinaigre, dans lequel on a fait dissoudre 30 grammes de nitrate de potasse.

Vinaigre de colchique.

Racines de colchique récentes. . . .	30 gram.
Vinaigre rouge.	30

On monde ces racines fraiches, on les lave, on les coupe par tranches minces et on les fait digérer avec le vinaigre, à une douce chaleur, pendant deux jours. On passe ensuite, on exprime les racines, on filtre la liqueur et on la conserve dans un vase bien bouché.

Ce vinaigre s'emploie en médecine à l'état d'oxymel : nous en donnons la recette à la page 352.

Vinaigre de rue.

Voici comment on le prépare en Italie :

Feuilles de rue fraîches	125	gram.
— de bétoine	30	
— de pimprenelle	30	
Gousses d'ail	n° 6.	
Baies de genièvre	30	gram.
Camphre	15	
Vinaigre fort	3	litres.

Après huit jours d'infusion, on passe le vinaigre avec expression.

Vinaigre scillitique.

Squammes de scille sèches	1 partie.
Bon vinaigre rouge	12
Alcool à 22 degrés	½

Après quinze jours de macération dans un vase fermé, on coule avec expression et l'on filtre.

Ce vinaigre est employé en médecine comme apéritif, incisif, etc., à la dose de 4 à 15 grammes.

Vinaigre surard.

Fleurs de sureau sèches et mondées.	500	gram.
Vinaigre rouge	6	kilog.

Après cinq ou six jours d'infusion, dans un vase clos, on passe avec expression et l'on filtre.

Ce vinaigre est anodin, résolutif et sudorifique. La dose est de 4 à 15 grammes. Si l'on y ajoute de l'estragon, ce vinaigre prend le nom de vinaigre surard à l'estragon.

On prépare de la même manière les vinaigres par infusion de :

Œillet,	Menthe coq,
Lavande,	Romarin,
Sauge,	Serpolet, etc.

Vinaigre thériacal.

Des principes constituants de l'eau thériacale (1).	250 gram.
Thériaque.	250 gram.
Vinaigre rouge.	4 kilog.

On concasse dans un mortier les substances qui entrent dans la composition de l'eau thériacale; on les fait infuser dans le vinaigre pendant environ un mois; on coule avec expression; on ajoute la théria-

(1) Les substances qui entrent dans l'eau thériacale sont :

Racine d'aunée.	
— d'angélique..	60 gram. de chaque.
— de souchet long.	
Racine de zédoaire..	
— de contra-yerva..	
— d'impératoire	50 gram. de chacun.
— de valériane sauvage.	
Ecorce récente de citron.	
— id. d'orange.	
Girofle.	
Cannelle.	
Galanga..	15 gram. de chaque.
Baies de genièvre.	
— de laurier.	
Sommités de sauge..	
— de romarin.	
— de rue.	

que à la liqueur, et, après quinze jours de digestion,
on filtre.

Ce vinaigre est considéré comme cordial, tonique,
sudorifique et vermifuge, à la dose des précédents. Il
est recommandé dans les maladies contagieuses.

Vinaigre thériacal Timaci.

Thériaque.	60 gram.
Orviétan.	60
Diascordium de Fracastor.	45
Racines d'angélique..	
— de contra-yerva.	
— d'onula campana.	
— de tormentille.	23 gram.
— de pimprenelle.	de chaque.
— de scorsonère..	
— de dictame blanc.	
— de petasite.	
Feuilles de scordium.	1 poignée
— de rue.	de chaque.
— de mille-feuilles.	
Fleurs de soucis.	$\frac{1}{2}$ poignée.
— de grenadier..	$\frac{1}{2}$
Ecorce de fraxinelle..	15 gram.
— de citron.	15
Baies de genièvre..	75
Macis..	8
Zédoaire	8
Myrrhe choisie.	4
Safran oriental.	4
Camphre.	26 décigr.
Vinaigre de suc de groseille.	quant. suff.

Après quinze jours d'infusion, on coule; la dose
est d'une cuillerée, comme antiseptique et alexiphar-
maque.

Vinaigre pestilentiel romain de 1656.

Vinaigre très fort............	quant. suff.
Rue des jardins..............	
Pimprenelle................	
Bétoine....................	parties
Noix......................	égales.
Ail.......................	
Baies de genièvre...........	
Camphre...................	13 décigr.

On fait infuser pendant douze jours et l'on coule.
La dose est d'une cuillerée, contre les fièvres typhoï-
des et la peste.

Boisson antinarcotique de VAN-MONS.

Bon vinaigre...............	450 gram.
Café torréfié...............	90
Sucre....................	60

On fait bouillir le café dans le vinaigre, on coule et
l'on ajoute le sucre.

On en donne deux cuillerées chaudes, de quatre
heures en quatre heures, aux personnes qui ont pris
un peu trop d'opium.

Gargarisme anti-odontalgique de SCHYRON.

Feuilles de violette.........	½ poignée.
— de roses rouges........	½
— de jusquiame........	½
— de plantin..........	½
Têtes de pavot............	30 gram.
Fleurs de sauge...........	200

On écrase les têtes du pavot et l'on fait bouillir le tout dans une quantité suffisante d'eau pure ; on coule avec expression et l'on ajoute :

Bon vinaigre. . . . . 125 gram.

Ce médicament est recommandé pour calmer les douleurs des dents.

Collyre de NEWMANN.

Fleurs d'arnica montana.. . . . . . . 30 gram.
Vinaigre distillé.. 500

On fait bouillir le vinaigre, on y ajoute ensuite les fleurs d'arnica, et l'on coule après quatre heures d'infusion ; on sature ensuite le vinaigre par le carbonate d'ammoniaque. Ce collyre, qui est un véritable acétate d'ammoniaque, est employé contre la cataracte. On fait usage, en même temps, à l'intérieur, de l'infusion de fleurs d'arnica.

Décoction antiseptique de BOERHAAVE.

Feuilles d'alliaire. . . . . 60 gram.
　— de marrube.. 60
　— de scordium. 60

On fait bouillir le tout dans 2 kilogrammes d'eau, on coule à travers une étamine, et l'on ajoute :

Oxymel scillitique.. . . . . 250 gram.
Vinaigre thériacal.. 30
Nitrate de potasse.. 90

Cette décoction est employée comme stimulante ; elle convient dans les maladies putrides, quand les malades expectorent difficilement.

Eau d'arquebusade de THÉDEN.

Vinaigre.	1 kil. 500
Alcool à 30 degrés.	1 kil. 500
Acide sulfurique.	300 gram.
Sucre en poudre.	375

On mêle le tout et on le conserve dans un flacon en cristal. Ce médicament est employé pour déterger les ulcères sanieux, arrêter les hémorrhagies des plaies, pour les plaies gangreneuses, etc.

Eau diurétique camphrée de FULLER.

Eau de pariétaire.	1 kilog.
Alcool.	250 gram.
Nitrate de potasse.	200
Acide acétique.	200
Camphre.	200

On fait dissoudre le camphre dans l'alcool, on y ajoute l'acide acétique, et ensuite l'eau de pariétaire, dans laquelle on aura fait également dissoudre le nitrate de potasse (sel de nitre).

Cette eau est employée dans les hydropisies, les obstructions de viscères, etc. La dose est d'une cuillerée à bouche par heure.

Essence scillitique de KEUP.

Vinaigre scillitique préparé avec le vinaigre distillé, ou bien avec le vinaigre de bois.	375 gram.
Sous-carbonate de potasse	15

Dès que l'effervescence a cessé, on fait évaporer jusqu'à consistance de miel; on y ajoute alors :

Alcool à 30 degrés.	125 gram.

Après quelques jours d'infusion, on décante. Ce médicament est un acétate de potasse avec un léger excès d'acide acétique en dissolution dans l'alcool.

Il convient dans l'asthme et l'hydropisie. La dose est de quarante à soixante gouttes dans 200 grammes de tisane pectorale.

Fomentation de RICHTER.

Nitrate de potasse.	500 gram.
Hydrochlorate d'ammoniaque.	125
Eau.	10 kilog.
Vinaigre.	1

On fait dissoudre ces deux sels dans l'eau, et l'on y ajoute ensuite le vinaigre.

On trempe des compresses dans cette liqueur que l'on emploie contre les contusions, les fractures, les luxations, etc.

Gargarisme odontalgique de PLENCK.

Racine de pyrèthre.	8 gram.
Hydrochlorate d'ammoniaque.	4
Extrait d'opium	1 décigr.
Eau distillée de lavande.	60 gram.
Vinaigre distillé.	60

On pulvérise la racine de pyrèthre, l'opium et l'hydrochlorate d'ammoniaque, et on les fait infuser pendant huit jours dans le vinaigre et l'eau de lavande; au bout de ce temps, on filtre.

Ce gargarisme est employé à la dose d'une cuillerée pour calmer les douleurs des dents.

Le vinaigre entre aussi dans presque tous les gargarismes détersifs ou antiphlogistiques, avec une décoction d'orge, ou une infusion de roses et de miel rosat.

Liqueur caustique de PLENCK.

Deuto-chlorure de mercure (sublimé corrosif).	60 gram.
Sulfate d'alumine (alun).	60
Camphre.	60
Céruse.	60
Vinaigre concentré.	250
Alcool à 36 degrés.	250

On cautérise les excroissances syphilitiques en les touchant avec cette liqueur.

Remède contre les tumeurs chroniques des articulations, de PURMANN.

Solution d'hydrochlorate de soude. .	1 kilog.
Vinaigre concentré.	500 gram.
Sulfate de cuivre (vitriol bleu). . . .	45
Sulfate d'alumine.	22
Feuilles de sauge.	2 poignées.

On fait infuser les feuilles de sauge dans la solution d'hydrochlorate de soude bouillante, on coule et l'on y ajoute les deux sels, puis ensuite le vinaigre.

Ce médicament est employé pour les articulations tuméfiées.

Gouttes noires de Lancaster (Black drops).

Ce médicament est très célèbre en Angleterre, où l'on en fait un grand usage : une goutte équivaut à trois gouttes d'une solution d'opium ordinaire.

Opium, première qualité. . . . . . . 250 gram.
Bon vinaigre. . . . . 1 kil. 500
Noix muscades concassées. 45
Safran. 15

On fait chauffer au bain-marie jusqu'à réduction de moitié et l'on ajoute ensuite :

Sucre. . . . . 125 gram.
Ferment de bière liquide. 15

Après sept semaines de digestion, on expose à l'air jusqu'à consistance sirupeuse, on passe à travers une étamine et l'on conserve dans un flacon fermé, en ayant soin d'ajouter un peu de sucre, pour qu'il ne se moisisse pas.

Onguent égyptiac ou *Mellite d'acétate de cuivre.*

Sous-acétate de cuivre (vert-de-gris). 20 gram.
Miel. . . . . 1 kil. 280
Vinaigre très fort.. . . . . 200 gram.

On réduit le vert-de-gris en poudre fine, on le met dans une bassine de cuivre avec le vinaigre, et l'on fait évaporer le mélange, en ayant soin de le remuer, jusqu'à ce qu'il ait acquis la consistance d'un sirop très épais, ou mieux d'un extrait un peu clair. Pendant l'opération, la liqueur, de verte qu'elle était, acquiert une couleur rouge. Cet effet tient à ce qu'une partie du miel est charbonnée par l'action du calorique. D'un autre côté, l'acide acétique se partage en deux parties, dont l'une est décomposée ; son hydrogène et son carbone, ainsi que celui du miel brûlé, se portent sur l'oxygène de l'oxyde de cuivre, et le réduisent en formant de l'eau, de l'acide carbonique et un peu d'esprit pyro-acétique, qui se déga-

gent en partie. De sorte que ce médicament, impro-
prement appelé onguent, est un simple mélange de
cuivre, qui lui donne sa couleur rouge, de carbone,
de miel altéré, d'eau et de vinaigre.

On reconnaît que l'onguent égyptiac est suffisamment cuit quand, en en mettant un peu sur du papier, il acquiert, par le refroidissement, la consistance d'un extrait mou.

Éther acétique.

Découvert par M. le comte de Lauraguais, et étudié par Scheele, Henry, Thénard, etc., l'éther acétique est incolore et a une odeur d'éther sulfurique
et d'acide acétique; il n'altère point les couleurs
bleues végétales; il entre en ébullition à 72 degrés;
sous la pression de 76 degrés, il brûle avec une
flamme jaunâtre; il est soluble dans six fois son poids
d'eau; il est aussi très soluble dans l'alcool. Son
poids spécifique est de 0,864 à la température de 12
degrés. Lorsqu'on le combine avec la potasse ou la
soude caustique, il se décompose.

Si l'on distille ce mélange, on obtient pour produit
de l'alcool et de l'acétate de potasse ou de soude,
suivant l'alcali que l'on a employé. Cet éther se produit pendant la fermentation vineuse, ainsi qu'on l'a
déjà dit. Dans les pharmacies, on l'obtient en distillant à une douce chaleur :

Alcool absolu.	100 parties.
Acide acétique.	67
Acide sulfurique.	17

Le premier produit que l'on recueille est de l'éther
acétique presque pur. On le débarrasse de l'excès de

l'acide acétique qu'il contient en l'agitant pendant quelque temps, avec environ un dixième de son poids de potasse, et en enlevant la couche supérieure du liquide, qui est l'éther pur. L'éther acétique n'est point de même nature que l'éther sulfurique ; il forme, avec les éthers nitrique et oxalique, la troisième classe des éthers de Thénard. L'éther acétique est employé avec succès en frictions, contre les douleurs rhumatismales, etc.

Nous allons faire connaître quelques médicaments dont il est un des principaux ingrédients.

Baume acétique camphré de PELLETIER.

Savon animal....................	4 gram.
Camphre...................	4
Ether acétique..............	30
Essence de thym.............	10 gouttes.

On coupe le savon en petits morceaux, on pulvérise le camphre au moyen d'un peu d'éther, et l'on fait dissoudre le tout au bain-marie.

On emploie ce baume contre les rhumatismes, les sciatiques, les douleurs des articulations, etc.

Baume anti-arthritique de SANCHER.

Savon animal aromatique (1).....	30 gram.
Ether acétique..............	30
Alcool de lavande............	125

(1) Ce savon animal aromatique se prépare avec :

Moelle de bœuf.................	200 gram.
Blanc de baleine..............	30
Huile concrète de noix muscade........	30
Lessive de soude caustique.............	quant. suffis.

Camphre. . . . . 8 gram.
Huile essentielle de menthe poivrée. 15 gouttes.
— de cannelle. 15
— de lavande. 15
— de muscade. 15
— de girofle. 15
— de sassafras. 15

On fait fondre le savon à une douce chaleur. D'autre part, on dissout le camphre dans l'éther acétique, et on l'ajoute à l'alcool de lavande; on combine le mélange avec le savon fondu, et l'on y verse ensuite les huiles volatiles.

Ce baume convient dans les rhumatismes chroniques et contre la goutte; mais il est bon de faire observer qu'il serait dangereux de l'employer pendant la période de l'inflammation. On ne doit en faire usage que vers la fin d'un accès, ou mieux après, afin de donner un peu de ton à la partie affectée.

Ether acétique cantharidé du Dr DOUBLE.

Ether acétique pur. . . . . 60 gram.
Cantharides en poudre. 30

On laisse en infusion pendant deux jours dans un flacon bouché à l'émeri; on filtre et on le conserve soigneusement. On l'emploie à la dose de 8 gr., en friction, dans les engorgements lents du tissu cellulaire, les paralysies, les rhumatismes chroniques, etc.

Ether acétique ferré de KLAPROTH.

Acétate de fer liquide. . . . . 280 gram.
Ether acétique. 60
Alcool. 60

On mêle ces trois substances. On l'administre comme antipasmodique, depuis 15 jusqu'à 40 gouttes.

Vinaigrier. 20

Savon acétique éthéré de PELLETIER.

Ether acétique. . . . . 30 gram.
Savon animal. 4

On coupe le savon en rubans très minces, et on le fait dissoudre au bain-marie, avec l'éther. Ce liniment est administré en frictions dans les douleurs sciatiques et rhumatismales.

*Oxycrat d'*ANDRYA *contre la colique de plomb.*

Vinaigre. . . . . 60 gram.
Eau. . . . . 1 kilog.

On en boit un verre toutes les trois ou quatre heures.

———

Nous allons maintenant examiner un autre genre de préparations dont le vinaigre est la principale base. Nous les diviserons en oxymels ou sirops de miel, et en sirops de vinaigre.

OXYMELS SIMPLES.

Oxymel simple.

Miel blanc de Narbonne. . . . . . . 500 gram.
Vinaigre blanc. 250

On met ces deux substances dans un poêlon d'argent, et on les fait évaporer à une douce chaleur jusqu'à consistance sirupeuse, en ayant soin d'enlever l'écume qui se forme pendant la première ébullition. Cet oxymel est regardé comme un bon incisif; il fait partie d'un grand nombre de gargarismes. A l'intérieur, la dose est depuis 8 jusqu'à 30 grammes, dans une infusion incisive ou pectorale.

Oxymel pectoral, dit d'Edimbourg.

Miel.	250 gram.
Gomme ammoniaque.	30
Racine d'aunée.	15
— d'iris de Florence.	15

On pilonne ces racines dans un mortier, et on les fait bouillir dans 625 grammes d'eau, jusqu'à ce qu'elles soient réduites au tiers.

On pulvérise la gomme ammoniaque, et on la fait dissoudre dans 90 grammes de bon vinaigre, puis on mêle cette dissolution à la décoction ; on passe, on ajoute le miel, et l'on fait cuire jusqu'à consistance sirupeuse.

La dose est de 30 à 45 grammes chaque jour, lors des affections catarrhales.

Oxymel pectoral des Danois.

Racine d'inula helenium.	30 gram.
Iris de Florence.	2

On concasse ces racines et on les fait bouillir dans 1 kilog. d'eau, puis on passe à l'étamine.

D'autre part, on prend :

Gomme ammoniaque.	30 gram.
Vinaigre.	125

On fait dissoudre la gomme dans le vinaigre, on ajoute cette dissolution à la décoction en même temps que le miel, et l'on fait cuire cet oxymel jusqu'à consistance sirupeuse.

On administre ce médicament par cuillerées, dans les asthmes humides, les rhumes chroniques, etc.

OXYMELS COMPOSÉS.

Oxymel de colchique.

Vinaigre de colchique. . . . . 500 gram.
Miel blanc. . . . . 1 kilog.

On le prépare comme le précédent.

Storck le regarde comme un bon diurétique ; il le recommande dans les maladies séreuses, et surtout contre l'hydropisie. La dose est de 4 grammes, matin et soir ; au bout de trois ou quatre jours, on la porte à trois ou quatre prises par jour, dans du thé.

Oxymel scillitique.

Vinaigre scillitique. . . . . 500 gram.
Miel blanc. . . . . 1 kilog.

On le prépare comme les précédents.

Cet oxymel est très incisif, résolutif et désobstruant. Il est souvent employé dans les loochs pectoraux, les tisanes béchiques, pour les maladies de poitrine, l'asthme, etc. La dose est de 4 à 30 grammes.

SIROPS DE VINAIGRE.

Lorsqu'on n'a que de la cassonade ordinaire pour faire ces sirops, on en prépare des sirops bien clairs, auxquels on ajoute, lorsqu'ils sont cuits à la plume, environ 500 grammes de vinaigre pour chaque kilogramme de cassonade.

Sirop simple à froid.

Bon vinaigre. . . . . 500 gram.
Sucre blanc en poudre grossière. . . 920

On fait dissoudre au bain-marie, dans un poêlon d'argent, et l'on passe à travers une étamine.

Ce sirop est rougeâtre ou jaunâtre, suivant qu'on a employé du vinaigre rouge ou jaune ; il est très rafraîchissant, diurétique, antiputride, et convient dans les maladies inflammatoires. La dose est de 15 à 45 grammes, dans un verre d'eau ou de tisane appropriée.

Sirop de vinaigre framboisé.

On prépare ce sirop de la même manière que le précédent, avec cette différence qu'on emploie du vinaigre framboisé au lieu du vinaigre ordinaire.

Comparaison des divers vinaigres.

D'après ce que nous venons d'exposer, il est bien évident que le vinaigre de bois, comme celui qui est connu sous le nom de vinaigre radical, sont les plus purs, et que, par conséquent, ils doivent être préférés dans leur application aux arts. Il n'en est pas de même de leur emploi économique. Ces vinaigres sont rudes, tandis que ceux de vin sont plus moelleux à cause de la liqueur alcoolique éthérée, du bitartrate de potasse, de la matière mucilagineuse, des sels, et quelquefois de quelques autres acides végétaux qu'ils contiennent. Les vinaigres provenant du cidre, du poiré, de la bière, du miel, etc., ont un goût particulier et bien distinct de celui du vin : ils n'ont point de bitartrate de potasse (crème de tartre). On a tenté de les rendre analogues à ceux de vin en y ajoutant de ce sel ; mais, quoiqu'on en améliore ainsi la qualité, cependant ce n'est pas au point de pouvoir rivaliser avec les autres.

Tout le monde connaît les nombreuses applications du vinaigre aux divers besoins de la vie ; nous allons donc exposer brièvement son emploi dans la médecine et dans l'économie domestique.

Vertus médicinales du vinaigre.

Le vinaigre est d'un très grand emploi, tant comme moyen hygiénique que comme moyen curatif. A ce dernier point de vue, il est considéré comme un bon antiseptique, un rafraîchissant et un calmant. Il peut être employé dans tous les cas où les acides minéraux faibles sont indiqués. Il convient aussi dans les lipothymies ainsi que dans l'asphyxie. En fumigations, ou en arrosant les chambres des malades, il contribue à leur assainissement, et à masquer l'odeur qu'elles ont contractée.

On en fait également usage dans les évanouissements, soit en frictions sur les tempes, soit en le faisant respirer : il est alors excitant et antispasmodique. Il est aussi employé en frictions pour détruire l'engorgement de quelques organes, pour les tumeurs anévrismales et contre la céphalalgie. On l'ajoute à quelques pédiluves pour les rendre plus révulsifs.

Le vinaigre avait été préconisé comme un bon antidote de l'opium. Orfila a démontré que, bien loin d'en être le contre-poison, il en augmentait l'action meurtrière lorsqu'ils se trouvaient ensemble dans le canal digestif ; mais que l'eau vinaigrée était le meilleur médicament pour combattre les symptômes développés par ce poison.

HUITIÈME PARTIE

APPLICATION DU VINAIGRE A LA CONSERVATION DES SUBSTANCES ALIMENTAIRES.

De temps immémorial, on a constaté les vertus antiseptiques du vinaigre à l'égard des substances alimentaires. Nous allons, pour rendre notre ouvrage plus complet, en offrir quelques exemples. Ces préparations sortant un peu du cadre de notre ouvrage, nous renvoyons le lecteur au *Manuel des Conserves alimentaires* de M. MAIGNE, publié dans l'*Encyclopédie-Roret*, ouvrage spécial où il trouvera bien détaillés tous les procédés de conserves au vinaigre.

CONSERVATION DES SUBSTANCES ANIMALES.

Mackensie pense que l'acide pyroligneux, ou vinaigre de bois impur, deviendra le corps dont on fera le plus d'usage comme antiseptique, pour les substances animales. On sait, en effet, que les acides sont de très bons antiputrides, et que le vinaigre est employé de temps immémorial pour conserver plus ou moins de temps les viandes. L'acide pyroligneux qui est à plus bas prix, et qui communique aux viandes ce goût particulier de fumée acide qu'ont les jambons et les harengs saurs, est préféré au vinaigre ; il agit sur les substances animales comme la fumée du bois. Il y a cependant des différences dans la manière d'opérer. Pour les viandes, la réaction a lieu pendant la distillation de l'acide. Pour le poisson, on le plonge dans l'acide tout préparé.

Houston s'est occupé, dans les Etats-Unis, de la conservation des viandes par l'acide pyroligneux. Il sala six morceaux de bœuf de 7^{kil}.500 chacun, il les mit dans la saumure pendant quelques semaines, et les fit suspendre ensuite pendant un jour. Après ce temps, il les humecta à l'aide d'une brosse trempée dans l'acide pyroligneux. Quelques jours après, cette viande avait toutes les apparences du bœuf fumé, et surtout l'odeur et le goût ; des langues et des jambons ainsi préparés réussirent également bien. Houston a été plus loin : sous le rapport de l'économie, il assure que l'emploi de cet acide l'emporte sur la préparation à l'aide de la fumigation, qui coûte 2 francs par quintal de viande, tandis que par l'acide pyroligneux cela ne dépasse pas 35 centimes. Il est bon de faire observer aussi que, par la fumigation, la viande perd un tiers de son poids, tandis qu'au moyen de l'acide elle ne perd rien et conserve son jus. Ce chimiste croit qu'on pourrait préparer et conserver ainsi les harengs et le saumon, au lieu de les saurer.

CONSERVATION DES SUBSTANCES VÉGÉTALES.

Puisqu'il est bien reconnu que le vinaigre préserve de la putréfaction, plus ou moins de temps, les substances animales, il est bien évident qu'il doit produire le même effet sur les végétales, dont la décomposition n'est pas aussi prompte : c'est ce qui a lieu. On a tiré parti de cette connaissance dans les ménages, pour la conservation de quelques aliments.

Notre but n'est point d'en faire ici l'énumération ; nous allons nous borner aux principaux.

Câpres (caparis spinosa.)

Cette préparation et des plus simples. On prend des câpres vertes, on les met dans de bon vinaigre avec un peu de sel et d'estragon : elles se conservent ainsi pendant plusieurs années.

On prépare de la même manière les graines vertes de capucine, *tropcolum majus.*

Cornichons (cucumis sativus.)

On prend des cornichons bien sains, on les frotte légèrement à la surface (quelques personnes les piquent même avec une grosse épingle), on les met dans un bon vinaigre auquel on ajoute un peu de sel, de l'estragon, des graines de capucine, et les autres substances alimentaires que l'on veut conserver en même temps. A Saint-Omer, on fait un commerce de cornichons confits au vinaigre ; ils ont même beaucoup de réputation à cause de leur fermeté et de leur couleur verte.

Oignons (allium cæpa.)

On choisit de très petits oignons blancs que l'on monde soigneusement, et on les jette ensuite dans de bon vinaigre dans lequel on met du sel et un peu d'estragon, afin de les conserver.

On prépare de la même manière les petits épis de millet, les petits melons coupés par tranches, les petits pois, le petit piment ou poivre long, etc.

Poivrons.

En Espagne et dans le midi de la France, on fait une grande consommation de poivrons : leur conservation est des plus simples. On les cueille par un temps sec, on coupe soigneusement les queues, et on fend en quatre les plus gros et les moyens, sans toucher aux petits. On les place alors dans de bon vinaigre. Les poivrons, ainsi préparés, se conservent plusieurs années sans altération.

Bigarreaux.

On choisit les bigarreaux lorsqu'ils commencent à mûrir, on enlève les queues, on les plonge dans l'eau bouillante, on les fait égoutter, et lorsqu'ils sont séchés, on les met dans de bon vinaigre avec du sel et de l'estragon.

Tomates ou pommes d'amour (solanum lyco-persicon.)

On choisit les tomates bien saines, on les cueille, et on les expose pendant quelques jours au soleil ; on les nettoie ensuite, et on les introduit dans une forte dissolution de sel marin. Au bout de quelques jours, on les en tire pour les placer dans un pot rempli de bon vinaigre.

Haricots verts.

On choisit les haricots bien verts, d'une moyenne grosseur, on les épluche soigneusement, on les fait blanchir en les jetant dans l'eau bouillante, on les laisse égoutter, et, lorsqu'ils sont presque secs, on les met dans un pot contenant une dissolution de sel de cuisine; on les retire le lendemain et on les met dans un nouveau pot contenant deux tiers d'eau et un tiers de vinaigre, avec une poignée de sel pour chaque litre, enfin, on couvre le litre avec de l'huile, ou mieux avec du beurre frais fondu. Quand on veut manger de ces haricots, on les laisse tremper quelques heures dans l'eau avant de les faire cuire.

Asperges, concombres, artichauts, etc.

On conserve de cette manière les asperges, dont on sépare auparavant le blanc, ainsi que les concombres, dont on a enlevé les graines, les artichauts, mondés des grosses feuilles, etc.

Concentration du vinaigre par l'ébullition.

Certaines personnes ont l'habitude de faire bouillir le vinaigre quelques jours après que les fruits y ont été immergés, et d'autres blâment cette méthode sans cependant en donner aucune bonne raison. Nous croyons devoir éclaircir ce point.

Le vinaigre faible, abandonné à lui-même, surtout s'il contient quelque substance fermentescible, ne tarde pas à se moisir et à se décomposer. Or, si l'on emploie pour la conservation de ces substances alimentaires un vinaigre un peu faible, et que ces substances soient riches en eau de végétation, comme les concombres, le melon, les cornichons, les pommes d'amour, il est évident que le vinaigre s'en emparera d'une partie, ainsi que des éléments constitutifs du ferment, et ne tardera pas à se moisir et à se décom-

poser. Le contraire aura lieu si l'on prend du vinaigre très fort, ou, ce qui revient au même, si l'on fait
bouillir, après l'immersion, pendant quelques jours,
des substances alimentaires, dans cet acide qui, se
trouvant moins volatil que l'eau, se concentre par
conséquent par l'ébullition, tandis que les matières
extractives se décomposent. En filtrant ce vinaigre,
ainsi réduit aux deux tiers, ou à moitié de son volume, suivant sa force, on n'a plus à craindre sa décomposition. Il est bon aussi de faire observer que
lorsqu'on remarque qu'il est survenu sur les pots
une grande quantité de moisissure, c'est une preuve
que l'altération du vinaigre est très avancée, et que,
si l'on veut conserver ces substances, il faut absolu-
ment le remplacer par un autre vinaigre très fort. Il
est inutile de dire que tous ces vases doivent être
bien bouchés, car il est bien reconnu que dans le
vinaigre, même seul, exposé au contact de l'air pendant plusieurs jours sans être couvert, surtout en été,
il se développe des espèces de vers anguilliformes qui
sont doués d'une grande agilité, et qui sont quelquefois assez gros pour être distingués sans l'aide du
microscope.

NOUVEAU MANUEL COMPLET

DU

MOUTARDIER

INTRODUCTION.

Le vinaigrier, ou le fabricant et marchand de vinaigre, prépare encore deux *sauces* connues sous les noms de verjus et de moutarde. C'est pour cette raison qu'à la suite du *Manuel du Vinaigrier*, nous avons cru nécessaire de placer celui du *Moutardier*, pour le rendre plus complet.

On n'est pas d'accord sur l'origine du mot *moutarde*. Boerhaave pense que ce nom lui vient de *mustum ardens* (1), parce que de temps immémorial on prépare, avec cette semence et le moût, la sauce qui porte le nom de moutarde. Quelques auteurs font dériver ce mot de *moult*, beaucoup, et *ardre*, brûler. Les Dijonais prétendent au contraire que cette dénomination provient d'un trait de reconnaissance d'un de nos rois, pour l'héroïque défense qu'avaient faite les Bourguignons, en leur donnant pour devise à leur écu ou armes, ces trois mots : *moult me tarde.* La première étymologie nous paraît plus naturelle et plus vraisemblable.

(1) *Wedel, Exercit.*, tome VI, decad. 7.

Quoi qu'il en soit, l'art de préparer la moutarde en France est très ancien, et plusieurs villes, telles que Dijon, Noyon, Soissons, en ont fait un commerce assez lucratif, pour être suivies dans cette voie par Paris et d'autres localités, en France, en Alsace et surtout en Angleterre.

D'après les bons effets que les médecins anciens et modernes ont obtenus de la moutarde, nous avons pensé qu'il ne serait pas sans utilité de lui faire subir un examen chimique approfondi. Nous croyons que de la connaissance de ses principes constituants, doit nécessairement découler une nouvelle source d'instruction pour la pratique de cette industrie, et que les fabricants ne peuvent que gagner à nous suivre dans la voie que nous leur ouvrons.

Il serait à désirer, pour le bien de la science, qu'on entreprît un pareil travail sur toutes les substances connues par l'énergie de leurs propriétés médicamenteuses; on éviterait par ce moyen une foule d'erreurs. Nous ne croyons pas qu'un auteur se soit occupé avant nous, d'une manière particulière, de l'examen chimique de cette substance. L'analyse que nous en donnerons, sans avoir le degré de précision que celle des substances minérales exige, n'en est pas moins curieuse par les résultats qu'on en obtient; et nous ne craignons pas d'avancer qu'elle présente des faits peu observés. Nous avons particulièrement cherché à reconnaître les substances qui offrent quelque intérêt, et celle surtout à qui la propriété vésicante est due. Une telle étude ne peut qu'être utile au fabricant de moutarde, dans un temps où l'on s'attache à arracher les arts à l'empirisme auquel ils étaient en proie.

La moutarde était connue de temps immémorial sous le nom de *sénevé*. Dans la *Belgique*, en *Italie*, avons-nous dit, on en faisait une préparation avec le moût, à laquelle on donnait le nom de *mustum ardens, moût ardent,* dont on a dérivé celui de *moutarde* (1), de manière qu'il en est résulté qu'on a fini par substituer au véritable nom de cette semence, celui d'une de ses préparations. Dans les auteurs les plus anciens on la trouve, disons-nous, décrite sous le nom de *sénevé*, et dans les modernes quelquefois sous ce dernier, mais presque toujours sous celui de *moutarde.*

Cette plante a été rangée par le célèbre Linné, dans la pentandrie monogynie, sous le nom de *sinapis alba et nigra.* On en compte environ vingt espèces, et quoiqu'elles jouissent presque toutes des mêmes propriétés, on donne cependant la préférence à la grande ou *sénevé ordinaire.* La moutarde est assez commune ; elle vient naturellement sur les bords des fossés et des grands chemins, autour et même dans les champs cultivés. Celle du commerce, qui est vendue comme condiment et pour la médecine comme rubéfiante, est la *sinapis nigra.* On regarde cette dernière espèce comme plus énergique. Par la culture, cette semence devient meilleure. Celles qui nous viennent d'Angleterre et de Villefranche, près de Toulouse, en sont un exemple. On en ramasse beaucoup annuellement dans la banlieue de Narbonne, sur les bords d'une petite rivière nommée *la Meyral,* où cette plante croît naturellement.

(1) *In Italia cum musto conterebatur, unde dixerunt mustum ardens, hinc mustardum.* H. Boerhaavæ, *Historia Plantarum.*

§ 1. CULTURE DE LA MOUTARDE.

Moutarde noire.

On compte environ 20 espèces de moutardes, toutes susceptibles de donner de l'huile ; cependant, comme assaisonnement, on emploie la *sinapis nigra*.

La moutarde noire est annuelle ; ses tiges sont rameuses, un peu velues, striées, hautes de $0^m.65$ à $1^m.30$; nous en avons vu avec M. le professeur Delille, qui avait jusqu'à $2^m.60$ de hauteur ; les feuilles inférieures sont pétiolées, ailées, rudes au toucher, avec un lobe terminal assez grand, pointu et denté ; les fleurs sont jaunes, petites, disposées en épi lâche ; les siliques sont glabres et rapprochées de la tige ; elle fleurit à la fin du printemps et on la sème en mars dans un sol bien meuble et de bonne nature, qui a reçu au moins deux labours. On répand la graine tantôt à la volée et tantôt en rayons et fort clairs. Dans le premier cas, on se contente de donner un sarclage au semis, dans le second, on l'éclaircit et on lui donne deux binages. Si cette dernière méthode est plus coûteuse, elle est aussi plus productive. Comme les fleurs de moutarde ne s'épanouissent pas en même temps, il en résulte qu'il y a des siliques qui sont plus tôt mûres que les autres, de sorte qu'on perdrait beaucoup de moutarde si l'on attendait que les dernières fussent à leur maturité. Pour l'éviter, on arrache ou l'on coupe les tiges dès qu'elles commencent à devenir jaunes, et on les porte à l'air ou dans un grenier ; on les amoncelle, et un mois après on les bat avec des baguettes sur des toiles. On fait bien sécher la graine, on la vanne, on la crible, et on la conserve dans un local sec et exposé au midi.

Plus la moutarde est récente, plus elle a de qualité. Quand on a récolté de la moutarde dans un champ, quelles que soient les précautions que l'on prenne après le labour du printemps de l'année suivante, la terre en est encore couverte, et malgré plusieurs labours successifs, il s'en montre encore beaucoup la troisième année. Voici un aperçu des frais de culture, donnés par M. de Dombasle :

Loyer d'une année..............	70 fr.
Un labour à la charrue et deux à l'extirpateur.	50
Engrais pour un tiers..	80
Hersage et rayonnage..	12
Semence et semaille au semoir..	6
Deux binages à la houe à cheval.. ...	8
Faucillage, bottelage et vannage.. ...	28
Total.	254

Produit moyen :

45 hectolitres de graines, à 17 fr. 50..	262.50
A déduire pour les frais.	254.00
Bénéfice.......	8.50

Chaque hectolitre de graine de moutarde noire donne 18 litres d'huile douce. Il est bon de faire observer que le résidu est plus fort et plus propre à préparer la moutarde.

La moutarde croit naturellement dans plusieurs contrées du midi de la France, principalement aux environs de Narbonne. Cette graine nous vient surtout de l'Alsace, de la Franche-Comté et de la Picardie. La première est la plus estimée ; elle est un peu plus grosse que l'autre ; douée d'une saveur plus forte et peu mêlée de grains blancs, tandis que la moutarde de Picardie offre peu de grains qui ne soient tachés de blanc. Celle des environs de Narbonne se compose de graines noires et d'autres rougeâtres ; cette couleur pourrait être due à ce que les siliques d'où elles proviennent n'avaient pas atteint leur point de maturité, lorsqu'elles ont été cueillies.

Fertilité de la moutarde.

La moutarde est très productive. M. Fischer de Creisheim dit qu'en ayant semé 500 grammes dans un champ de 90 perches (46 ares), il en récolta 279 kilog. de graines, desquelles il garda 750 grammes pour ensemencer l'année suivante. Le reste donna 18 kilog. d'huile au moulin, par la première pression à froid, et 22 kil. 500 par la seconde pression à chaud, ce qui fait, en tout, 40 kil. 500. Cette quantité est même inférieure à celle que l'*Oracle de l'Agriculture* (tom. 1, page 35) dit qu'on en extrait : il la porte à 50 pour 100. Mais nous n'avons trouvé ces proportions que de 20 à 25 pour cent, et M. de Dombasle, comme on a pu le voir, ne l'a indiquée que pour 18/100.

M. Fischer a également constaté qu'un arpent (51 ares) de terre médiocre donne 5 kil. 40 de moutarde par perche (0 are, 51), ce qui fait 540 kilog., qui rendent 81 kil. 500 d'huile douce par arpent, laquelle huile épurée se réduit à 71 kilog. Ces produits sont supérieurs à ceux de l'agronome français,

§ 2. EXAMEN CHIMIQUE DE LA MOUTARDE.

La moutarde récemment pilée a une saveur âcre, amère et très piquante. Elle coagule le lait; unie au sang, récemment extrait, elle donne lieu à la formation de la couenne inflammatoire, et hâte sa putridité (1).

Si l'on triture cette graine en poudre avec la potasse caustique, il ne se produit aucun dégagement sensible d'ammoniaque, quoique quelques auteurs l'aient avancé. Si l'on étend d'eau ce mélange, elle prend un aspect laiteux. Si au lieu de la potasse on emploie la chaux, il se développe une odeur légère d'ammoniaque. 1 kilog. de sénevé, réduit en pâte par le pilon et soumis à l'action d'une forte presse, a donné 190gr.66 d'une huile très douce et d'une couleur ambrée.

Action de la chaleur.

Les graines de moutarde, jetées sur les charbons ardents, brûlent avec beaucoup de flamme. Un kilogramme ayant été introduit dans une cornue et soumis à la distillation, a donné d'abord une eau fétide d'une couleur brunâtre, légèrement acide; ayant augmenté le feu, on a obtenu 25 grammes d'une huile rougeâtre, d'une odeur et d'une saveur âcre, piquante et insupportable, enfin du gaz acide carbonique, des traces de carbonate d'ammoniaque et de gaz hydrogène carboné, d'une odeur insupportable;

(1) Vid. *Paletta, Advers. Chirurg.* apud *Murray; et le Dictionnaire des Sciences médicales.*

enfin à ces gaz ont succédé des vapeurs jaunâtres.
La liqueur obtenue était sans action sur l'infusion de
tournesol. Le nitrate d'argent y produisait un précipité noir, ce qui annonce la présence du soufre, et la
potasse caustique, par la trituration, en dégageait de
l'ammoniaque, ce qui prouve d'une manière indubitable l'existence de l'acide dans ce produit. Ces expériences sont conformes à celles de notre savant con-
frère M. Thieberge. Quelques chimistes ont avancé,
d'après Margraaff, que la moutarde ainsi traitée donnait du phosphore ; mais nous n'avons pu en obtenir
le moindre indice. Sur ce point, nos expériences se
trouvent conformes au sentiment de l'illustre Berthollet, qui annonce que les auteurs n'ont pas pu obtenir un atome de ce corps combustible, en distillant
les semences de sinapis, seule matière qu'on ait dit
en donner par l'action du feu. Ayant cassé la cornue,
nous en avons retiré un charbon volumineux, difficile
à incinérer, dont les cendres égalaient en poids le
quinzième de celui de la moutarde.

Nous n'avons pas fait une analyse rigoureuse de
ces cendres ; car, comme l'observe Vauquelin, les
sels qu'on rencontre dans celles des végétaux proviennent la plupart de la décomposition de quelques
autres sels par la chaleur. Nous avons cherché à y découvrir quelques phosphates, mais infructueusement.
Les sels dont l'existence y a été bien démontrée,
sont : le sous-carbonate, le nitrate, le sulfate et l'hydrochlorate de potasse, ainsi que le sulfate de chaux,
l'hydrochlorate de magnésie et la silice.

Action de l'eau froide.

On verse sur un kilogramme de moutarde pulvérisée huit parties d'eau distillée ; après six heures d'infusion à froid, on décante la liqueur, et l'on verse sur le marc six autres parties d'eau ; quatre heures après, on les soutire et l'on en ajoute une semblable quantité ; après dix heures de séjour, on filtre la liqueur, et l'on délaye le résidu dans trois kilogrammes d'eau ; cette nouvelle liqueur ne se trouvant chargée d'aucun principe, on réunit le tout, et on le partage en deux portions.

Effet des réactifs.

La chaleur y forme un coagulum abondant, insoluble dans l'eau et dans l'alcool.

L'argent y prend une couleur noire par un séjour de quelques heures.

Le lait, mêlé avec cette infusion et soumis à l'action de la chaleur, se coagule de suite.

L'infusion de tournesol.. . . .	rougit légèrement.
— de raves..	idem.
Le sirop de violette.	verdit.
La décoction de bois de campêche.	jaunit.
L'alcool.	précip. blanc floconneux.
L'infusion de noix de galle..	précipité floconneux, blanchâtre, très abondant.
Par l'acide sulfurique. . . .	précipité blanc que la potasse, la soude et l'ammoniaque redissolvent en saturant l'acide.
— nitrique.	
— hydrochlorique..	
— oxalique.	blanchit fortement, et donne un précipité blanc.

Deutoxyde de potasse..	se trouble légèrement.
— de soude.	idem.
Ammoniaque..	léger précipité.
Eau de chaux	idem.
Sous-acétate de plomb.. . .	précipité blanc.
Hydrochlorate et nitrate de baryte..	idem.
Nitrate d'argent.	idem.
— de mercure..	idem.
Sulfate de fer desséché.. . .	idem.
Hydrocyanate de potasse et de fer.	aucun indice de ce métal.

D'après l'effet de ces réactifs, l'infusion de moutarde contient :

1° Un acide libre, comme la teinture de tournesol, de raves, de campêche; l'eau de chaux et la chaleur le démontrent; c'est probablement de l'acide sulfosinapique et de l'acide carbonique;

2° De l'albumine dont la présence est démontrée par la chaleur, l'alcool, l'infusion de noix de galle, et les acides hydrochlorique, nitrique et sulfurique;

3° Le premier et le dernier de ces trois acides, comme l'indiquent le nitrate et l'hydrochlorate de baryte, et les nitrates de mercure et d'argent;

4° La chaux y est rendue sensible par l'acide oxalique;

5° La magnésie par l'ammoniaque;

6° Le soufre par l'argent;

7° Aucun réactif n'y démontre le fer ni le tannin.

Si l'on veut déterminer la quantité d'albumine que contient l'infusion de moutarde à froid, on soumet à l'action de la chaleur la moitié des quatre infusions réunies. A la première impression, la liqueur se trouble, et bientôt il s'y forme une grande quantité de flocons qui s'accroissent par l'ébullition. On filtre la liqueur et l'on recueille ce coagulum, après l'avoir lavé dans une grande quantité d'eau distillée, légèrement acidulée par l'acide hydrochlorique, afin de dissoudre les sels calcaires qu'il pouvait avoir entraînés ou qui pouvaient s'être précipités par l'ébullition. On le lave de nouveau, et lorsqu'il est bien sec, il pèse 26 gr. 15.

L'albumine ainsi obtenue est insoluble dans l'eau et dans l'alcool; elle est inodore et ne fait éprouver aucun changement aux infusions du tournesol ni des violettes. Par l'action de la chaleur, elle se décompose et donne beaucoup de sous-carbonate d'ammoniaque et la plupart des produits des substances animales.

Le deutoxyde de potasse et de soude jouit de la propriété d'empêcher la coagulation de l'albumine par la chaleur. D'après cette propriété, on peut traiter l'infusion à froid de la moutarde par ces deux acides alcalins dans les proportions de 8 grammes sur 500 grammes d'infusion, et porter ce liquide à l'ébullition, sans qu'il donne le moindre indice d'albumine.

L'infusion de sénevé, d'où l'on a séparé l'albumine par l'ébullition, loin de rougir la teinture de tournesol, la verdit ainsi que le sirop de violette, effet qui est dû à la couleur jaune de l'infusion de la moutarde.

D'après ces quelques expériences, l'existence de l'albumine dans l'infusion de moutarde est démontrée.

Action de l'eau bouillante.

On met dans un alambic 1 kilog. de moutarde en poudre, et 10 kilog. d'eau. Il faut luter l'appareil, auquel on adapte un large ballon. Dès que la chaleur commence à agir, il s'en dégage un gaz d'une odeur extrêmement vive et aussi pénétrante que celle de l'ammoniaque. Les premières portions d'eau charrient une huile citrine qui descend au fond du vase. On met à part le premier litre de cette eau et l'on continue la distillation pour en obtenir trois autres litres. Cette dernière est un peu trouble et tient en suspension quelques gouttelettes de cette huile. Son odeur est vive et pénétrante, mais beaucoup moins que celle de la première. Celle-ci est trouble et laisse entrevoir plusieurs petites gouttes de cette même huile qui y sont disséminées. Le fond du flacon est tapissé d'une infinité d'autres gouttes d'huile plus grosses que les précédentes, et ne se réunissant que difficilement. Après l'avoir laissé déposer pendant vingt-quatre heures, on parvient à recueillir 15 grammes d'une huile volatile dont nous allons décrire quelques propriétés.

Cette huile volatile ainsi obtenue est d'une couleur citrine, d'une odeur aussi vive et aussi pénétrante que celle de l'ammoniaque. Une seule goutte appliquée sur la langue, y produit le sentiment d'une brûlure et d'une irritation si forte qu'elle se propage et s'étend dans la gorge, l'œsophage, l'estomac, le nez et les yeux, par une impression de chaleur et d'âcreté insupportables. Appliquée sur la peau, elle y occasionne une douleur très forte, et finit par produire l'effet d'un caustique.

Cette huile est beaucoup plus pesante que l'eau ; sa pesanteur spécifique est à celle de l'eau comme 10387 à 10000. Nous ne connaissons aucune autre huile volatile, extraite d'une plante indigène, douée d'une telle pesanteur. Au 50ᵉ degré du thermomètre centigrade, elle se volatilise ; pétrie avec l'albumine et distillée à la cornue, elle donne un peu d'eau, d'huile brunâtre, du gaz acide carbonique et du gaz hydrogène carboné, sans aucune trace d'ammoniaque. Elle se dissout facilement dans l'eau et dans l'alcool, en leur communiquant son goût et sa causticité. Il faut 1 kilog. d'eau pour dissoudre 2 grammes de cette huile. Elle est très combustible et brûle en répandant beaucoup de flamme ; elle dissout le soufre et le phosphore ; enfin, les acides et les alcalis agissent sur elle comme sur les autres huiles. On voit, d'après ce court exposé, que les caractères de l'huile volatile de moutarde sont assez tranchants pour ne plus être confondus avec aucune autre de son espèce.

L'eau saturée de cette huile est fort âcre et très caustique. Si l'on applique sur la jambe une bande de toile qu'on vient d'y tremper, on éprouve sur cette partie une douleur très vive après une minute. Si, au bout de cinq minutes, ou la trempe de nouveau dans cette eau et si on la réapplique sur la même partie, une chaleur très vive se fait sentir, et la douleur devient presque insupportable ; on constate alors qu'elle a produit le même effet qu'un puissant sinapisme.

La même expérience répétée avec la décoction de moutarde, ne fait éprouver aucune douleur, quand même l'application serait prolongée pendant trois heures. Voilà donc un puissant rubéfiant, et la médecine en fait grand usage.

On pourra constater d'une manière plus exacte l'action de l'eau bouillante sur la moutarde; en faisant bouillir pendant une demi-heure 1 kilog. dans 6 d'eau distillée. La liqueur filtrée sera de couleur ambrée, d'une saveur alliacée un peu amère, et aura perdu son odeur vive et pénétrante.

Par la chaleur.	aucun changement.
L'argent.	ne noircit pas, quoiqu'il y ait séjourné pendant 24 heures.
L'alcool.	rien.
L'eau de chaux..	id.
L'acide sulfurique.	id.
— nitrique.	id.
— hydrochlorique. . . .	id.
L'hydrocyanate de potasse et de fer.	id.
L'acide oxalique.	louchit.
Le nitrate de mercure.. . . .	id.
— d'argent.	id.
— et l'hydrochlorate de baryte.	donne un précipité blanc.
Le sous-acétate de plomb. . .	id.
Le lait.	n'est point coagulé.

Cette nouvelle expérience confirme l'existence de l'albumine dans l'infusion de moutarde. L'acide oxalique a démontré la présence de la chaux, due sans doute à une petite portion de sulfate calcaire que la liqueur avait retenue. Enfin, les nitrates d'argent, de mercure et de baryte, ainsi que l'hydrochlorate de ce dernier métal, ont indiqué les acides sulfurique et hydrochlorique.

Extrait de moutarde.

Par l'évaporation, on obtient 192 grammes d'un extrait jouissant des propriétés suivantes.

Cet extrait est de couleur brune et n'a qu'une faible saveur amère, légèrement acide ; la dissolution dans l'eau rougit l'infusion de tournesol, l'ammoniaque y forme un précipité noirâtre composé de chaux et de substance extractive. Le chlore en précipite l'extractif sous forme de flocons jaunâtres ; dans cet état, il a subi une altération qui le rend insoluble dans l'eau, mais soluble dans l'alcool bouillant. L'acide sulfurique concentré et l'acide hydrochlorique y produisent le même effet.

L'acide sulfurique étendu d'eau et distillé avec cet extrait, en dégage de l'acide acétique ; le résidu de cette distillation, traité par l'alcool, laisse une masse qui donne des sulfates de potasse et de chaux, du nitrate et de l'hydrochlorate de potasse et un peu d'hydrochlorate de magnésie.

La chaux triturée avec cet extrait en dégage une faible odeur ammoniacale. Traité par l'alcool, outre l'extractif, ce menstrue s'empare d'une substance résineuse qui fait la quarantième partie de l'extrait. Nous ne pousserons pas plus loin cet examen qui ne pourrait nous donner d'ailleurs que des résultats peu exacts. Pour en avoir l'entière conviction, il suffira de citer le passage suivant de Berthollet (1) :

« Les substances que l'on confond sous le nom d'extraits, éprouvent des changements rapides par l'action de l'air, par celle de l'eau et de l'alcool, par

(1) *Statistique chimique*, tome II, page 508.

la chaleur que l'on fait subir à leur dissolution, comme on le voit dans l'excellente analyse du quinquina, que l'on doit à M. Fourcroy. Les différents moyens produisent facilement des séparations et de nouvelles combinaisons qui n'existaient pas ; en sorte que ce n'est qu'avec beaucoup de circonspection que l'on peut conclure des produits que l'on obtient par ce moyen, quel était l'état naturel de la substance qu'on examine. »

Infusion dans le vin.

On prend deux bouteilles numérotées, contenant chacune un litre de vin rouge de Narbonne ; on introduit dans la première 100 gr. de semences de moutarde en poudre, et dans la seconde, la même quantité de graines entières ; trente-six heures après, on filtre les deux infusions. Le vin n° 1 aura perdu une partie de sa couleur, et aura contracté une odeur et une saveur très fortes d'huile volatile de moutarde ; le n° 2 n'aura rien perdu de sa partie colorante, quoiqu'il ait acquis les mêmes propriétés de n° 1, à la vérité à un degré plus faible. On peut répéter cette expérience avec plus de vingt-cinq qualités différentes de vins rouges et blancs, et l'on obtiendra constamment les mêmes résultats. En lisant attentivement le travail intéressant de M. Thieberge, on voit avec surprise que ce chimiste annonçait qu'en faisant infuser des semences entières de moutarde dans du vin blanc pendant quinze jours, sa saveur est à peine changée. Nous ne pouvons expliquer cette différence d'action, qu'en supposant que la *sinapis nigra* contient moins de principes volatils que l'*alba*, ou que nos vins du Midi agissent d'une manière différente de ceux du nord de la France. D'après nos expériences, nous sommes loin de conseiller la suppression de la moutarde dans la préparation du vin antiscorbutique ; nous nous bornerons à recommander de la mettre en poudre, afin de rendre ce médicament plus énergique.

Infusion dans le vinaigre.

La même quantité de moutarde, infusée dans une pareille dose de bon vinaigre rouge, affaiblit sa couleur, et lui donne une odeur et une saveur vives et piquantes.

Action de l'alcool.

Si l'on introduit dans quatre parties d'alcool une de moutarde en poudre, en quelques heures, ce menstrue a pris une couleur ambrée, sans cependant acquérir aucune odeur ni aucune saveur étrangères. L'eau la louchit ; l'ammoniaque en précipite une huile un peu brune, qui se dépose au fond de la liqueur. Si l'on en décante les trois quarts, et qu'on expose l'autre à l'air libre, l'odeur ammoniacale et alcoolique se dissipe en grande partie, et cette huile vient surnager à la surface du liquide : ce qui prouve que l'alcool dissout une partie de l'huile douce et de la matière colorante de ces semences.

Action de l'éther.

La même expérience a été faite avec l'éther ; l'infusion a pris une teinte verdâtre. L'eau n'y opérait aucun changement. L'ammoniaque s'est unie avec une grande partie de l'éther ; mais, au bout de quelques heures, il s'est formé à la surface de la liqueur une couche d'une huile verdâtre, qui n'était autre chose que l'huile douce unie au principe colorant, que l'éther avait également dissous.

Nous ne pousserons pas plus loin cet examen ; il est bien suffisant pour faire reconnaitre que c'est dans l'huile volatile de moutarde que résident ses propriétés rubéfiantes, qui en font un puissant agent thérapeutique.

§ 3.   ANALYSE CHIMIQUE DE LA MOUTARDE.

D'après ces diverses expériences, on peut conclure que les semences de moutarde donnent à l'analyse chimique : une huile volatile, une huile douce, de l'azote, de l'albumine, du soufre, un extractif spécial, une résine, un principe amer, des sels, de la silice.

1° *Une huile volatile*, qui est d'une saveur très âcre, d'une odeur aussi vive que celle de l'ammoniaque, d'une grande causticité, et d'une plus grande pesanteur que celle de l'eau. Ce caractère essentiel la distingue de toutes les huiles volatiles indigènes. Elle fait les 0,016 du poids de la moutarde, en évaluant par approximation celle qui est tenue en dissolution dans l'eau provenant de la distillation précitée. C'est à cette huile qu'est due la vertu vésicante. L'alcool la dissout, et prend en même temps une saveur très âcre.

Comme la moutarde doit ses propriétés et son goût à cette huile, nous croyons devoir faire connaitre les recherches que MM. Dumas et Pelouze ont présentées en 1835 à l'Académie des Sciences.

D'après les travaux récents de plusieurs chimistes, on sait que cette huile ne préexiste pas dans la graine de moutarde, et qu'elle se forme sous l'influence de la distillation. A l'état brut, elle est colorée ; mais on la décolore au moyen de quelques rectifications faites, même à feu nu. Quand elle est ainsi purifiée, elle bout à 143 degrés cent.; sa densité à la température de 20 degrés est égale à 1,015 ; son odeur est excessivement forte et pénétrante. Elle se dissout très bien dans l'alcool et l'éther ; elle est séparée par l'eau de ces dissolutions. A chaud, elle dissout une grande quantité de soufre qui s'en sépare sous forme cristalline par le refroidissement. Elle dissout également à chaud beaucoup de phosphore, qui, par le refroidissement, se sépare sous forme liquide tant que la température n'est pas abaissée au-dessous de 43 degrés ; mais au-dessous de ce point, qui est celui de la fusion du phosphore, la matière se dépose en cristaux.

Les alcalis chauffés avec cette huile produisent à la fois du sulfure et du sulfo-cyanure. Il se forme en outre une troisième substance qui n'a pas encore pu être isolée de l'huile non attaquée.

Pendant la réaction, il se dégage de grandes quantités d'ammoniaque.

L'acide nitrique, l'eau régale, l'attaquent avec force, et donnent pour résidu final une grande quantité d'acide sulfurique.

L'analyse de cette huile, faite à différentes reprises, a donné toutes les fois des résultats parfaitement identiques, qui sont exprimés par la formule suivante :

C 1/2.	1224.3	49.84
H 2/0.	125.0	5.09
Az 4.	354.0	14.41
O 5/2.	250.0	10.18
S 5/2.	502.0	20 48
	2450.2	100.00

On verra plus bas que cette formule remarquable
a été vérifiée par diverses méthodes, susceptibles de
la plus grande précision.

La vapeur de l'huile de moutarde, prise d'après la
méthode que M. Dumas a fait connaître, a été égale
à 3.40. Le résultat donné par le calcul est 3.37, qui
diffère très peu, comme on le voit, de celui qu'on
obtient par expérience.

La prédominance des éléments électro-négatifs de
cette huile a porté les auteurs à y chercher les caractères d'un acide ; mais, comme les bases oxydées
l'altèrent, il fallait recourir à l'ammoniaque ou à
l'hydrogène proto-phosphoré. Ce dernier gaz est
sans action sur elle. Il n'en est pas de même de l'ammoniaque qui est absorbée rapidement, et donne
naissance à un produit nouveau, soluble dans l'eau,
et susceptible de cristalliser avec la plus parfaite
régularité. Ce produit n'est pourtant pas un sel, car
les acides ni les bases ne peuvent en retirer l'huile,
c'est plutôt un corps de la famille des *amides*.

Après avoir constaté que le gaz ammoniac parfaitement sec se combine avec l'huile sèche elle-même,
sans apparition d'eau ou d'aucun produit accidentel,
MM. Dumas et Pelouze ont adopté pour la préparation de ce produit, une méthode très simple qui consiste seulement à mettre dans un flacon à l'émeri de
l'huile, en contact avec un excès de dissolution d'am-

moniaque. Au bout de quelques jours, l'huile a complétement disparu, et à sa place on trouve une belle masse cristallisée. Les cristaux redissous dans l'eau et traités par le charbon animal se décolorent parfaitement et se retrouvent par l'évaporation et le refroidissement ; ils sont d'un blanc éclatant, sans odeur, d'une saveur amère, fusibles à 70 degrés centigrades ; leur forme est celle d'un prisme rhomboïdal ; ils se dissolvent dans l'eau froide, et mieux dans l'eau chaude. L'alcool et l'éther la dissolvent également. Les dissolutions sont neutres et ne se troublent sous l'influence d'aucun réactif. Les alcalis bouillants en dégagent de l'ammoniaque, mais ce dégagement lent s'effectue comme dans le cas des substances qui ont besoin de décomposer l'eau pour produire ce gaz.

L'acide nitrique le détruit et laisse de l'acide sulfurique.

Par aucun moyen on n'a pu en retirer de l'huile de moutarde.

L'analyse de ces cristaux, faite par des moyens d'une grande précision, a indiqué la composition suivante :

Soufre.	16.84
Azote.	24.62
Hydrogène.	6.70
Carbone.	42.95
Oxygène.	8.80
	100.00

Ces résultats se rapportent à la formule suivante :

C 3/2	1224.3	42.43
H 3/2	200.0	6.93
Az 8	708.0	24.54
O 5/2	250.0	8.66
S 5/2	502.0	17.44
	2885.2	100.00

Or, cette formule est elle-même représentée par huit volumes de gaz ammoniac et huit volumes de vapeur d'huile.

On sait qu'en général, il faut un atome d'acide pour saturer quatre volumes de gaz ammoniac, et quoiqu'on n'ait pas ici affaire à un seul, tout porte à croire que les rapports de combinaison sont conservés. Ainsi les auteurs considèrent comme véritable formule de l'huile, C 1/6, H 1/0, Az 2, S 5/4, O 5/4, et cette formule représente alors quatre volumes d'huile.

Alors la formule des cristaux devient elle-même C 1/6, H 1/6, Az 4, S 5/4, O 5/4, et on ne peut la représenter par quatre volumes d'huile et quatre volumes d'ammoniaque.

En adoptant ces formules, on voit que l'huile de moutarde ne renferme réellement que 5/2 atomes d'élément électro-négatif, tant soufre qu'oxygène, et que s'il fallait lui trouver un terme de comparaison dans la chimie minérale, ce serait à côté des acides phosphorique ou arsénique qu'elle irait se placer.

Les auteurs terminent leur mémoire par l'annonce d'un nouveau travail sur une matière qui présente de grands rapports avec l'huile de moutarde, et qu'ils désignent sous le nom de *sinapisme*.

M. Fauré, pharmacien-chimiste à Bordeaux, dans un mémoire adressé à la Société de Pharmacie de Paris, a cherché à établir :

1° Que l'albumine contenue dans la poudre de moutarde est un des principes constituants de l'huile volatile que l'eau froide y développe, ou que, tout au moins, elle est indispensable à sa formation ;

2° Que toutes les fois que cette albumine s'est rendue insoluble par la coagulation, ou dénaturée par

une cause quelconque, la production de cette huile
n'aura pas lieu ;

3° Que les corps qui produisent cet effet sont : la
chaleur au-dessus de 75 degrés R., l'alcool, les acides
concentrés, les alcalis caustiques, les sels minéraux
et le chlore ;

4° Que l'éther ne *mute* pas la poudre de moutarde ;
il donne à l'albumine de cette semence un état gélatineux, de la consistance, de l'opacité ; mais il ne la
rend pas insoluble ;

5° Qu'après l'action de l'éther, l'albumine jouit des
caractères qui lui sont propres, et la moutarde conserve la propriété de fournir, avec l'eau froide, le
principe âcre et volatil.

Il a basé ces opinions sur les expériences suivantes :

A. Il a fait bouillir 2 kilogrammes d'eau dans la
cucurbite d'un alambic, et quand le liquide a été à
cette température, il y a délayé très vite 250 grammes
de farine de moutarde ; après quoi il a procédé à la
distillation. Le produit ne contenait pas un atome
d'huile volatile ; son odeur était nauséeuse et son
goût très peu piquant.

B. Ayant fait une pâte avec la même moutarde
récemment pulvérisée et suffisante quantité d'eau à
100 C., il n'y a point eu de dégagement d'huile volatile ; cette pâte n'agissait pas comme sinapisme ;
délayée dans l'eau froide, elle ne donnait point cette
odeur propre à l'huile volatile de moutarde.

C. M. Fauré ayant chauffé, dans des vaisseaux
séparés, de l'eau à 30, 40, 50, 60, 70 et 75 degrés, et
délayé dans chacun de la moutarde en poudre,
l'huile volatile se faisait vivement sentir à 30, 40 et

50 ; à 60 degrés et au-dessus ce dégagement diminuait insensiblement ; à 75 degrés, il était nul.

D. Des semences de moutarde ayant été tenues dans l'eau à 60 degrés pendant quatre heures, ensuite séchées et pulvérisées, cette poudre avait les mêmes propriétés que celle qui n'avait point subi cette opération ; mais si l'on en porte l'eau à l'ébullition, elles ne dégagent plus d'huile volatile.

Pendant que M. Fauré, en France, se livrait à ces recherches, MM. Geiger et Hesse, en Allemagne, arrivaient à de semblables résultats. Nous allons consigner ici l'extrait d'une lettre adressée par ce dernier à M. Geiger :

« J'ai fait, dit-il, sur la préparation de l'huile volatile de moutarde, une observation qui paraît se rapporter à celle que vous avez faite, il y a peu de temps, sur la préparation de l'eau d'amande, savoir : que, pour obtenir l'huile essentielle, il ne faut pas employer aussitôt la chaleur, même avec la présence de l'eau ; mais qu'avant de distiller la semence concassée, on doit la laisser macérer pendant quelque temps avec de l'eau froide. Je voulais, ajoute-t-il, préparer cette huile avec promptitude, et je pensai à l'obtenir par le procédé en usage pour la préparation de l'huile essentielle de camomille dans l'appareil Beindot. Je fis donc passer de la vapeur d'eau bouillante à travers 3 kilog. de moutarde récemment concassée ; mais, à mon grand étonnement, je n'obtins pas une trace d'huile volatile ; je n'eus qu'une eau dont l'odeur était faible et fade. Je retirai alors la moutarde, après environ une demi-heure de contact ; je versai de l'eau froide dessus, et je prolongeai la macération pendant plusieurs heures ;

l'odeur de la moutarde ne se développa plus, et l'eau que j'obtins par sa distillation, n'avait qu'une odeur désagréable. La formation de l'huile essentielle avait donc été empêchée par la chaleur brusque employée dès le commencement. J'ai préparé l'huile dont je vous présente un échantillon, en faisant macérer de la moutarde noire concassée pendant une nuit dans l'eau froide, et en distillant rapidement dans un alambic. J'ai obtenu environ 200 grammes de 3 kilog. de cette graine : déjà, au bout d'une demi-heure, il se développait une forte odeur de moutarde ; le lendemain matin, cette odeur était si forte que les larmes en venaient aussitôt aux yeux. »

Nous ne saurions admettre, avec M. Fauré, que l'albumine entre comme principe constituant de l'huile volatile de moutarde, si la non-préexistence de cette huile dans cette graine est bien constatée, ce qui, suivant nous, n'est rien moins que bien démontré, nous croyons que l'eau froide ne favorise que la production de cette huile en ramollissant l'albumine.

Quoi qu'il en soit, les observations de MM. Fauré, Geiger et Hesse, ne doivent pas être perdues pour le fabricant de moutarde qui, désormais, n'emploiera que des liquides à une température de 30 à 40 degrés, et jamais au-dessus de 60, encore moins au point de l'ébullition.

Antérieurement, nous avions constaté que l'infusion de moutarde, faite à froid, avait une saveur âcre et piquante et une odeur très pénétrante, tandis que sa décoction ne possédait aucune de ces propriétés ; enfin, que la première était un puissant rubéfiant, et que les effets de la seconde étaient nuls.

2° *Une huile douce*. La moutarde est une graine oléagineuse dont on peut extraire l'huile douce, comme de celle de navette, de cameline, etc., et par les mêmes procédés. Il suffit même de la réduire en poudre fine, de la battre fortement dans un mortier en fer, et de la soumettre ensuite à l'action d'une forte presse pour en extraire une grande partie de cette huile. Le marc, loin d'avoir perdu ses vertus médicales, est, au contraire, bien plus énergique.

L'huile douce de moutarde est d'une couleur ambrée et d'une saveur très douce ; M. Thieborge dit en avoir obtenu qui était un peu verdâtre, et avait une légère odeur de moutarde, qu'il attribue à un peu d'huile volatile. Cet effet paraît dû à ce qu'il employa des plaques probablement trop chauffées, au lieu d'opérer à froid. L'action de l'air sur cette huile n'est pas aussi énergique que sur celle d'olive ; nous en avons conservé pendant deux ans dans un flacon qui n'était rempli qu'aux deux tiers, sans se rancir. Par les plus grands froids, l'huile de moutarde ne se fige point ; mais seulement elle s'épaissit et se décolore, ce qui la rend précieuse pour l'horlogerie. Ce fait ne s'accorde point avec l'opinion de Fourcroy, qui assure que toutes les huiles qui se figent le plus vite sont les moins altérables, et que celles qui sont difficilement congelables sont les plus sujettes à rancir. Le poids spécifique de cette huile est un peu plus fort que celui de l'huile d'olive ; il est à celui de l'eau :: 9.202 : 1000 ; 100 parties d'éther en dissolvent 23 ; unie à la soude, elle donne un savon ferme d'une couleur jaunâtre. La moutarde donne, suivant M. de Dombasle, 18 p. 100 d'huile douce.

Suivant nous, elle peut donner de 20 à 25 p. 100 d'huile; et suivant M. Fischer, 30 p. 100.

Cette différence entre les proportions que nous indiquons et celles de ce dernier, tiennent sans doute à ce qu'il a opéré à chaud et nous à froid.

3° *De l'azote*, dont la présence a été reconnue par le dégagement d'ammoniaque qui s'est opéré en triturant le produit de la distillation avec la potasse caustique, et les traces de carbonate d'ammoniaque obtenues.

4° *De l'albumine*. Les expériences nombreuses que nous avons citées prouvent l'existence de l'albumine dans l'infusion de la moutarde. Scheele fut le premier qui annonça, en 1780, qu'un grand nombre de plantes contenaient une substance semblable au coagulum du lait (1). En 1790, Fourcroy reconnut l'existence de l'albumine dans plusieurs végétaux (2). Proust ne partageait pas cette opinion (3), lorsque Vauquelin la découvrit dans le suc du papayer, *carrica papaya*. Cadet confirma cette découverte. Le docteur Clarke l'a trouvée dans le suc du fruit de l'*hibiscus esculentus*, et Trommsdorff, pharmacien et professeur de chimie à Erfurth, dans l'agaric poivré (4). Malgré ces recherches, nous ne connaissons aucun végétal indigène d'où on l'ait extraite en aussi grande quantité, ni démontrée plus évidemment que dans la moutarde. Nous avons essayé plus de cent infusions végétales, et nous ne l'avons trouvée dans

(1) *Scheele*, tome II.
(2) *Annales de Chimie*, tome III.
(3) *Journal de Physique*, tome LVI.
(4) *Journal des Pharmaciens de Paris*.

aucune en proportions aussi fortes que dans celles de la réglisse. On la retire aussi de quelques sucs végétaux, en assez grande quantité; ce qui prouve combien est vicieuse la méthode de clarifier les sucs d'herbes par la chaleur.

5° *Du soufre.* Il se trouve dans ce liquide comme partie constituante de l'albumine et en dissolution dans l'huile volatile. La manière différente dont agissent l'infusion et la décoction de la moutarde sur l'argent, en est une preuve évidente. MM. Henry fils et Garot assurent que le soufre est dans la moutarde à l'état d'acide qu'ils nomment sulfo-sinapique. C'est à cet acide qu'ils attribuent l'acidité de la moutarde, que nous avions déjà annoncée et attribuée à la présence de l'acide carbonique. De nouvelles expériences plus complètes nous ont fait connaître la coexistence de l'acide sulfo-sinapique de MM. Henry et Garot, avec celle de l'acide carbonique que nous avions reconnue.

6° Un *extractif* que nous en avons séparé par les moyens indiqués.

7° Une *résine* qui en a été extraite par l'alcool, et qui a une consistance un peu plus forte que celle de la térébenthine.

8° Un *principe amer*, qui s'y trouve en petite quantité. Nous n'avons pu en recueillir que 2^{gr}.5.

9° Des *sels*. Nous ne parlons pas de ceux qui sont supposés être le produit de la combustion, parce qu'ils ne peuvent donner que des notions vagues, mais ceux qui existent dans l'infusion, et qui d'après leur dose respective, doivent être rangés dans l'ordre suivant :

Nitrate de potasse,
Carbonate de potasse,
Acétate de potasse,
Sulfate de chaux,
Muriate de potasse,
Muriate de magnésie.

10° De la *silice*, obtenue par la combustion.

N'oublions pas de faire observer que l'infusion de moutarde, tout comme l'eau distillée chargée d'huile volatile de cette plante, déposent un peu de poudre blanchâtre, dont la quantité est d'autant plus forte que ce liquide est d'autant plus chargé d'huile. Cette poudre, ainsi que l'ont très bien observé MM. Thieberge et Robiquet (1), est un composé de soufre et d'huile volatile. Il suffit, pour y reconnaître la présence du soufre, d'y plonger une pièce d'argent : en peu de temps, elle acquiert une couleur noire très prononcée.

§ 4. PROPRIÉTÉS DE LA MOUTARDE

comme condiment et comme médicament.

Les semences du sénevé sont employées en médecine de temps immémorial. Les plus anciens auteurs leur attribuent une foule de vertus, tant internes qu'externes. Quoiqu'ils aient beaucoup exagéré, il n'en est pas moins vrai qu'elles en possèdent que l'expérience de plusieurs siècles a confirmées. En effet, nous savons qu'unies au vinaigre et au levain, elles forment un épispastique connu dès les premiers

(1) Examens chimiques de la graine de moutarde noire, *Journal de Pharmacie des Sciences accessoires*, tome V.

âges de la médecine sous le nom de sinapisme, qui est regardé comme un excellent révulsif pour attirer les humeurs sur les parties où on l'applique. L'eau de moutarde, que l'on trouve préparée, remplirait bien mieux cette indication par la promptitude avec laquelle elle agit, et surtout dans les cas d'apoplexie, d'asphyxie, pour les pédiluves anti-goutteux, etc. MM. les docteurs Barthez, Sernin, Pech, Maury, etc., qui connaissaient autrefois ses effets vésicants, l'ont employée avec succès ; le premier, surtout, dans un cas de paralysie de la vessie. Ce sinapisme n'a besoin d'autre préparation que de tremper une compresse de toile dans l'eau de moutarde, et de l'appliquer sur la partie. Au bout de deux minutes, on éprouve une douleur et une chaleur très fortes ; on trempe de nouveau la compresse dans cette eau, on la place sur le même endroit : alors la douleur devient insupportable. Si l'on répète cette opération une troisième fois, au bout d'un moment on est obligé d'enlever la compresse, et l'épiderme se trouve rougi comme si un sinapisme ordinaire y avait séjourné deux heures.

On cite une jeune malade qui avait une grave affection convulsive ; tous les stimulants étaient sans effet et la malade se trouvant dans un état désespéré, MM. Servin, Pech et Barthez ordonnèrent l'application de l'eau de moutarde aux jambes ; on en était dépourvu, mais on avait un petit flacon d'huile volatile de ses semences ; on en fit dissoudre 4 grammes dans un demi-litre d'eau, et l'on en mit une compresse sur chaque jambe. Au bout de deux minutes, on en réappliqua une autre ; aussitôt la malade, qui avait été insensible à tous les moyens qu'on avait mis en usage, porta sa main aux jambes, et témoigna la douleur qu'elle y éprouvait (1).

Dans les affections soporeuses, Arétée et Dioscoride, après avoir fait raser la tête du malade, l'enduisaient de moutarde. Ce dernier auteur assure que, délayée dans le vinaigre, elle guérit fort bien les impétigos, la grattelle et les gales invétérées. Nous nous sommes assurés de ce fait. On a vu plus de cinquante personnes atteintes de la gale qui s'en sont délivrées complétement en se frictionnant le corps, les bras et les jambes avec une pommade composée de :

Moutarde en poudre..	30 gram.
Gingembre en poudre.	15
Cévadille en poudre..	15
Huile d'olive.	suffis. quantité.

Nous faisons observer que ce traitement était combiné avec le traitement interne approprié à cet état. Les habitants de Bages, village maritime situé à une lieue de Narbonne, emploient empiriquement ce moyen. Dans deux cas de gale invétérée, on a obtenu de très bons effets de l'eau de moutarde en frictions,

(1) Ces observations se trouvent confirmées par celles que M. Thieberge a insérées dans son excellent Mémoire. L'essai en fut fait par M. le docteur Galès, sur un malade de son établissement des bains de Grammont. Une goutte de cette huile fut appliquée sur le bras du malade, qui éprouva aussitôt une douleur des plus vives, qui se prolongea pendant environ une heure. Une seconde goutte posée à peu de distance de la première, pour être abandonnée vingt-quatre heures, à l'instar des vésicatoires, produisit une vésicule de 3 centimètres de diamètre pleine de sérosité. Cette expérience, dit-il, a été constatée par MM. Galès, Bouillon-Lagrange, de Larroque, Bourgeoise, Pilien, docteurs en médecine, et par M. Robiquet, professeur à l'école de Pharmacie.

coupée avec parties égales d'eau pure. Perithe conseille cette graine pour le traitement de la teigne, de l'hydropisie, etc.

L'administration interne de la moutarde offre aussi d'heureux résultats. Elle augmente l'énergie vitale, stimule les différents systèmes, active la plupart des fonctions, accélère le pouls ; la sécrétion des urines et la transpiration, devenue plus considérable, sont quelquefois les effets secondaires de cette excitation (1); l'irritation qu'elle produit sur les muscles fait naître le besoin de marcher (2). On en prépare une foule d'assaisonnements qui sont actifs, échauffants, et de très bons digestifs pour les tempéraments froids, faibles et humides ; tandis qu'ils sont nuisibles à ceux qui digèrent très vite, et qui ont le tempérament chaud. Suivant Wedel, la préparation qu'on faisait avec le *sénevé* et le *moût du raisin*, était connue des anciens sous le nom de *fecula coa*, et des médecins du moyen-âge sous celui de *mustum ardens*, d'où, comme nous l'avons déjà dit, est venu le nom de moutarde, qui veut dire moût ardent. Haller (3) pense que l'abus de ce condiment dispose aux maladies aiguës et putrides. Il paraît du moins, disent les auteurs du *Dictionnaire des Sciences médicales*, concourir avec d'autres causes à produire l'irritation des organes digestifs, qui accompagne ordinairement ces affections. Suivant Mathiole, ces semences pulvérisées, unies au vinaigre et prises intérieurement, neutralisent le venin des potirons et

(1) *Vid.* Loiseleur de Longchamps et Marquis, *Dict. des Sciences médicales.*

(2) Barbier, *Mat. méd.*, tome I.

(3) *Hist. Stirp. Helv.*, n° 465.

des champignons. Il ajoute qu'elles sont diurétiques,
et qu'elles calment les maux de dents. Plusieurs auteurs les recommandent comme antiscorbutiques.
M. Duclos a donné plusieurs observations sur cette
propriété de la moutarde (1). Ray (2) raconte que,
durant le siége de La Rochelle, ces semences, réduites en poudre et incorporées dans du vin blanc,
sauvèrent la vie à une foule de personnes atteintes
du scorbut. En Hollande ses vertus antiscorbutiques
étaient si bien reconnues, que les règlements pres-
crivaient à tous les vaisseaux de s'en approvision-
ner (3). On les conseille aussi pour combattre la
cachexie, la chlorose, les affections pituiteuses, et
comme un puissant masticatoire pour les personnes
menacées d'apoplexie et de paralysie.

Boerhaave a vu une demoiselle d'Amsterdam at-
teinte de convulsions universelles, contre lesquelles
tous les médicaments avaient échoué, qui fut guérie
par la moutarde broyée avec le vin, que lui conseilla
le docteur Ruysch.

Dioscoride, Fragée, Paul Egine (4), Boerhaave (5)
la regardent comme un bon fébrifuge. Calissen,
médecin danois, en a obtenu de très bons effets
contre la fièvre adynamique. Le docteur Savy l'a employée avec succès dans une fièvre de nature catarrhale putride. Il la prescrivait en tisane, à la dose

(1) *Mém. de l'Acad. des Sciences.*
(2) *Historia plantarum.*
(3) *Vid.* Loiseleur de Longchamps et Marquis, *Dict. des Sciences
médicales.*
(4) *Napy id est sinapi calefacit ac siccat in quarto abscessu.*
                                PAUL ÉGINE, liv. VII.
(5) *Semen in febre quartana et aliquando quotidiana exhibetur.*
                                   (*Historia plantarum.*)

de 15 grammes en poudre, sur un litre 1/2 d'eau. Il cite quatre observations parmi les cures qu'il dit avoir obtenues (1). Bergius guérissait les fièvres tierces printanières en donnant de trois à cinq cuillerées de quatre à huit grammes de graines de moutarde entières, divisées en cinq doses, à prendre pendant l'apyrexie. Les malades ainsi traités n'éprouvaient point de rechûte (2). Dioscoride et Bergius observent de ne pas boire après les avoir avalées. Dans un pareil cas, si l'eau cause quelque danger, c'est sans doute en dissolvant l'huile volatile qui, comme je l'ai déjà prouvé, est très âcre et très caustique, et qui doit fortement irriter les fibres de l'estomac. Ne pourrait-on point attribuer ses vertus fébrifuges à ses propriétés antiseptiques? Cela serait assez vraisemblable si, comme l'a avancé Pringle, le quinquina n'agit comme fébrifuge qu'en raison de ses propriétés antiseptiques (3).

Cullen et Macartan disent que le *sénevé*, à la dose d'une cuillerée en poudre, dans un verre d'eau, est un émétique prompt et efficace, et qu'à celle de deux, il est un assez bon purgatif. A Édimbourg, on l'administre souvent comme émétique. Le docteur Tournon, professeur adjoint à l'école de médecine de Toulouse, a dit qu'il a connu une dame

---

(1) *Vid.* son Mémoire sur la maladie épidémique qui a régné dans le canton de Lunas, *Annales cliniques de Montpellier*, tome XL.

(2) L'abus de ce médicament peut produire des effets funestes. Wan-Swieten rapporte qu'un homme atteint d'une fièvre quarte, ayant avalé une grande quantité de moutarde en poudre délayée dans l'esprit de genièvre, il se déclara une fièvre ardente qui l'emporta dans trois jours. *Vid. Comment. in aphoris.* Boerh., tome II.

(3) *Vid.* mes *Recherches sur l'antisepticité*, in-8°, Montpellier, 1813.

écossaise, veuve de l'amiral ***, qui en portait toujours de petits paquets pour cet usage. La moutarde
a été conseillée en gargarisme dans l'angine tonsil-
laire, conseil qu'on ne peut guère suivre que lorsque
cette maladie est seulement catarrhale et non inflammatoire. Il est des auteurs qui ont tellement
préconisé les vertus de ce médicament, qu'ils n'ont
pas craint de lui attribuer celle d'augmenter la mémoire. Murray assure avoir éprouvé, sur lui-même,
qu'elle excite la gaîté, qu'elle aiguise l'esprit. C'est
peut-être, disent les deux auteurs de l'article Moutarde, inséré dans le *Dictionnaire des Sciences médicales*, cette opinion, qui remonte jusqu'à Pythagore,
qui a fait dire : *Plus fin que moutarde.*

L'huile douce de moutarde, qu'on extrait par l'expression, est connue depuis très longtemps, quoiqu'elle ne figure pas dans la matière médicale. L'é-
vangéliste des médecins, Mesué, qui reçut avec ce
surnom pompeux, celui de divin, l'appliquait sur les
tumeurs froides comme résolutive. Boerhaave l'or-
donnait dans l'hôpital de Leyde, comme purgative,
à la dose de 60 grammes. Nous lui avons vu produire
cet effet maintes fois, et nous avons eu occasion de
nous convaincre qu'elle était presque un aussi bon
anthelmintique que l'huile de ricin. Le docteur Tournon, dans les démonstrations botaniques qu'il faisait
à Bordeaux, en conseillait l'usage.

Cette huile, par la difficulté qu'elle éprouve à se
figer et à se rancir, peut devenir précieuse pour l'horlogerie. Le docteur Roques d'Orbcastel, qui connaissait cette propriété, la conseilla à des horlogers de Toulouse, qui ont été convaincus de sa bonté. Les Japonais,
suivant *Thunberg*, s'en servent pour l'éclairage.

§ 5.   PRÉPARATION DE LA MOUTARDE, COMME CONDIMENT.

On doit faire choix de la meilleure qualité de moutarde, et donner la préférence à celle qui est bien nourrie et la plus récente possible. Avant de la moudre, on doit la vanner et la bien laver ; après cela, on la fait tremper dans l'eau pendant environ 12 heures afin de la faire gonfler et de rendre ainsi le broyage plus facile. On la passe au tamis de soie fin afin que la farine soit très fine ; l'on ne doit pas rejeter les enveloppes, qui sont les plus difficiles à moudre, car c'est en elles que réside l'huile volatile qui donne ses propriétés à la moutarde. Nous avons déjà fait connaître le moyen propre à opérer ce broyage. Nous allons maintenant exposer ceux qui sont les plus usités pour la préparation de ce condiment (1).

Méthode de M. DEMACHY.

Dans une espèce de caisse, assujettie solidement contre une muraille, sont placées deux meules de pierre dure, de 16 centimètres d'épaisseur et de 65 centimètres de diamètre. La meule inférieure est fixée dans la caisse ; celle qui la surmonte est mobile. Sur le devant de cette caisse, et au niveau de la meule inférieure est une gouttière destinée à donner issue à la moutarde broyée. Un couvercle en

(1) Nous renvoyons le lecteur au *Manuel des Conserves alimentaires*, publié par M. Maigne, dans l'*Encyclopédie-Roret*, pour toutes les préparations faites au moyen de la moutarde et qui n'ont pas pu trouver place dans le cadre de notre ouvrage.

bois recouvre la meule mobile, dans laquelle se
trouve pratiqué, au centre et dans toute son épaisseur, un trou de 3 centimètres de diamètre, auquel
est adapté un godet de faïence, en forme d'entonnoir
sans fond. Le couvercle de bois est percé, à 3 centimètres au plus, tout près du bord, d'un trou profond
de 8 centimètres et assez large pour recevoir l'extrémité d'un bâton, dont l'autre bout est reçu dans le
plancher du laboratoire, par une ouverture très large
qui correspond au-dessous du centre de la meule.

Lorsqu'on veut réduire la moutarde en poudre, on
remplit le godet de faïence de cette semence, qu'on
a fait gonfler légèrement en l'humectant avec de
l'eau (1); on prend ensuite, avec les deux mains, le
bâton qui est fixé dans le couvercle, et, en le prome-
nant circulairement, on fait agir dans le même sens
la meule supérieure ; dès lors, la moutarde, qui est
tombée du godet, se trouvant entre les deux meules,
est écrasée et sort par la gouttière. Pour l'obtenir
beaucoup plus fine, on la repasse une ou deux fois
de plus à cette espèce de moulin.

Dès que l'on a obtenu la moutarde en poudre très
fine, on prend parties égales d'eau chaude, tenant
en dissolution un peu de sel marin, de vinaigre très
chaud et de moût, ou à défaut, demi-partie de sirop,
et l'on y incorpore aussitôt de la moutarde en poudre, en agitant constamment pour ne pas former des
grumeaux, jusqu'à ce qu'on ait formé une pâte

(1) Quelques fabricants emploient le vinaigre pour humecter ces
graines. Cette méthode est vicieuse, attendu que l'acide acétique attaque les parties calcaires que peut contenir la pierre des meules. Dans
le principe, on employait le moût, et postérieurement, le vin cuit ou
le moût concentré.

Vinaigrier. 23

claire ; l'on ferme alors soigneusement le vase dans lequel on a pratiqué cette opération. Au bout de quelques jours, on le débouche, et si cette pâte est un peu trop épaisse, on y ajoute un peu de vinaigre et d'infusion de moutarde.

On peut obtenir une moutarde encore plus forte en employant, au lieu d'eau chaude et de vinaigre ordinaire, une infusion de moutarde portée à 60 degrés, et du vinaigre à la moutarde.

Moutarde commune.

On prend 500 grammes de farine de moutarde très fine et récemment préparée, on la met dans le moulin, on arrose peu à peu avec du vinaigre et l'on broie jusqu'à ce qu'on en ait formé une pâte fine, homogène et ayant la consistance d'un sirop épais. On conserve le produit dans des bocaux de grès, de faïence ou de porcelaine soigneusement bouchés et goudronnés.

L'addition de la farine de blé nuit à la qualité de ce condiment; il n'en est pas de même de celle du sucre, du miel, du moût de raisin, du girofle et autres épices, qui en augmentent la qualité. En Provence, on y fait entrer des anchois, ce qui lui donne un fort bon goût.

Moutarde de ménage.

On prend parties égales d'eau bouillante, tenant en dissolution un peu de sel marin, de vinaigre très chaud et du moût, ou à défaut, demi-partie de sirop, et l'on y incorpore aussitôt de la bonne moutarde en poudre très fine, en agitant constamment pour ne pas former de grumeaux, jusqu'à ce qu'on ait formé une pâte claire bien homogène qu'on verse dans un vase de faïence et qu'on bouche bien. Au bout de quelques jours, on le débouche, et si cette pâte est trop épaisse, on y ajoute un peu de vinaigre et d'infusion de moutarde.

Certaines personnes, pour obtenir une moutarde plus forte, substituent à l'eau une infusion de moutarde chaude.

Moutarde fine de LENORMAND.

Farine de moutarde très fine. . . .	1 kilog.
Persil. . . .	
Céleri. . . .	
Cerfeuil. . . frais, de chacun. . .	30 gram.
Estragon. . .	
Ail.	2 gousses.
Anchois salés.	nº 24.

Le tout est haché et broyé avec la farine de moutarde, jusqu'à ce qu'elle soit bien fine ; l'on y ajoute alors suffisante quantité de moût pour lui donner la douceur convenable, et 60 grammes de sel en poudre, puis on continue de broyer, en y ajoutant de l'eau. La pâte, obtenue bien liquide, est mise dans des pots ; on plonge dans chacun d'eux une barre de fer de la grosseur du doigt, chauffée au rouge, pour lui enlever par ce moyen une partie de son âcreté. Avant de boucher les pots, on achève de les remplir avec de bon vinaigre blanc.

Cette moutarde serait bien plus forte encore si l'on substituait à l'eau une infusion de moutarde. Quant à l'opération de la barre de fer rouge, nous la croyons inutile, vu qu'au bout de quelques jours la moutarde perd son amertume.

Moutarde américaine aromatique de JOSSE.

Persil. . . . . ½ botte.
Cresson. . . . . ½
Echalottes. . . . . ¼
Ail.. 2 gousses.
Graine de céleri. . . . . 30 gram.
Sel marin.. 250
Huile d'olive fine. 125
Quatre épices fines. 30
Sommités de thym frais. 15
Cannelle de Ceylan en poudre. . . . 15
Girofle en poudre.. 4

Après avoir pilonné le tout dans un mortier, on le
fait macérer dans une quantité suffisante de vinaigre
blanc. Après trois semaines d'infusion, on y ajoute
le sel, l'huile, les poudres, et la quantité de graines
de moutarde nécessaire pour que le tout fasse 12 litres;
enfin, l'on broie dans un moulin à moutarde, et, au
bout de deux jours, on met cette pâte liquide dans des
pots.

Composition des quatre épices.

Cannelle de Ceylan. . . . . 500 gram.
Girofle anglais. 500
Noix muscades. 500
Poivre de la Jamaïque.. 500

On pile ensemble et l'on passe au tamis de soie fin.

Moutarde royale aromatique, de SOYEZ.

Persil. . . . . ½ botte.
Cerfeuil. . . . . id.
Ciboules. . . . . id.
Ail.. . . . . 3 gousses.
Céleri. . . . . ½ botte.

Sel marin en poudre fine. . . . . . . 250 gram.
Huile d'olive fine. 125
Quatre épices fines. 60
Essence de thym. . . . . 40 gouttes.
  — de cannelle. 30
  — d'estragon. 3

On épluche et l'on pilonne bien ces plantes dans un mortier; puis on les met en infusion pendant 15 jours dans une suffisante quantité de vinaigre blanc de bois, de première qualité; au bout de ce temps, on broie le tout au moulin et l'on ajoute à la matière broyée assez de farine de moutarde pour en faire 12 litres; on y ajoute alors le sel, l'huile, les épices et les essences; au bout de deux jours, on met la moutarde dans des pots.

Moutarde simple ordinaire.

Moutarde noire de 1re qualité.. . . . .   5 litres.
Vinaigre de bois, 1re qualité.   5

On fait infuser pendant 8 jours en agitant de temps en temps et ajoutant du vinaigre, afin que la graine soit toujours humectée; on broie ensuite au moulin, et l'on met la moutarde dans des pots de faïence bien propres.

Préparation du kari.

Le kari est une poudre que l'on prépare aux colonies, et avec laquelle on fait une moutarde plus forte que les précédentes. En voici la recette :

Piment enragé. . . . . 125 gram.
Racine de curcuma. 100

Après avoir pilé chaque substance séparément, on les mêle et on les passe au tamis de soie fin, puis on y ajoute :

Poivre fin en poudre.. . . . . 15 gram.
Noix muscades en poudre. 4
Girofle. 2

On incorpore cette poudre dans du bon vinaigre, comme la moutarde, ou bien on la met en poudre dans les sauces.

Les fabricants de moutarde en varient le goût, suivant les ingrédients qu'ils y ajoutent : les principaux sont l'estragon, l'ail, les anchois, le piment, etc. Ces additions n'offrent rien d'important, elles ne sont qu'un accessoire de la préparation de la moutarde. Les uns, comme l'estragon et l'ail, doivent être bien écrasés et mis en infusion dans le vinaigre ; le piment doit être mis en poudre et incorporé ainsi à la moutarde ; il en est de même de toutes les substances susceptibles d'être réduites en poudre.

La moutarde doit son odeur et son goût à son huile volatile ; si la préparation qui porte ce nom est faible, ou qu'elle contienne peu de cette huile, ou bien qu'elle l'ait perdue par le temps ou par son contact avec l'air, on peut la rétablir aussitôt, en y ajoutant quelques gouttes d'huile, ou mieux encore de l'eau distillée de moutarde, qui en est très chargée. Nous conseillons, en conséquence, aux fabricants de distiller de l'eau avec de la moutarde, afin d'en obtenir l'huile volatile, et de mettre de côté les premiers litres de cette eau, qui en sont très chargés, pour donner à leurs moutardes faibles le degré de force nécessaire. Pour la même raison, ils pourraient préparer aussi du vinaigre à la moutarde, qu'ils vendraient d'ailleurs, en cet état, pour la table.

Nous avons déjà dit que plusieurs villes faisaient un commerce spécial de la préparation de la moutarde. Celle de Paris est moins estimée que celle de Dijon, Noyon, Soissons, parce qu'on suppose qu'on y emploie en partie de la moutarde blanche, au lieu de la noire, *sinapis nigra*, qui est regardée comme la plus chargée d'huile volatile. La moutarde d'Alsace est aussi très estimée, moins cependant que celle d'Angleterre, qui tient le premier rang parmi ces préparations. Loin d'attribuer cette supériorité à sa culture, nous croyons pouvoir assurer qu'elle est due à ce que les fabricants anglais en extraient l'huile douce par la pression. Or, comme cette huile fait jusqu'à vingt pour cent du poids total de la moutarde, il est évident que cette semence ainsi traitée doit être bien plus forte.

Comme nous l'avons vu précédemment, il y a longtemps qu'on applique, en médecine, le résidu de la moutarde, d'où l'on a extrait l'huile douce, laquelle est alors beaucoup plus irritante.

Au reste, d'après ce que nous avons exposé sur les propriétés de l'huile volatile de moutarde et sur l'eau distillée de cette semence, il est bien évident qu'avec ces deux moyens les fabricants de moutarde pourront, à Paris comme partout ailleurs, les préparer aussi bien qu'en Angleterre, et les rendre même beaucoup plus énergiques. Nous ne conseillons pas l'extraction de l'huile douce, parce que nous nous sommes convaincu qu'elle donnait plus de corps et de moelleux à la moutarde.

§ 6. MOULINS A MOUTARDE.

La plupart des moutardiers donnent la préférence au moulin suivant :

On prend une petite futaille, défoncée d'un côté ; on fixe au fond une meule en pierre très dure qu'on y cimente de telle manière qu'elle ne puisse ni s'y remuer, ni tourner. On place dessus une autre meule mouvante, disposée comme celle dont nous venons de parler au moulin précédent ; on perce la futaille sur le côté, au niveau de la surface supérieure de la meule inférieure ; et l'on ajuste devant ce trou une gouttière en fer-blanc qu'on doit avoir soin d'entretenir dans un grand état de propreté.

Moulin de Douglas.

L'auteur a destiné ce moulin à broyer la moutarde, l'indigo ou toute autre matière ; en voici la description :

Fig. 15, coupe verticale et longitudinale de cette machine, par le milieu.

Fig. 16, coupe transversale ou de profil.

a, espèce d'auge circulaire en fonte de fer, ayant la forme d'un berceau, qui se trouve bouchée à chaque bout, par une joue *b*, également en fonte, dont la base est évidée et présente deux pieds *c*, qui servent à fixer la machine.

d, *e*, deux rouleaux en fonte placés horizontalement et parallèlement entre eux, dans toute la longueur de l'auge : ces deux rouleaux sont fixés l'un à l'autre par trois petits montants *f*, ce qui forme une espèce de châssis. Le rouleau supérieur *d*, qui occupe le centre de la courbe que présente le fond de l'auge, porte, à chaque bout, un tourillon en fer, qui tourne librement dans le support en cuivre *i*, fig. 15. Ces deux supports sont fixés contre la face intérieure de chacun des côtés *b* de l'auge.

g, levier planté verticalement sur le rouleau *d*, et servant à faire tourner, avec la main, ce rouleau sur ses tourillons.

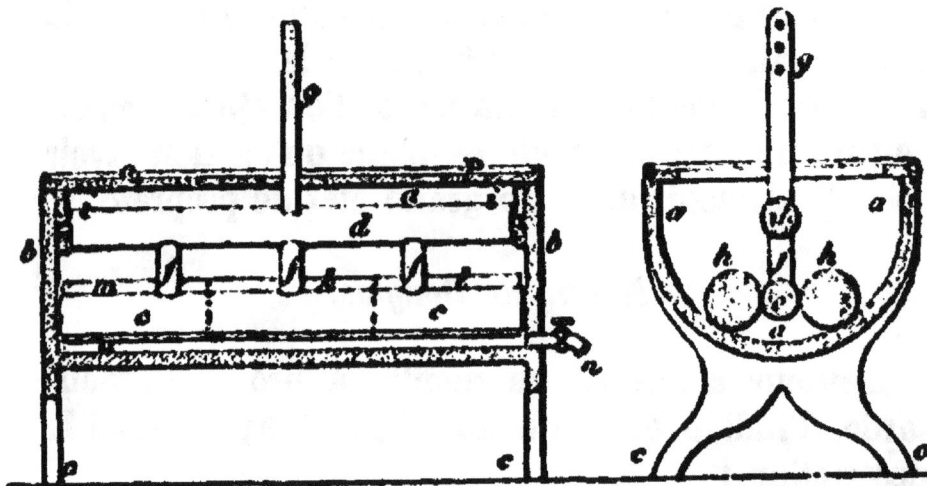

Fig. 15.   Fig. 16.

h, *k*, deux autres rouleaux en fonte occupant, intérieurement, toute la longueur de l'auge ; ces rouleaux ne sont que posés librement dans l'auge contre le rouleau inférieur *c*, du châssis *d*, *c*, l'un par devant et l'autre par derrière ; chacun d'eux est formé, dans sa longueur, de trois petits cylindres égaux en longueur et en diamètre, qui sont indépendants les uns des autres. Les trois petits cylindres qui composent le rouleau *k* de la fig. 16 sont représentés par les lettres *l*, *k*, *m*, dans la fig. 15, ceux du rouleau de devant *h* qui sont enlevés dans la fig. 15, sont disposés de la même manière.

Il résulte de cette disposition qu'une personne étant placée en avant de la fig. 16, et tirant et poussant alternativement devant elle le levier *g*, qu'elle tient avec la main et qu'elle fait mouvoir de manière à ce qu'il aille boucher, l'un après l'autre, les bords latéraux de l'auge, fait décrire au châssis *d*, *e*, une portion de surface cylindrique, en allant et en venant alternativement. Ce mouvement continu de va-et-vient circulaire met continuellement en action les cylindres en fonte qui composent les rouleaux *h*, *k*, et qui, en touchant toujours la paroi intérieure de l'auge, contre laquelle ils appuient de tout leur poids, écrasent et broient la graine de moutarde qu'on a mise dans cette auge, et que l'on fait sortir par le robinet *n*, lorsqu'elle est convertie en masse suffisamment fluide.

La quantité de moutarde nécessaire pour charger l'auge, est à peu près de 15 kilog. à la fois.

Cet appareil est fermé, par-dessus, avec un couvercle en bois composé de deux parties *o*, *p*, qui laissent entre elles, au milieu, une ouverture rectangulaire et transversale, dans laquelle se meut librement le levier *g*.

Autre moulin à moutarde.

Ce moulin est semblable à celui dont on se sert pour moudre l'indigo. Il se compose d'un bloc de granit creusé en forme d'auge circulaire, dont le fond est plat ; une autre pièce de granit, de deux décimètres d'épaisseur, est placée dessus et entre librement dans le creux de la première, qui porte un goulot au niveau de son fond. Au centre est fixée une cheville, qui entre dans un trou pratiqué au centre de la moule supérieure. Sur le côté de cette dernière moule, est solidement fixée une cheville ronde en fer qui, à l'aide d'un étui en bois dont elle est environnée, sert de manivelle pour la faire tourner.

§ 7. PRÉPARATIONS MÉDICINALES DUES A LA MOUTARDE.

Onguent discussif.

Graine de moutarde en poudre fine.. 100 gram.
Huile d'amande douce.. 15
Suc de citron, suffisante quantité.

Il a été préconisé par Franck, dans les ecchymoses.

Bols stimulants.

Farine de moutarde.. . . . . 2 gram.
Cannelle. . . . . 2 décig.
Carvi.. 2
Gingembre. 1
Sirop de sucre, suffisante quantité.

On en fait un bol, à prendre deux fois par jour, dans la paralysie.

Electuaire antiscorbutique.

Moutarde.. . . . . 5 centig.
Cannelle. 5
Ecorce d'orange.. . . . . 1 décig.
Extrait de trèfle d'eau. 1
Conserve de beccabunga.. . . . . . .⎫
— de raifort sauvage. . . . . .⎪ 15 centig.
— de cochléaria. . . . . . .⎬ de chacune.
— de cresson.. . . . .⎭

On mêle avec soin.

Sinapisme.

Nous possédons plus de 50 formules de sinapismes ; mais nous croyons devoir nous borner à citer les deux suivantes :

On mêle de la farine de moutarde récente et du vinaigre très fort, en quantité suffisante pour en faire une pâte un peu ferme.

Autre.

Le vin aigre. . . . .) parties
Farine de moutarde. . . . .) égales.
Bon vinaigre, suffisante quantité.

Eau de moutarde.

Farine de moutarde.   1
Eau à 50.   8

Après 24 heures d'infusion, on distille.

Huile de moutarde par infusion.

Farine de moutarde dépouillée de son
    huile par expression . . . .   30 gram.
Essence de romarin.   250

Après 3 jours d'infusion, on filtre. On l'emploie en frictions sur les parties affectées de paralysie.

Petit lait sinapisé.

Lait de vache . . . .   1 kilog.
Moutarde écrasée. . . . .   60 gram.

On fait bouillir jusqu'à ce que le coagulum tombe au fond du vase et l'on filtre.

Autre.

Lait de vache. . . . . 500 gram.
Graine de moutarde concassée. . . . 30

On triture ensemble et l'on ajoute :

Vin du Rhin. . . . . 200 gram.

On fait couler par l'ébullition et l'on passe.
La dose est de 500 grammes à prendre dans la nuit contre la goutte, la paralysie, etc.

Gargarisme odontalgique excitant.

Farine de moutarde. . . . . 6 gram.
Vinaigre. 30
Eau. 125

Vin de moutarde.

Graine de moutarde écrasée. . . . . 15 gram.
Bon vin. 500

Après six heures de macération, on décante.

Autre.

Graine de moutarde. . . . . 30 gram.
Vin blanc. 500

Après six heures d'infusion, on passe et l'on ajoute :

Teinture de cannelle. . . . . 60 gram.

Ce vin active la salivation; on l'emploie aussi à l'intérieur dans les hydropisies.

Bière diurétique.

Ale.. 40 litres.
Graine de moutarde.. . . . . 250 gram.
Genièvre.. 250
Graine de carotte.. 300

Après plusieurs jours d'infusion, on passe.

Bière antiscorbutique.

Racine de raifort sauvage. . . . . . . 30 gram.
Moutarde.. 30
Baies de genièvre.. 25
Sous-carbonate de potasse. 25
Bière forte. . . . . 3 litres.

On fait macérer à froid pendant six jours, et l'on passe.

Bière apéritive.

Moutarde.. . . . . 20 gram.
Aristoloche longue. 25
Petite centaurée.. 8
Sabine.. 4
Bière.. . . . . 8 litres.

Après six jours de macération, on passe.

Bière stimulante.

Racine de valériane.. . . . . 30 gram.
Moutarde.. 25
Feuille de romarin. 15
Serpentaire de Virginie. 10
Bière légère. . . . . 4 litres.

Après huit jours de macération, on passe.

On la boit par verres comme fébrifuge ; elle est aussi un excellent tonique.

Bière fébrifuge de JULIA DE FONTENELLE.

Gentiane en poudre.................	30 gram.
Moutarde........................	30
Quinquina en poudre..............	15
Absinthe........................	8
Petite centaurée.................	8
Bière...........................	10 litres.
Alcool..........................	125 gram.

Après cinq jours de macération, on passe.

Bière vermifuge de JULIA DE FONTENELLE.

Ecorce de racine de grenadier concassée...............	60 gram.
Valériane.......................	15
Absinthe........................	15
Centaurée.......................	15
Moutarde........................	100
Alcool..........................	125
Bière...........................	8 litres.

Après 3 jours de macération, on passe. On boit cette bière par verres, le matin à jeun.

FIN.

TABLE DES MATIÈRES

———

DEUXIÈME PARTIE.

CHAPITRE Iᵉʳ.

DU VINAIGRE, DE SES ÉLÉMENTS, ET DE LEURS DIVERS MODES DE PRÉPARATION.

CHAPITRE II.

DIVERS MODES DE FABRICATION DU VINAIGRE.

CHAPITRE III.

VINAIGRES SANS VIN.

TROISIEME PARTIE.

Vinaigre obtenu
par la distillation et la carbonisation du bois,
ou acide pyroligneux.

QUATRIÈME PARTIE.

Concentration de l'acide acétique.

CINQUIÈME PARTIE.

Fabrication des acétates.

SIXIÈME PARTIE.

Décoloration, conservation et moyens propres à reconnaître les degrés de pureté et de concentration des vinaigres.

SEPTIÈME PARTIE.

Vinaigres composés.

HUITIÈME PARTIE.

Application du vinaigre à la conservation des substances alimentaires.

MANUEL DU MOUTARDIER.

HUITIÈME PARTIE.

Application du vinaigre à la conservation des substances alimentaires.

MANUEL DU MOUTARDIER.

FIN DE LA TABLE.

BAR-SUR-SEINE. — IMP. SAILLARD.

ENCYCLOPÉDIE-RORET

COLLECTION

DES

MANUELS-RORET

FORMANT UNE

ENCYCLOPÉDIE DES SCIENCES & DES ARTS

FORMAT IN-18,

Par une réunion de Savants et d'Industriels

Tous les Traités se vendent séparément.

La plupart des volumes, de 300 à 400 pages, renferment des planches parfaitement dessinées et gravées, et des vignettes intercalées dans le texte.

Les Manuels épuisés sont revus avec soin et mis au niveau de la science à chaque édition. Aucun Manuel n'est cliché, afin de permettre d'y introduire les modifications et les additions indispensables.

Cette mesure, qui met l'Éditeur dans la nécessité de renouveler à chaque édition les frais de composition typographique, doit empêcher le Public de comparer le prix des *Manuels-Roret* avec celui des autres ouvrages, tirés sur cliché à chaque édition.

Pour recevoir chaque volume franc de port, on joindra, à la lettre de demande, un mandat sur la poste (de préférence aux timbres-poste) équivalant au prix porté au Catalogue.

Cette franchise de port ne concerne que la **Collection des Manuels-Roret** et n'est applicable qu'à la France et à l'Algérie. Les volumes expédiés à l'Étranger seront grevés des frais de poste établis d'après les conventions internationales.

Bar-sur-Seine. — Imp. SAILLARD.